高 等 职 业 教 育 教 材

安全技术与管理系列教材

电气安全技术

（第二版）

夏洪永　伍　波　主编

U0331685

化学工业出版社

·北京·

内 容 简 介

《电气安全技术》（第二版）以坚持人民至上、生命至上，坚持统筹发展和安全为指导，依据职业院校安全类专业对电气安全的教学需要编写，以安全技术与管理专业、机电类专业对电气安全的通用要求为基础，融入电气安全标准规范（GB）、电气安全管理相关内容，体现电气安全的标准规范性、工程实践性。并针对石油化工等火灾爆炸危险行业的特点，突出爆炸危险场所的电气安全技术与管理。

本书内容包括电气安全基础，直接接触电击防护，间接接触电击防护，静电、雷电与电磁辐射危害防护，防爆电气配置与管理，电气火灾防护以及电气安全组织管理等。

本书适用于高职专科和高职本科院校石油化工安全技术与安全管理类、机电及自动化类专业电气安全技术课程的教学，也可以作为一般工科机电类相关专业电气安全教学、安全培训用教材。

图书在版编目（CIP）数据

电气安全技术/夏洪永，伍波主编. —2 版. —北京：
化学工业出版社，2023.8（2024.9 重印）
安全技术与管理系列教材
ISBN 978-7-122-42211-8

Ⅰ.①电⋯　Ⅱ.①夏⋯　②伍⋯　Ⅲ.① 电气设备-安
全技术-高等职业教育-教材　Ⅳ.①TM08

中国版本图书馆 CIP 数据核字（2022）第 170268 号

责任编辑：王海燕　窦　臻　　　　　　　文字编辑：林　丹　吴开亮
责任校对：宋　玮　　　　　　　　　　　装帧设计：王晓宇

出版发行：化学工业出版社（北京市东城区青年湖南街 13 号　邮政编码 100011）
印　　刷：北京云浩印刷有限责任公司
装　　订：三河市振勇印装有限公司
787mm×1092mm　1/16　印张 16　字数 385 千字　2024 年 9 月北京第 2 版第 2 次印刷

购书咨询：010-64518888　　　　　　　　售后服务：010-64518899
网　　址：http://www.cip.com.cn
凡购买本书，如有缺损质量问题，本社销售中心负责调换。

定　　价：48.00 元　　　　　　　　　　　　　　　版权所有　违者必究

前　　言

《电气安全技术》（第一版）编写于 2009 年，持续得到读者的认可，编者衷心表示感谢。

以人民为中心的发展思想和"人民至上、生命至上、安全第一"的安全理念贯穿于经济社会发展各方面、全过程，牢固树立安全发展理念，是以习近平同志为核心的党中央着眼"两个大局"、应对风险挑战、确保我国社会主义现代化事业顺利推进的重大战略部署。党的二十大开报告强调，统筹发展和安全，坚持安全第一、预防为主，实现高质量发展和高水平安全的良性互动。

中国式现代化发展征程中，电的应用形式更加丰富多彩，电气安全风险也伴随增加，电气安全保障地位更为重要。本次修订中，将电气安全标准规范与技术措施、管理措施相结合，力求在学习电气安全技术措施的同时，重视标准规范的应用，规章规程的遵守，让安全生产贯穿于社会生产的各个环节，让安全生产理念深入人心。

本次修订适当调整了原版教材的结构，更科学合理地序化内容，同时，淘汰过时术语、概念，使各章内容更加清晰、更符合新标准规范。本书分为电气安全基础，直接接触电击防护，间接接触电击防护，静电、雷电与电磁辐射危害防护，防爆电气配置与管理，电气火灾防护、电气安全组织管理等共七章。

电气事故、电气安全相关概念、电击类型与电流的人体效应、触电急救以及电气安全标准与认证管理等内容归属到第一章"电气安全基础"，为后续各章建立基础认识。触电防护分拆为直接接触电击防护与间接接触电击防护两章，能准确地表达相关电击防护技术的应用属性。电气火灾防护、电气安全组织管理各自单列一章，提升电气火灾防护意识、突出安全管理的重要性。

本版增加电气安全标准及安全认证，强化对标准、合格证的使用。增加"接地装置"相关知识，强化对接地、等电位的认识与管理。增加剩余电流动作保护、断路器等自动电源装置，符合标准规范对电气事故防护措施的要求。增加防爆电气配置相关要求，提升对防爆电气的认知及突出整体防爆思想。

本书由夏洪永和伍波主编。其中第一至三章、五章由夏洪永（重庆化工职业学院）编写，第四、六章由伍波（重庆化工职业学院）编写，第七章由王玉婷（重庆化工职业学院）编写。全书由夏洪永统稿，重庆金维实业有限公司高级工程师孙峒主审。

由于编者水平有限，对标准规范理解深度不够，因此书中可能存在不妥之处，恳请读者批评指正。

编者

2023 年 6 月

目　　录

第一章

电气安全基础

人们在现代生产和生活中，使用电能是非常普遍的，但是电能又对人类构成威胁。来自人、设备、环境及自然的原因，导致电能失去控制或局外电能作用于人体及环境造成电气事故，成为引起人身伤亡、火灾、爆炸事故的主要原因。

人体是电的导体，当人体与电气设备存在直接或间接接触时，无论有意或无意，电气系统正常状态或故障状态下的电流可能通过人体，引起人体的生理反应，导致人身伤亡。当出现触电事故时，需要正确自救或救人，保障生命安全。

为了用电安全、避免电气事故发生，各国都在积极研究并不断推出先进的电气安全技术，制定并不断完善电气安全技术标准和规范、电气安全组织管理措施，同时通过安全认证保障电气产品的电磁安全性，这对于保障人身安全与健康、保护电气设备安全运行和确保安全生产平稳顺利都是十分重要的。

本章学习目标

（1）理解电气事故，熟悉电气事故类型、特点，具有分析电气事故产生原因的认知能力。

（2）理解我国安全理念，构建人民至上、生命至上、安全第一、预防为主的安全观。

（3）理解电气安全、防护措施，熟悉电气安全目标与任务，具有认知电气安全技术措施与组织管理措施的能力。

（4）了解电流的人体效应、电流伤害程度的影响因素；理解电击伤害三个等级的电流大小、安全电流限值。

（5）掌握触电急救原则、方法措施，能熟练实施心肺复苏操作。

（6）理解正常状态触电与故障状态触电，了解各类触电方式与伤害特点，具备认识与分析接触电压触电的能力。

（7）理解触电防护原则，建立基本防护与故障防护概念。

（8）理解电气安全标准、规范及安全防护作用，了解电气安全认证及作用、认证标志。

第一节　电气事故的特点、分类及产生原因

一、电气事故的特点

电气事故是由电流、雷电、静电、电磁辐射和某些电路故障等直接或间接造成建筑设施或电气设备毁坏、人或动物伤亡，以及引起火灾和爆炸等后果的事件。从能量转移观点，电气事故就是电能非正常地作用于人体或物质系统造成损害的事件。

电气事故不仅存在于电能生产、输送、分配与用电活动中，也包括雷电、静电以及电磁辐射等引起的损害事件。通过大量电气事故案例分析，可归纳出电气事故的特点。

（1）电气事故危险直观识别难　电本身不具备为人们直观识别的特征。由电所引发的危险不易为人们所察觉、识别和理解，给人员的电气安全意识与安全用电行为以及电气安全防护带来了难度，因而更具有危险性。

（2）电气事故危害大　电气事故的发生总伴随着危害和损失，严重的电气事故不仅带来重大的经济损失，还可能造成人员的伤亡。发生事故时，电能直接作用于人体，会造成电击、烧伤或烫伤；电能通过热效应及电火花作用于环境，引发火灾、爆炸；电能通过机械效应、热效应、电磁效应作用于电气设备、建筑物，导致失效或损坏以及严重连锁效应等。

（3）电气事故涉及领域广　电能的使用极为广泛，但凡用电场所，都存在发生电气事故的风险；在非用电场所，因外界电能（雷电、静电、电磁辐射等）释放与侵入也会造成伤害或灾害。

通过对大量电气事故的发生原因分析发现，除设备与技术原因外，基本都涉及组织管理原因。因为人的行为、设备状态、环境因素以及制度与规范等，都离不开组织管理。

（4）电气事故可预防　随着科技发展，人类有足够手段约束电气能量的产生、分配、使用。另外，通过大量电气事故分析总结，以及科学研究与实践，认识和掌握了电气事故发生及发展的规律，制定并不断更新电气安全标准和规范、电气安全技术防护措施、电气安全操作规程，健全并落实电气安全组织管理制度，实施电气安全风险评估、隐患排查与整改，不断完善电气安全防护技术措施与组织管理措施。总之，电气事故是可防可控的。

二、电气事故的分类

电气事故的分类有多种，按发生灾害的形式，可以分为人身事故、设备事故、电气火灾和爆炸事故等；按发生事故时的电路状况，可以分为过载事故、短路事故、断线事故、接地事故、漏电事故等。

通常按电气能量类型与损害形式综合分类，电气事故可分为触电事故、电气火灾及爆炸事故、静电事故、雷电事故、射频危害事故和电气系统故障等。

1. 触电事故

触电事故是指人身触及带电体（或过分接近带电体）时，电流能量作用于人体或转换成其他形式的能量作用于人体而造成伤害的事故。

触电事故按人体触电伤害形式与程度不同，分为电击、电伤两类。

① 电击是电流通过人体作用于机体组织，刺激、干扰及破坏人的心脏、呼吸系统、神经系统等的正常工作，以致危及生命的伤害。绝大多数的触电死亡事故都是由电击造成的。

人体触及带电的导体、漏电设备的可导电外壳或其他带电体，以及受到雷击或静电放电、电容放电、电磁感应等，都可能导致电击。

② 电伤是电流的热效应、化学效应或机械效应对人体外部造成的局部伤害。电伤包括电弧烧伤、烫伤、电烙印、皮肤金属化、电光眼、电气机械性伤害等不同形式伤害。电伤可以是电流通过人体直接引起，也可以是电弧或电火花引起。

2. 电气火灾及爆炸事故

电气火灾及爆炸事故是指由于电气方面的原因引起的火灾和爆炸事故。电气线路、电气设备（如电动机、油浸变压器、开关电器、照明灯具与电热器具等）由于其结构、运行特点，或安装不当、设备缺陷，或绝缘老化、破损，或过载、短路等，在运行中产生危险热量（温度）、电火花或电弧，引燃易燃易爆物质，引发火灾和爆炸事故。

电气原因导致的火灾和爆炸在火灾和爆炸事故中占有很大比例。

3. 雷电和静电事故

雷电是大气中的一种放电现象。雷电放电电流大、电压高，其能量释放出来可能形成极大的破坏力。雷电闪击建（构）筑物及电子设备，不仅损害建（构）筑物及设备，也可能引发火灾或爆炸事故；雷电电涌或雷电波侵入建（构）筑物内部，可能产生过电流和过电压导致线路发热、绝缘击穿，致使设备功能失效或损害设备。雷电导致的高温高热、放电火花或电弧，引发火灾和爆炸事故。

静电能量较小，但易形成高电压、强电场，击穿绝缘，导致电子元器件及信息设备工作异常、功能失效、设备损坏，甚至引发工作事故；静电放电火花能量足够大时，将引燃纤维、粉尘、可燃气体及易燃液体蒸气起火，甚至引起爆炸。随着石油化工、塑料、橡胶、化纤、纺织、金属研磨、电子信息等工业的发展，工艺过程与生产场所日益复杂，静电事故时有发生。同时，静电吸附灰尘导致产品质量与性能降低。

4. 射频危害事故

射频指无线电波的频率或者相应的电磁振荡频率，泛指 100kHz 以上的频率。射频危害是由电磁场的能量造成的。射频电磁场危害主要有以下两种。

① 在高频电磁场的作用下，人体因吸收辐射能量，各器官会受到不同程度的伤害，从而引起各种疾病。例如，引起中枢神经系统的机能障碍，出现神经衰弱综合征等临床症状；可造成植物神经紊乱，出现心率或血压异常；可引起眼睛损伤，造成晶体浑浊，严重时导致白内障等。

② 在高强度射频电磁场作用下，可能产生感应放电，对存在爆炸、火灾危险的场所是不容忽视的危险因素。此外，当电磁辐射感应出较高电压时，会给人以明显的电击。

5. 电气系统故障

电气系统故障是由于电能在输送、分配、转换过程中失去控制而产生的。断线、短路、异常接地、漏电、误合闸、误掉闸、电气设备或电气元器件损坏、电子设备受电磁干扰而发生误动作等都属于电气系统故障。

电气系统故障可能发展演变为事故，导致人员伤亡及重大财产损失，主要体现在以下几方面。

① 引起火灾和爆炸。线路、开关、熔断器、插座、照明器具、电热器具、电动机等故障均可能产生电火花、高温高热，对所在环境区域产生火灾、爆炸风险与危害；电力变压器、多油断路器等电气设备不仅有较大的火灾危险，其本身还有爆炸危险。

② 异常带电。电气系统中，原本不带电的部分因电路故障而异常带电，可导致触电事故发生。例如，电气设备因绝缘不良产生漏电，使其金属外壳带电；高压电路故障接地时，在接地处附近呈现出较高的跨步电压，形成触电的危险条件。

③ 异常停电。在某些特定场合，异常停电会造成设备损坏和人身伤亡。例如，正在浇注钢水的吊车，因骤然停电而失控，导致钢水洒出，引起人身伤亡事故；医院手术室可能因异常停电而被迫停止手术，无法正常施救而危及病人生命；排放有毒气体的风机因异常停电而停转，致使有毒气体超过允许浓度而危及人身安全；公共场所发生异常停电，会引起妨碍公共安全的事故；异常停电还可能引起电子计算机系统的故障，造成难以挽回的损失。

三、电气事故的主要原因

电气事故的原因很多，如设备质量低劣、安装调试不符合标准规范、绝缘破坏而漏电、安全技术措施不完善、个体防护不周全、组织管理不规范、作业人员误操作或违章作业等都会造成电气事故发生。这里面有人的因素、技术的因素，也有组织管理的因素。从直接原因与责任角度，电气事故的发生原因可分为以下五方面。

1. 人为原因

人的不安全行为导致电气事故。主要包括不遵守作业规程而违章作业，工作疏忽大意而致误操作、缺乏安全防护（如安全间距、绝缘用具等不符合要求），缺乏专业技能或能力不足，安全意识欠缺（如临时用电私拉乱接，随意违规使用照明器具、电热器具等电器），隐患排查与整改不到位，检维修不符合规范，应急处置能力不足或处置不当等。

2. 设备系统原因

电气系统及相关设施不完好导致电气事故。电气设备本身存在质量缺陷；电气线路及设备绝缘老化出现漏电、短路；线路及系统容量不足导致过负荷发热；设备陈旧且维护不良，持续故障运行（如接触不良过热、故障火花、安全元件损坏等）；安全防护措施失效，拒动或误动（如过电流保护、过载保护失灵等）；因设备安装与线路敷设不规范产生安全隐患等。

3. 技术配置原因

电气设备、线路及系统有自身特性与安全适用条件，存在相应的安全风险。例如，未识别风险及等级，未能配置有效的防护措施；触电危险场所配置的电气设备不符合触电防护规范；火灾危险场所内的电气设备配置、电气线路敷设不符合规范，未配置火灾监测与自动灭火系统；爆炸危险区未采用防爆电气技术，静电防护区未采用静电危害防护措施等，均可能存在触电、火灾、爆炸隐患。

4. 自然与环境原因

雷电、静电直接作用或突破防护侵入防护系统；极端天气（如冰雪、酷热、大风等）导致线路及设备异常或损伤；腐蚀环境伤害线路及设备，导致线路及设备故障；外界机械作用导致电气线路、系统损坏等。

5. 组织管理原因

安全责任制、组织措施、电气安全规程不健全不完善不落实；作业现场（如临时用电、施工现场、电气设备操作使用等）管理混乱；对电气系统设计与安装工程监督不力，留下隐患；隐患排查与整改、安全设施维护管理、安全教育培训等制度缺失或落实不到位；安全投入不足导致防护措施缺失或维护不足，隐患不能及时有效整改；外行领导指挥不当（如安排非电气人员从事电气作业、非专业人员从事设备操作、违规作业）等。

第二节 电气安全基本认识

安全与危险是相对的概念，"无危则安，无缺则全"。安全泛指没有危险、不出事故的状态，即在人们的生活、生产活动中，不发生人身伤害、设备或财产损失的状态。

安全生产事关人民福祉，事关经济社会发展大局。党的十八大以来，党中央高度重视安全生产工作，一再强调坚持人民至上、生命至上，坚持统筹发展和安全。党的二十大报告强调，坚持安全第一、预防为主，把以人民为中心的发展思想和"人民至上、生命至上"的安全理念贯穿于经济社会发展各方面、全过程。

一、安全相关概念

1. 安全认识观

（1）安全第一的哲学观 "安全第一"是一个相对、辩证的概念，是在人类活动的方式上相对于其他方式或手段而言，并在与之发生矛盾时必须遵循的原则。安全既是企业的目标，又是各项工作（如技术、效益、生产等）的基础。建立辩证的安全第一的哲学观，才能处理好安全与生产、安全与效益的关系，才能做好企业的安全工作。

（2）预防为主的科学观 要高效、高质量地实现企业的安全生产，必须走预防为主之路，必须采用超前管理、预期管理的方法，这是生产实践证实的科学真理。预防为主的科学观是实现系统（工业生产）本质安全化的必由之路。

（3）重视生命的情感观 安全维系人的生命安全与健康，生命只有一次，健康是人生之本，充分认识人的生命与健康的价值，强化"善待生命，珍惜健康"之理，是每个人应该建立的情感观。以人为本，尊重与爱护员工是企业法人或雇主应有的情感观，符合我国的社会主义核心价值观。

（4）安全效益的经济观 实现安全生产，保护员工的生命安全与健康，不仅是企业的工作责任和义务，而且是保障生产顺利进行、实现企业效益的基本条件。人们在安全、健康、舒适的环境生活与工作，有良好精神状态与身体状态，能更好地投入工作，创造更多的价值。安全就是效益，这是企业法定代表人应建立的安全效益观。

"安全是发展的前提，发展是安全的保障"，统筹发展和安全，是以习近平同志为核心的党中央着眼"两个大局"、应对风险挑战、确保我国社会主义现代化事业顺利推进的重大战略部署。开启中国式现代化建设新征程，必须实现高质量发展和高水平安全良性互动。

2. 本质安全观

狭义的本质安全是指机器、设备本身所具有的安全性能。当系统发生故障时，机器设备能自动防止操作失误或引发事故。即使由于人为操作失误，设备系统也能自动排除、切换或安全地停止运转，从而保障人身、设备和财产安全。

广义的本质安全是指"人-机-环境-管理"这一系统表现出的安全性能。简单来说，就是通过优化资源配置和提高其完整性，使整个系统安全可靠。

（1）人的安全可靠性　不论在何种作业环境和条件下，都能按规程操作，杜绝"三违"，实现个体安全。人的本质安全是指不但要解决人的知识、技能、意识等方面的素质，还要从人的观念、伦理、情感、态度、认知、品德等人文素质入手，从而提出安全文化建设的思路。

（2）物的安全可靠性　物的安全可靠性依赖于物本身的安全性能。不论在动态过程中还是静态过程中，物始终处在安全运行的状态。物和环境的本质安全化就是要采用先进的安全科学技术，推广自组织、自适应、自动控制与闭锁的安全技术。

（3）系统的安全可靠性　在日常安全生产中，不因人的不安全行为或物的不安全状况而发生重大事故，形成"人机互补、人机制约"的安全系统。

（4）管理规范和持续改进　通过规范制度、科学管理，杜绝管理上的失误，在生产中实现零缺陷、零事故。实现本质安全的另一重要措施就是"标准化"，从管理层到作业层，建立并遵循科学的工作流程和操作方法。

因此，本质安全观认为，所有事故都是可以预防和避免的。

3. 几个安全知识

（1）事故系统　相对于广义本质安全，导致事故发生的系统性认识，涉及以下四个要素（简称"4M"）。

① 人——人的不安全行为是事故的最直接因素，约占80%。

② 机（物）——机的不安全状态也是事故的最直接因素，约占10%。

③ 环境——生产环境的不良会影响人的行为和对机械设备产生不良的作用，因此是构成事故的重要因素。

④ 管理——管理的欠缺是事故发生的间接因素，但又是最重要的因素，因为管理对人、机、环境都会产生作用和影响。

（2）"3E原则"　安全专家海因里希通过对"造成人的不安全行为和物的不安全状态"的分析，总结出安全事故的主要因素有技术原因、教育原因、身体和态度原因、管理原因等。针对这些因素概括出安全管理的"3E原则"，即工程技术对策、教育对策和法治对策。

教育（education）：通过教育培训使人们避免和减少失误。

工程（engineering）：通过工程技术手段不断改进设备设施的安全性能。

执行（enforcement）：通过严格的管理措施规范行为和操作，惩戒违纪者。

（3）"三同时""三点控制"与"三不伤害"

① 三同时：技术项目中要遵循安全设施与技术设施同时设计、同时施工、同时投入生

产的"三同时"原则。

② 三点控制：对生产现场的"危险点、危害点、事故多发点"进行强化控制管理，实施挂牌制，标明其危险或危害的性质、类型、定量、注意事项等内容，以警示人员。

③ 三不伤害：在人类活动中，应遵循"不伤害自己，不伤害他人，不被他人伤害"原则。

二、电气安全概念

1. 电气安全

电气安全或称电气安全技术，是研究避免电气事故发生需要采取的技术措施、标准规范与组织管理以及持续完善的应用学科。

电气安全的目标：在电气作用领域，采取各种防护措施（包括技术措施、组织管理措施等），保障人身安全、设备与财产安全、环境安全，满足人们对美好生活的愿望。

2. 电气安全主要内容

① 研究各种电气事故及其发生的机理、原因、规律、特点和防护措施。目标是避免电气事故发生。

② 研究运用电气方法解决各种安全问题，即研究运用电气监测、电气检查和电气控制的方法来评价系统的安全性或获得必要的安全条件。目标是建立并保障电气领域的人、物、环境及财产具有持续的安全状态。

3. 电气安全主要任务

① 研究并采取各种有效的电气安全技术措施。
② 制定并落实电气安全技术标准和技术规程。
③ 建立并执行各种电气安全组织管理制度。
④ 持续完善并推广先进的电气安全技术，提高电气安全水平。
⑤ 开展有关电气安全思想和电气安全知识的教育、培训工作。
⑥ 分析电气事故实例，从中找出事故原因和规律，持续改进与完善防护措施。

电气安全技术不仅从安全技术的角度出发，研究各种电气事故及其预防措施；同时也研究如何应用电气手段，创造安全的工作环境和劳动保护条件。

三、电气安全措施

从电气安全定义、目标及任务可知，电气安全涉及工程技术、组织管理，电气防护措施同样包括技术措施、组织管理措施。

1. 技术措施

电气安全技术措施，是以电气安全为目的，以电气领域的技术标准、规范为依据，构建安全可靠的物理系统（包括电气系统、外部系统）所采取的技术手段、方法、规程等。

技术措施具有明显的防护针对性，主要包括触电防护技术措施、静电危害防护措施、雷电危害防护措施、电气防爆技术措施、电气防火技术措施以及电磁危害防护措施等。

2. 组织管理措施

电气安全组织管理，是管理主体以电气安全为目的，以国家法律、条例、安全标准及规范为依据，通过计划、组织、指挥、协调和控制等职能手段，充分利用其各个资源要素（人、财、物、信息、时间和技术等），对电气安全状况实施有预见性的有效制约活动。

组织管理措施分为管理措施、组织措施和应急措施三种。

① 管理措施主要有设置安全机构及人员，制定电气安全责任制度、规章制度、安全工作计划，开展电气安全检查与督查、风险辨识与隐患排查及整改、事故分析处理、安全教育培训，实施电气作业人员管理、资料档案管理等。

② 组织措施主要是组织实施电气作业、电气值班、巡回检查、临时用电、应急救援等活动制定的规范标准。

③ 应急措施主要是针对电气伤害进行抢救而设置的医疗机构、救护人员、应急物资以及交通工具等，并经常进行紧急救护的演习和训练。

3. 电气安全综合防护

经验证明，电气安全保障是技术措施与组织管理措施的综合应用。虽有完善先进的技术措施，但没有或欠缺组织管理措施，技术措施将难以有效实施，且得不到可靠的保证，事故将不可避免；反过来，只有组织管理措施，而没有或缺少技术措施，组织管理措施只是一纸空文，解决不了实际问题，事故也不可避免。只有两者统一起来，电气安全才能得到保障。因此电气安全工作中，必须一手抓技术，使技术防护手段完备；一手抓组织管理，使其防护措施周密完善、有效落实。

在技术方面，预防电气事故主要是进一步完善传统的电气安全技术，研究新出现电气事故的机理及其对策，发展电气安全领域的新技术。在管理方面，主要是健全和完善并落实各种电气安全组织管理措施。只有重视综合防止电气事故的措施，才能保证电气系统、设备和人身的安全。

第三节 触电伤害与触电急救

触电事故是指人身触及带电体（或过分接近带电体）时，电流能量作用于人体或转换成其他形式的能量作用于人体造成的伤害。

一、触电伤害形式

按人体触电伤害形式与程度不同，可分为电击、电伤两类。

1. 电击

GB/T 4776—2017《电气安全术语》定义电击：电流通过人体或动物躯体而引起的生理效应。

（1）电流的人体效应 按 GB/T 17045—2020《电击防护 装置和设备通用部分》（IEC 61140）定义：电流的人体效应是指电流能量直接作用或转换成其他形式的能量作用于人体，引起人体的生理效应。

GB/T 13870.1—2022《电流对人和家畜的效应 第 1 部分：通用部分》及 IEC 60479 描

述了电流通过人体引起的生理效应，如表1-1所示。

表1-1　电流（工频交流）通过人体引起的生理效应

电流/mA	持续时间	生理效应
0～0.5	连续通电	没有感觉
0.5～5	连续通电	手指、手腕等处有麻刺感、颤抖
5～15	数分钟以内	手指强烈麻刺及痉挛，呼吸加快，血压升高
15～30	数秒至数分钟	强烈痉挛，呼吸困难，不能自立
30～50	数秒至数分钟	手迅速麻痹，心跳不规则跳动，昏迷，时间较长引起心室颤动
50～数百	低于脉搏周期	受强烈刺激，呼吸麻痹，但未发生心室颤动
	超过脉搏周期	昏迷，心室颤动，接触部位留有电流通过痕迹
超过数百	低于脉搏周期	在心脏搏动周期特定相位电击时，发生心室颤动，昏迷，接触部位留有电流通过的痕迹
	超过脉搏周期	心脏停止跳动，昏迷，可能有致命的电灼伤

电流的人体效应的理论和数据，对于制定防触电技术的标准、鉴定安全型电气设备、设计安全措施、分析电气事故和评价安全水平等是必不可少的。

（2）电击的主要特征

① 在人体的外表没有显著的痕迹。电击致伤的部位主要在人体内部，在人体外部不会留下明显痕迹。当较大电流通过人体时，电流产生的热量也可能烘干、烧焦机体组织。

② 伤害人体内部，致命电流较小（数十到数百毫安）。数十至数百毫安的小电流通过人体而使人致命的主要原因是引起心室颤动（心室纤维性颤动）、麻痹和呼吸中止。绝大多数的触电死亡事故都是由电击造成的。

③ 电流的人体效应由通过的电流决定，其伤害程度与通过人体电流的强度、种类、持续时间、通过途径及人体状况等多种因素有关。

2. 电伤

电伤是电流的热效应、化学效应或机械效应对人体外部造成的局部伤害。

电伤可以由电流通过人体直接引起，也可以由电弧或电火花引起。

（1）电伤的主要类型

电伤包括电灼伤、电烙印、皮肤金属化、电光眼等不同形式的伤害。

① 电灼伤。电灼伤可分为电流灼伤和电弧烧伤。

a. 电流灼伤是人体与带电体接触，电流通过人体由电能转换成热能造成的伤害。电流越大、通电时间越长，电流途径的电阻越小，则电流灼伤越严重。由于人体与带电体接触的面积一般都不大，加之皮肤电阻又比较高，使得人体与带电体的接触部位产生较多的热量，受到严重的灼伤。大电流通过人体时，可能灼伤皮下组织，也可能烘干、烧焦机体组织。电流灼伤一般发生在低压设备或低压线路上。

b. 电弧烧伤是由弧光放电造成的伤害，分为直接电弧烧伤和间接电弧烧伤。直接电弧烧伤是带电体与人体之间发生电弧，有电流流过人体的烧伤，是与电击同时发生的；间接电弧烧伤是电弧发生在人体附近对人体的烧伤，包括熔化了的炽热金属溅出造成的烫伤。

电弧温度高达 5000℃以上，可造成大面积、大深度的烧伤，甚至烧焦、烧掉四肢及其他部位。高压电弧的烧伤较低压电弧严重，直流电弧的烧伤较工频交流电弧严重。

② 电烙印。电烙印是电流通过人体后，在接触部位留下永久性的斑痕。斑痕处皮肤硬变，失去原有弹性和色泽，表层坏死，失去知觉。

③ 皮肤金属化。皮肤金属化是在电弧高温的作用下，金属熔化、汽化，金属微粒渗入皮肤造成的，受伤部位变得粗糙而张紧。皮肤金属化多与电弧烧伤同时发生，而且一般都伤在人体的裸露部位。

④ 电光眼。电光眼是发生弧光放电时，由红外线、可见光、紫外线对眼睛造成的伤害。电光眼表现为角膜和结膜发炎。对于短暂的照射，紫外线是引起电光眼的主要原因。

（2）电伤的主要特征

① 电伤会在机体表面留下明显的伤痕，但其伤害作用可能深入体内。

② 电伤属于局部性伤害，危险程度取决于受伤面积、受伤深度、受伤部位等因素。

二、电流伤害程度的影响因素

电流通过人体造成的伤害与多种因素相关，主要有电流类型与频率、电流大小、电流持续时间、电流通过人体的路径以及人体状况等，其中电流大小是电流伤害程度的关键因素。

1. 电流类型与频率

电流种类不同对人体的伤害不同。表 1-2 反映了不同频率的电流导致触电死亡率的数据。

表 1-2　电流频率与触电死亡率关系

电流频率范围/Hz	触电死亡率/%
10～25	50
50	95
50～100	45
120	31
200	22
500	14

一般情况下，直流电流比交流电流对人体的伤害要轻。50Hz 工频交流电流对人体的伤害最为严重。

随着交流电频率的升高，趋肤效应越显著，通过人体的电流越小，对人体的伤害相对工频交流的伤害较轻。

我国日常生活与工业用电主要为交流电，频率为工频 50Hz，最容易导致心室颤动而危及生命，是最危险的电流频率。

2. 电流大小

由表 1-1 可以看出，通过人体的电流越大，人的生理反应越明显，引起心室颤动所需时间越短，致命危险性越大。表 1-3 描述了不同大小的工频交流电流及直流电流通过人体的生理反应特征。

表 1-3 工频交流电流与直流电流通过人体的生理反应特征

电流大小 /mA	人体效应	
	交流电（工频）	直流电
0.6~1.5	手指开始有麻刺感	无感觉
2~3	手指强烈麻刺、颤抖	无感觉
5~7	手指痉挛	热感
8~10	手部剧痛，勉强可以摆脱电流	热感加强
20~25	手迅速麻痹，不能自立，呼吸困难	手部轻微痉挛
50~80	呼吸麻痹，心室开始颤动	手部痉挛，呼吸困难
90~100	昏迷、呼吸麻痹，心室颤动	呼吸麻痹

由表 1-3 可知：工频交流电流大约从 0.6（1.5）mA→5（7）mA→8（10）mA→20（25）mA→50（80）mA→逐渐增加，人的生理反应及病理反应从手指有麻木、针刺感→手指痉挛→手部剧痛（勉强能摆脱电源）→手麻痹（呼吸困难）→呼吸麻痹（心室颤动）→直至死亡。

直流电流通过人体引起的生理反应与病理反应相对交流电流的作用较轻，但随着电流的增加，反应越强烈，对人体的伤害及危险性越大。

GB/T 13870.1—2022 及 IEC 60479 按电流作用于人体引起的生理反应特征，将电流分为三个等级：感知电流、摆脱电流、室颤电流。三个等级对应的名义电流值如表 1-4 所示。

表 1-4 电流的人体效应与名义电流值

电流等级分类	定义	电流类型	电流大小/mA	
			男性	女性
感知电流	电流通过人体可引起触电感觉的最小电流	工频交流	1.1	0.7
		直流	5.2	3.5
摆脱电流	人触电后能自行摆脱带电体的最大电流	工频交流	16	10.5
		直流	76	51
室颤电流	引起心室开始颤动的最小电流	工频交流	30	
		直流	50（3s）/1300（0.3s）	

（1）感知电流 在一定概率下，电流通过人体时可引起触电感觉的最小电流，称为感知电流。

当概率为 50% 时，成年男性的平均感知电流（工频）约为 1.1mA，成年女性的平均感知电流（工频）约为 0.7mA；直流电流时成年男性与女性的感知电感分别约为 5.2mA、3.5mA。这一数据反映了女性对电流的感知比男性更为敏感。

当通过人体的电流小于感知电流时，人体不会产生不适感觉；当通过人体的电流超过感知电流时，手指会有麻刺感，且电流越大，不适感越强烈。

感知电流一般不会对人体造成伤害，但可能引起不自主的反应，导致如从高处跌落等二次伤害。

（2）摆脱电流　在一定概率下，人触电后能自行摆脱带电体的最大电流称为摆脱电流。

当概率为 50%时，成年男性的摆脱电流（工频）约为 16mA，成年女性的摆脱电流约为 10.5mA；当概率为 99.5%时，成年男性的摆脱电流约为 22.5mA，成年女性的摆脱电流约为 15mA。直流电流时成年男性与女性的摆脱电流分别约为 76mA、51mA。

摆脱电流是人体能承受的最大电流。通过人体的电流小于摆脱电流时，虽有强烈麻刺感，也可能出现较轻呼吸困难、血压升高，但一般不会造成不良后果，而且与时间无关。当通过人体的电流超过摆脱电流时，因手指迅速麻痹，且呼吸困难，不能自立，大概率为不能自行脱离电源，电流将长时间通过人体，可能带来严重的后果。

（3）室颤电流　在一定概率下，通过人体引起心室发生纤维性颤动的最小电流，称为室颤电流。

发生心室颤动时，心脏每分钟颤动 1000 次以上，而且没有规则，血液实际上中止循环，大脑和全身迅速缺氧。心脏发生心室颤动持续时间不长，如不能及时抢救，心脏将很快停止跳动，导致死亡。

室颤电流的大小与电流种类、电流持续时间、电流通过人体的路径、人体生理特征及个体差异等因素有关。

当电流持续时间短于心脏搏动周期时，人的室颤电流约为数百毫安；而当电流持续时间超过心脏搏动周期时，导致心室颤动的工频交流电流约为 30mA、直流电流相对较大（可达数百毫安）。

当人体通过的电流超过室颤电流时，在较短时间内将会发生心室颤动，有可能导致可逆性心跳停止，危及生命。

（4）安全电流　人体能够承受且不会对人体造成直接伤害的电流。

人们将摆脱电流定义为人体允许的安全电流限值，即：工频交流电流 10mA、直流电流 50mA 确定为人体安全电流值。因为，当通过人体的电流小于安全电流限值时，人可以自行脱离电源，无生命危险及其他损伤。

3. 电流持续时间

GB/T 13870.1—2022 及表 1-1 数据表明，电流通过人体的持续时间会影响电流伤害程度。表 1-5 反映了人体允许通过的电流及相应持续时间的关系。

表 1-5　人体允许电流及相应的持续时间关系

允许电流/mA	50	100	200	500	1000
持续时间/s	5.4	1.35	0.35	0.054	0.0135

由表 1-5 可知，通过人体电流越大，允许持续作用时间快速缩短，即引发心室颤动所需时间急剧减小。这表明通过人体的电流持续时间越长，对人体伤害程度越大。

通过人体的电流持续时间越长，由于人体发热出汗和电流对人体组织的电解作用，人体电阻逐渐减小，导致通过人体的电流加大，后果越严重；电流持续时间越长，人体内积累的外界电能越多，电流伤害程度越高，表现为室颤电流减小；电流通过人体刺激中枢神经，电流持续时间越长，中枢反射越强烈，危险性越大。

4. 电流通过人体的路径

大量实验数据表明，电流通过人体的路径不同，伤害程度不同。

电流通过心脏，可能直接作用于心肌，引起心室颤动；如果电流作用于头部，也可能经中枢神经系统反射作用于心肌，引起心室颤动。

电流作用于胸肌，将使胸肌发生痉挛，使人感到呼吸困难。电流越大，感觉越明显。如作用时间较长，将发生憋气、窒息等呼吸障碍。窒息后，意识、感觉、生理反射相继消失，直至呼吸中止。因机体缺氧，引起心室颤动或心脏停止跳动，导致死亡。

不同电流路径对心脏影响程度如表 1-6 所示。表中心脏电流系数 F 是以左手到双脚引发心室颤动所需电流为基准（$F=1$）来描述其他电流路径的危险程度。

心脏电流系数 F = 左手到双脚引发心室颤动所需电流 / 其他路径引发心室颤动所需电流

表 1-6　不同电流路径的心脏电流系数

通电途径	心脏电流系数 F
左手至左脚、右脚或双脚；双手至双脚	1.0
左手至右手	0.4
右手至左脚、右脚或双脚	0.8
后背至右手	0.3
后背至左手	0.7
胸部至右手	1.3
胸部至左手	1.5
臀部至左手、右手或双手	0.7
左脚到右脚	0.04

某路径下心脏电流系数 F 的大小，反映对比左手到双脚路径引发心室颤动所需电流的大小。F 越大，所需电流越小，危险性越高。

显然，电流纵向通过人体比横向通过人体的伤害要大，特别是通过心脏时的伤害更大，更容易发生心室颤动导致死亡。从左手到双脚以及从胸部至左（右）手是最危险的电流途径，电流从脚到脚对人体的伤害较小。

5. 人体状况

当人体触电时，通过人体的电流与人体阻抗（人体电阻）有关：人体电阻越小，流过人体的电流越大，危险性越大。人体阻抗是定量分析人体电流的重要参数之一，也是处理许多电气安全问题所必须考虑的基本因素。

人体总阻抗是包括皮肤阻抗与体内阻抗的全部阻抗。

皮肤阻抗是皮肤表面角质层的阻抗，其数值与皮肤状况（完好程度、潮湿程度）、接触电压、电流持续时间、接触面积与施加压力等因素有关，大小程度有很大差异。

体内阻抗是除去表皮之后的人体阻抗，主要由血液、肌肉、细胞组织及其结合部等构成。体内阻抗可以视为纯电阻，通常仅有数十欧至几百欧，主要取决于电流途径以及与带电体的接触面积。

皮肤阻抗在人体阻抗中占有很大比例，直接决定人体阻抗大小。在皮肤干燥状态下，人体工频总阻抗一般为1000～3000Ω；当皮肤潮湿和出汗，以及带有导电化学物质或金属尘埃时（特别是皮肤破坏后），人体阻抗将急骤降低，如表1-7所示。

表1-7 皮肤状况对人体阻抗的影响　　　　　　　　　　　　　　　　　Ω

皮肤干燥	皮肤潮湿	有伤口的皮肤
1000～3000	200～800	500以下

接触电压高低会导致人体电阻在很大的范围内变化。接触电压越高，人体电阻越小，如表1-8所示。

表1-8 接触电压对人体电阻的影响

接触电压 /V	人体电阻/Ω			
	干燥皮肤	滋润皮肤	湿皮肤	浸入水中皮肤
10	7000	3500	1200	600
25	5000	2500	1000	500
50	4000	2000	875	440
100	3000	1500	770	375
250	1500	1000	650	325

大量实验证明：女性较男性敏感，儿童与老年人较中年人敏感，体重小的较体重大的敏感，患有心脏病、中枢神经系统疾病等疾病、外伤的人，电流伤害较健康人严重。

另外，电流对人体的作用有分散性特征，同一人精神状况不佳、情绪低落时，电流伤害会加重。

三、触电急救

1. 触电急救原则

据统计，在相同情况下，触电后1min内开始急救者，一般有90%机会获得良好效果；1～2min内开始急救者，约为45%机会获得良好效果；触电后6min开始急救者，只有10%机会获得良好效果；触电后超过6min开始急救者，其救活的可能性很小。因此，对触电者应迅速进行正确急救。

触电紧急救护原则：迅速脱离电源、就地进行抢救、准确进行救治、坚持救治到底。只要救治及时，方法得当，坚持不懈、耐心救护，会有良好抢救效果。

2. 迅速脱离电源

发生触电事故时，首先马上切断电源，使触电者脱离电流损害的状态，这是抢救成功的首要因素（因为当触电事故发生时，电流会持续不断地通过触电者，触电时间越长，对人体损害越严重）。另外，触电者身上有电流通过，已成为一带电体，对救护者是一个严重威胁，如不注意安全，同样会使抢救者触电。所以，必须先使触电者脱离电源后，方可抢救。

（1）脱离低压电源　在低压电气设备上触电时，可以采用"拉""切""挑""垫""拽"

方法使触电者脱离电源。

①　"拉"：拉开电源总开关。如果触电地点或附近有电源开关和电源插头时，可立即将闸刀打开，将插头拔掉，以切断电源。

②　"切"：切断电源线。如触电地点及附近无电源开关、插头，可用带绝缘柄的电工钳或干燥的斧头切断电源线。注意：要一相一相地切断，避免短路电弧伤人。

③　"挑"：如果导线搭落在触电者身上或被压在触电者身下，可用干燥的木棒、竹竿将导线挑开。注意：观察周围人员情况，防止带电导线碰触周围人。

④　"垫"：救护者脚下垫干燥木板或绝缘垫，帮助触电者脱离电源。注意：救护者身体不要触及其他接地体。

⑤　"拽"：救护者戴上手套或包缠干燥的衣物等绝缘物，抓着触电者衣服将其脱离电源。注意：切不可触及触电者身体。

（2）脱离高压电源　在高压电设备上触电时，可以采用下列方法使触电者脱离电源。

①　立即通知有关部门停电。

②　戴上绝缘手套，穿上绝缘靴，用相应电压等级的绝缘工具拉开开关。

③　抛掷裸金属线使线路短路接地，迫使保护装置动作，断开电源。注意：抛掷裸金属线前，先将金属线一端可靠接地，然后抛掷另一端。抛掷端不可触及触电者和其他人。

总之，在现场可因地制宜，灵活运用各种方法，快速切断电源。

（3）脱离电源的注意事项

①　救护者一定要判明情况，做好自身防护，切不可用手、其他金属及潮湿的物体作为救护工具。

②　触电者脱离电源后不再受到电流的刺激，会立即放松，触电者可能自行摔倒，造成二次伤害事故，特别在高空时更是危险。所以脱离电源需有相应的配合措施，避免二次伤害情况发生，加重伤害。

③　在救护过程中，救护者要注意自身和触电者附近带电设备之间的安全距离，以及周围人员与环境情况，避免伤害他人，将事故扩大。

3. 紧急处置

解脱电源后，触电者往往处于昏迷状态，情况不明，故应尽快对心跳和呼吸情况作判断，看看是否处于"假死"状态，只有明确的诊断，才能及时正确地进行急救。处于"假死"状态的触电者，因全身各组织处于严重缺氧的状态，情况十分危险，故不能用一套完整的常规方法进行系统检查。只能用一些简单有效的方法，以达到简单诊断的目的。

（1）急救前检查　具体方法如下：将脱离电源后的触电者迅速移至通风、干燥的地方，使其仰卧，将其上衣与裤带放松，作简单检查，如图1-1所示操作。

①　检查呼吸。"看"：当触电者有呼吸时，可看到其胸廓和腹部的肌肉随呼吸上下运动。"听"：将耳朵贴在触电者鼻孔处，应有呼吸声音。"感"：将手放在触电者鼻孔处，可感到气体的流动。若无上述现象，则往往是呼吸已停止。

图1-1　急救前检查呼吸

②　判断心跳。心跳检查时，一般触摸颈动脉。颈动脉是大动脉，位置浅表，当有心跳

时，很容易感觉到颈动脉的搏动，因此常常将其作为是否有心跳的依据。另外，也可听一听是否有心声，有心声则有心跳。

注意事项：在检查心跳时，不能用力过大，防止推移颈动脉；不能同时触摸两侧颈动脉，防止脑部供血中断；不要压迫气管，造成呼吸阻塞；检查时间不要超过 10s。一旦发生人身触电，较严重者一般会出现神经麻痹、昏迷不醒、呼吸困难、心脏停止跳动等症状以及进入"假死"状态。

③ "假死"状态。所谓"假死"状态，触电者丧失了知觉、面色苍白、瞳孔放大、脉搏和呼吸停止，但没有明显的致命伤、外伤。"假死"状态时，大脑细胞严重缺氧，处于死亡的边缘，瞳孔自动调节系统失去了作用，瞳孔也就自行扩大，对光线的强弱再也起不到调节作用。所以，瞳孔扩大说明了大脑组织细胞严重缺氧，人体处于"假死"状态。

假死大致可分为三类：心跳停止但尚能呼吸；呼吸停止、心跳尚在，但脉搏很微弱；心跳与呼吸均停止。

处于"假死"状态的触电者，并非真正死亡。依据"假死"的分类标准，在抢救时便可有的放矢，对症治疗。通过及时、正确施救，能恢复触电者生命状态。

（2）处置方法　经过简单诊断后的触电者，一般可按下述情况分别处置。

① 自主呼吸心跳者。触电者神志清醒，但感乏力、头昏、心悸、出冷汗，甚至恶心或呕吐。此类触电者应就地安静休息，减轻心脏负担，加快恢复；情况严重时，小心送往医疗部门，请医护人员检查治疗。

触电者呼吸、心跳尚在，但神志昏迷。此时应将触电者仰卧，周围的空气要流通，并注意保暖。除了要严密地观察外，还要做好人工呼吸和心脏按压的准备工作，并立即通知医疗部门或用担架将触电者送往医院。在去医院的途中，要注意观察触电者是否突然出现"假死"现象，如有"假死"，应立即抢救。

② "假死"状态者。如经检查后，触电者处于"假死"状态，则应立即针对不同类型的"假死"进行对症处理，同时向医院告急求救。

a．呼吸停止、心跳仍在者。将触电者就地放平，松解其衣扣，做人工呼吸。

b．心跳停止、呼吸仍在者。将触电者就地平放，立即做胸外心脏按压。

c．心跳、呼吸均停止者。将触电者就地平放，立即做心肺复苏急救。

在抢救过程中，抢救工作不能中止，即便在送往医院的途中，也必须继续进行抢救，一定要边救边送，直到恢复心跳、呼吸。

四、心肺复苏急救法

心肺复苏急救法包括人工呼吸法和胸外心脏按压法，是现场急救的主要救护方法，是任何药物都不能代替的。

1. 人工呼吸法

人工呼吸的目的，是用人工的方法来代替肺的呼吸活动，使气体有节律地进入和排出肺部，供给体内足够的氧气，充分排出二氧化碳，维持正常的通气功能。人工呼吸的方法有很多，目前认为口对口人工呼吸法效果最好。人工呼吸法的操作方法如下。

① 将触电者仰卧，解开衣领，松开紧身衣装，放松裤带，以免影响呼吸时胸廓的自然扩张。然后将触电者的头偏向一边，张开其嘴，用手指清除口中的假牙、血块和呕吐物等，

使其呼吸道畅通。

②抢救者在触电者的一边，以近其头部的一手紧捏触电者的鼻子（避免漏气），并将手掌外缘压住其额部，另一只手托在触电者的颈后，将其颈部上抬，使其头部充分后仰，以解除舌下坠所致的呼吸道梗阻。

③施救者先深吸一口气，然后用嘴紧贴触电者的嘴或鼻孔大口吹气，同时观察触电者胸部是否隆起，以确定吹气是否有效和适度。

④吹气停止后，施救者头稍侧转，并立即放松捏紧鼻孔的手，让气体从触电者的肺部排出，此时应注意触电者胸部复原的情况，倾听其呼气声，观察有无呼吸道梗阻。

⑤如此反复进行，每分钟吹气12次，即每5s吹一次，直到触电者恢复自主呼吸为止。

注意事项如下。

①口对口吹气的压力需掌握好，刚开始时可略大一点，频率稍快一些，经10～20次后可逐步减小压力，维持触电者胸部轻度升起即可。对幼儿吹气时，不能捏紧其鼻孔，应让其自然漏气。为了防止压力过高，抢救者仅用颊部力量即可。

②吹气时间宜短，约占一次呼吸周期的1/3，但也不能过短，否则影响通气效果。

③如遇到牙关紧闭者，可采用口对鼻吹气，方法与口对口基本相同。此时可将触电者嘴唇紧闭，抢救者对准触电者鼻孔吹气，吹气时压力应稍大，时间也应稍长，以利气体进入肺内。

2. 胸外心脏按压法

胸外心脏按压，是指有节律地以手对心脏按压，用人工的方法代替心脏的自然收缩，从而达到维持血液循环的目的。此法简单易学，效果好。

胸外心脏按压操作方法如下（图1-2）。

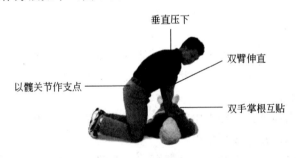

图1-2　胸外心脏按压操作

①使触电者仰卧于硬板上或地上，施救者立于或跪于病人右侧腰部旁。

②施救者左手掌根部置于触电者胸骨中下1/3交界处，右手交叉压在左手背上。

③施救者肘关节伸直，借助身体体重和臂、肩部肌肉的力量，垂直向下用力压迫触电者胸骨下段，使胸骨下段与其相连的肋骨下陷3～4cm，间接压迫心脏，使心脏内血液搏出。

④挤压后突然放松（要注意掌根不能离开胸壁），依靠胸廓的弹性使胸复位。此时，心脏舒张，大静脉的血液回流到心脏。

⑤循环实施按压-放松操作，频率约为100次/min。每按压30次，可检查一次心跳情况，直至触电者恢复自主心跳活动为止。

注意事项如下。

①挤压时位置要正确，一定要在胸骨下1/3处的压区内，接触胸骨应只限于手掌根部，

手掌不能平放，手指向上与胸肋保持一定的距离。

② 用力时手臂一定要垂直于触电者身体，并且要有节奏和冲击性。

③ 对儿童用一个手掌根部即可。

④ 挤压时间与放松时间应大致相同。

3. 心肺复苏循环操作

若触电者心跳、呼吸全停止，而施救者只有一人，则需要交替实施人工呼吸与胸外心脏按压施救。具体操作流程如下。

① 先用人工呼吸法吹气两次，再做胸外心脏按压 30 次为一个循环操作。

② 每做完五个循环，做一次自主心跳、呼吸检查。

③ 按上述步骤交替实施人工呼吸与胸外心脏按压，直到触电者恢复自主心跳、呼吸为止。

第四节　触电形式、原因及防护

触电是电流能量作用于人体或转换成其他形式的能量作用于人体造成的伤害。人体触及或过分接近带电的导体、漏电设备的可导电外壳或其他带电体，以及受到雷击或电容放电、静电放电、电磁感应等，都可能导致触电。

一、触电形式

按照发生触电时电气设备的状态，可分为正常状态触电和故障状态触电。

1. 正常状态触电

正常状态触电也称直接接触触电，是指人体直接接触或过分靠近正常状态的电气设备及线路的带电体而发生的触电现象。正常状态触电又可分为单相触电、两相触电、弧光放电触电、感应电压触电、剩余电荷触电。

（1）单相触电　人体直接接触带电设备或线路中的某一相带电体时，电流通过人体流入大地而发生的触电现象，称为单相触电。

单相触电时，电流路径与电网接地类型有关，如图 1-3 所示。大接地电流电网是变压器

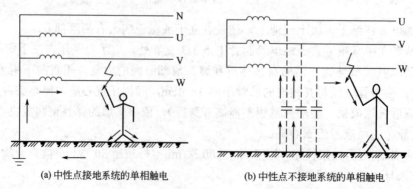

(a) 中性点接地系统的单相触电　　　　(b) 中性点不接地系统的单相触电

图 1-3　两种接线方式发生单相触电示意图

低压侧中性点直接接地，接地阻抗很低；小接地电流电网是变压器低压侧中性点不直接接地，呈现出很大的接地阻抗，主要由线路与大地之间的分布电容及绝缘漏电构成。

① 中性点接地系统的单相触电。在中性点直接接地的低压系统中，当人体触及一相带电体时，该相电流通过人体经大地、中性点接地线回流至电源，构成单相触电回路，如图 1-3（a）所示。

若接触相电压为 U_x，R_d 为人体电阻，R_o 为电网接地电阻。人体承受电压为

$$U_d = \frac{R_d}{R_d + R_o} U_x$$

流过人体的电流为

$$I_d = \frac{U_x}{R_d + R_o}$$

由于人体电阻比中性点接地电阻要大得多，接触相电压几乎全部加在人体上，通过人体电流很大，触电伤害危险性很大。

② 中性点不接地系统的单相触电。当人体接触到中性点不接地系统的带电相时，电流将通过人体到大地，再经线路分布电容以及可能的漏电阻抗返回电源，仍构成人体触电回路，如图 1-3（b）所示。

若接触相电压为 U_x，Z 为线路对地绝缘阻抗，R_d 为人体电阻。人体承受电压为

$$U_d = \frac{3R_d}{|Z + 3R_d|} U_x$$

流过人体的电流为

$$I_d = \frac{3U_x}{|3R_d + Z|}$$

在这种系统中发生单相触电时，因人体电阻远小于线路对地绝缘阻抗，故作用于人体的电压、电流很低。若线路对地绝缘性能降低，电源电压很高时，仍会有较大电流通过人体造成伤害。

通过上述分析可知，单相触电时，触电危险程度与触及带电体电压、电网中性点接地方式、带电体对地绝缘状况有密切关系。

根据统计，在全部触电事故中，单相触电事故占比超过 70%，是预防触电事故的重点。

（2）两相触电　人体同时接触带电设备或带电线路的任意两相，电流从一相流经人体到另一相而发生的触电现象，称为两相触电，如图 1-4 所示。

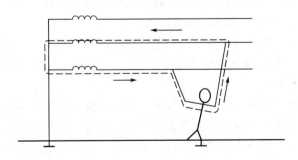

图 1-4　两相触电示意图

在两相触电时，虽然人体与大地有良好的绝缘，但是因人体同时触及有电位差的不同带

电体，人体承受两带电体的电压差。

若触及相线-零线，则人体承受的相电压为 $U_d = U_p$

若触及相线-相线，则人体承受的线电压为 $U_d = U_l$

在电压为 380/220V 的供电系统中，通过人体电流为

相-零触电 $I_d = \dfrac{U_d}{R_d} = \dfrac{220}{1700}A = 0.13A$

相-相触电 $I_d = \dfrac{U_d}{R_d} = \dfrac{380}{1700}A = 0.23A$

显然，无论是相-零触电或是相-相触电，两相触电均有很大电流通过人体，只要经过 0.1～0.2s，就可置人于死地。显然，两相触电比单相触电的危险性要大得多。

两相触电多发生在带电作业，由于相间距离小，安全组织管理不到位、安全措施不周全，使人体直接或间接通过作业工具同时触及两相导体，从而造成两相触电。

（3）弧光放电触电　人体未直接触及高压带电体，但过分靠近高压带电体，与高压带电体距离小于规定的安全距离时，将可能发生高压带电体对人体放电导致触电现象，称为弧光放电触电，如图 1-5 所示。

图 1-5　弧光放电触电现象

当人体过于接近高压带电体时，高压可击穿带电体与人体之间的空气，产生电弧，将人体烧伤；同时通过空气电离通道与人体构成导电通路，人体受到电击。弧光放电触电时，人体受到电弧灼伤与电击双重伤害，电压越高，危险性越大。

（4）感应电压触电　因带电设备的电磁场或雷电、静电作用，导致附近未挂接接地线的不带电、停电检修的电气线路和电气设备感应出一定电压，当人体接触时发生触电的现象，称为感应电压触电。

感应电压的大小，取决于带电设备电压的高低、停电设备与带电设备两者的平行距离与几何形状以及大气变化情况（雷电、静电感应）等因素。

感应电压触电往往在电气作业人员缺乏思想准备的情况下发生，具有相当大的危险性。因此，《电业安全工作规程》规定：对于停电后可能产生感应电压的线路和设备，只有先悬挂临时接地线，才能对其进行检修；在停电线路上进行检修工作时，遇到危及人身安全的气候变化（如雷雨、闪电），所有作业人员均应撤离工作现场。

（5）剩余电荷触电　电气线路及电气设备停电初期或实施电气性能摇测之后，可能还保留有一定电量（剩余电荷），当人体触及其可导电部位时，剩余电荷经过人体放电而发生的触电现象，称为剩余电荷触电。

检修人员检修、摇测停电后的并联电容器、电力电缆、电力变压器和大容量电动机等设备时，若未将这些设备充分放电，这些设备的导体上带有一定数量的剩余电荷。此外，并联电容器因其放电电路发生故障未能及时放电，电容器退出运行后又未进行人工放电，电容器的极板上将带有大量电荷。此时检修人员一旦触及上述带有电荷的设备，这些设备将通过人体放电，造成触电事故。

设备容量越大，电缆线路越长，剩余电荷积累越多，触电危害越严重。

为了防止发生这类触电事故，对停电后的并联电容器、电力电缆、电力变压器和大容量电动机等电气设备，在检修前必须进行充分的人工放电。遥测这些设备的绝缘电阻后，必须及时进行充分的人工放电，以确保安全。

2. 故障状态触电

故障状态触电也称间接接触触电，是指人体触及正常状态下不带电、故障时带电的电气设备可导电部位或金属外壳（如漏电设备的外壳带电）及金属构架发生的触电现象。

故障状态导致可触及的非危险带电部分变成危险带电部分（电荷失控）、可触及的正常情况下不带电的可导电部分变成危险带电部分（外露可导电部分基本绝缘损坏），正常状态不可触及的危险带电部分变为危险可触及的带电部分（外护物的机械损坏）。

间接接触触电可分为跨步电压触电、接触电压触电两种形式，如图1-6所示。

(a) 跨步电压触电　　　　　　　　　(b) 接触电压触电

图1-6　间接接触触电

（1）跨步电压触电

① 跨步电压的形成。研究及实践表明，当带电导体与大地接触时，接地电流由接地点流入大地，并向四周呈半球形流散，形成以接地点为球心、半径为20m的半球形"地电场"，如图1-7（a）所示。地电位 U_a 分布由中心向四周呈指数下降，如图1-7（b）所示。距接地点越近，地电位越高；随距离的增加，地电位亦呈指数降低；距接地点20m外，地电位降为"零"值。

在故障接地电流的地电场内，径向0.8m之间（人的两脚之间）的电位差为跨步电压，如图1-7（b）中的电位差 U_k。

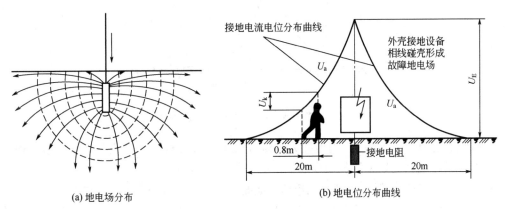

(a) 地电场分布　　　　　　　　　　　(b) 地电位分布曲线

图1-7　地电场分布与地电位分布曲线

② 跨步电压触电的条件。在故障电流接地点 20m 区域内，人的两脚触及地电场不同的两点，地电位差作用于人体下半身，构成触电回路导致的触电现象，称为跨步电压触电。

跨步电压触电时，触电者先感到两脚麻木，严重状态下会发生抽筋以致跌倒，跌倒后由于手、脚之间的距离加大，电压增加，同时心脏也承受电流，增大触电伤害。只要电流通过心脏的时间持续数秒，触电者就有生命危险。

③ 影响跨步电压触电的因素。跨步电压的高低受带电体电压、接地电流大小、鞋和地面特征、两脚间的跨距、与接地故障点的距离、两脚方位等因素的影响。几个人在同一区域遭到跨步电压电击时，完全可能出现截然不同的后果。

人体与接地故障点的距离越近，跨步电压越高，危险性越大；离接地故障点越远，电流越分散，地电位也越低，跨步电压越低。当人体与接地故障点的距离达到 20m 以上时，地电位近似等于零，跨步电压也接近于零，此时就没有触电危险。

为预防跨步电压触电伤害，应设置安全防护区及警示；应远离接地故障区，特别是高压线落地区域；不小心步入到接地电流流散的 20m 电场分布区时，应避免形成前后脚跨步差，并尽快离开危险区；进入故障点区域施救或排除故障时，应穿绝缘鞋。

（2）接触电压触电

① 接触电压的含义。当人体的两个部位同时接触到具有不同电位的两处时，加在人体两个部位之间的电位差称为接触电压。

运行中的电气设备因绝缘损坏或其他原因发生带电体碰壳、漏电故障时，故障设备的金属外壳带电，与大地间形成的电位差称为对地接触电压。本节所讲为对地接触电压。

对地接触电压的特点如下。

a. 若故障设备与大地绝缘未形成故障接地电流，地电位不受影响，对地接触电压主要取决于故障带电导体电压。

b. 若故障设备形成故障接地电流，地电位受故障接地电流影响，对地接触电压 U_C 与指定地面点距故障电流接地点距离有关。如图 1-8 中的 U_C 所示，距离越近，对地接触电压越小；距离越远，对地接触电压越高；距离故障电流接地点 20m 外，对地接触电压达到最大值（为设备故障带电体电压 U_E）。

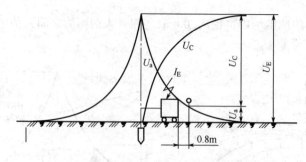

图 1-8　故障接地电流下的对地接触电压曲线

② 接触电压触电的条件。当地面人员触及漏电设备带电外壳时，对地接触电压作用于人体，电流通过人体而发生的触电现象，称为接触电压触电。

a. 若故障状态下未形成故障接地电流，地面人员触及故障设备时，触电情况与正常状态触电的单相触电情况相同。危险程度取决于电源系统接地或不接地（参见正常状态触电的单相触电）。

b. 若故障设备形成故障接地电流，地面人员触及故障设备带电部位时，承受对地接触电压作用。触电电压大小除与故障电压有关外，还取决于触电时人体所在位置与故障电流接地点的距离。

如图 1-9 所示，人体在地面不同位置（1、2、3 位置点）触及故障设备带电部位时，承受不同大小的对地接触电压作用。人体站在距故障电流接地点越近，接触电压越小（如图 1-9 中点 1 的接触电压）；人体站在距故障电流接地点越远，接触电压越大（如图 1-9 中点 3 的接触电压）；人体站在距故障电流接地点 20m 以外触及故障设备带电部位，接触电压达到最大值（等于漏电设备的对地电压）。

通过上述分析提示：在三相四线制中性点直接接地的低压系统中，即使设备的金属外壳采取了保护接地，仍有触电危险，且接地点距设备越远，触电危害程度会加大。因此，应就近实施设备接地，以降低可能产生的对地接触电压。

触电者所穿的靴、鞋和站立地点的地面等都有一定的电阻，可以减小通过触电者的触电电流。因此，操作电气设备时，应穿长袖工作服，使用绝缘防护用具，严禁在裸臂、赤脚的情况下进行，以确保安全。

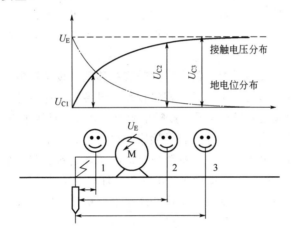

图 1-9 接触电压触电与人体位置关系

二、触电原因及规律

1. 触电原因

触电产生的原因有很多，如：使用有缺陷或不符合规范要求的电气设备；电气设备或电气线路安装不符合要求；电气设备运行管理不当，使绝缘损坏而漏电，并且未采取切实有效的安全措施；电气安全制度不完善或违章作业，特别是非电工擅自处理电气事务等。

通过大量触电事故原因分析，导致触电主要来自以下几方面。

（1）缺乏电气安全知识 例如带电拉高压隔离开关、用手触摸破损的胶盖刀闸、儿童玩弄带电导线，特别是非电工擅自处理电气事务等。

（2）违反操作规程 例如在高低压共杆架设的线路电杆上检修低压线、剪修高压线附近树木而接触高压线；在高压线附近施工或运输大型货物，施工工具和货物碰击高压线；带电搭接临时电线及临时电源，用湿手拧灯泡；测试作业后，未对设备进行充分放电等。

（3）使用有缺陷或不符合规范要求的电气设备　例如电气设备绝缘等级低、电气设备 IP 防护等级不符合要求、配电盘前后带电部分易于触及人体、照明灯使用的电压不符合安全电压、闸刀开关或磁力启动器缺少护壳等。

（4）安装、维修、管理不善　例如电气设备外壳未接地而带电、大风刮断的低压线路未能及时修理、胶盖开关破损后长期不修、电线或电缆因绝缘磨损或腐蚀而损坏未及时处置、接线错误（特别是插头、插座接线错误）未能发现与处理等。

（5）偶然因素　如大风刮断的电线恰巧落在人体上，高压线断落可能造成跨步电压触电事故等。

2．触电事故规律

分析触电事故的发生率，有以下规律可循。

（1）触电事故季节性明显　一年之中二、三季度事故较多，而且 6～9 月最集中。其原因：一是夏秋季天气炎热、人体衣单而多汗，触电危险性较大；二是夏秋季多雨、潮湿，地面导电性增强，容易构成电击电流的回路，而且电气设备的绝缘电阻降低，容易漏电。

（2）低压设备触电事故多　低压触电事故多于高压触电事故。由于低压电网广泛，低压设备多，与人接触机会多，加上低压设备管理不到位、不按操作规程操作等，是造成低压设备触电事故多的主要原因。

（3）携带式和移动式设备触电事故多　携带式和移动式设备触电事故多的主要原因是：一方面这些设备需要经常移动，工作条件相对较差，设备和电源线都容易发生损伤。另一方面，这些设备是在人紧握之下运行，不但接触电阻小，而且一旦触电就难以摆脱电源；此外，单相携带式设备的保护零线与工作零线容易搞错，也会造成触电事故。

（4）电气连接部位触电事故多　大量触电事故的统计资料表明，很多触电事故发生在接线端子、缠接接头、压接接头、焊接接头、电缆头、灯座、插销、插座、控制开关、接触器、熔断器等分支线、接户线处。主要是由于这些连接部位机械牢固性较差、接触电阻较大、绝缘强度较低以及可能发生化学反应，导致触电事故多。

（5）错误操作和违章作业造成的触电事故多　大量触电事故的统计资料表明，有 85%以上的事故是由于操作错误以及违章作业造成的。其主要原因是安全意识不强、安全制度执行不力、管理不严、安全措施不到位和操作者素质不高等，导致触电事故多。

（6）不同行业触电事故不同　触电事故与行业特点有关，冶金、矿业、建筑、机械行业触电事故相对较多。这些行业的生产现场由于金属设备多、移动式设备和携带式设备多、现场混乱以及经常伴有潮湿、高温等不安全因素，导致触电事故多。

（7）不同年龄段的人员触电事故不同　中青年工人、非专业电工、合同工和临时工触电事故多。其主要原因是这些人是主要操作者，经常接触电气设备，而且这些人经验不足并且比较缺乏电气安全知识，其中有的责任心不强，导致触电事故多。

三、触电防护

GB/T 17045—2020《电击防护—装置和设备的通用部分》提出触电防护基本原则：在正常条件或故障条件下，危险的带电部分不应是可触及的，而可触及的可导电部分不应是危险的带电部分。也就是说，在正常与故障状态下，防止电流通过任何人或任何家畜的身体，或将可能通过人体的电流强度限制在没有危险的数值内。

GB/T 17045—2020《电击防护　装置和设备通用部分》、GB/T 16895.21—2020《低压电气装置　第 4-41 部分：安全防护　电击防护》提供的触电防护措施包括基本防护、故障防护及其组合。

① 基本防护由正常条件下能防止与危险带电部分接触的一个或多个措施组成。主要包括基本绝缘、屏护和间距、IP 外壳防护、电气安全用具等，使危险的带电部分不会被有意或无意地触及，即使因疏忽碰触或过分接近正常状态下带电体，亦能通过特低电压（ELV）、能量限制、漏电保护等附加防护措施，限制伤害在没有危险的数值内。

② 故障防护提供单一故障条件下的电击防护，由附加于基本防护上的独立的一项或多项措施组成。即当基本防护失效后，仍具有防护措施，防止电流通过人或家畜的身体，或将可能通过人体的电流强度限制在没有危险的数值内。

故障防护主要包括附加绝缘、保护等电位连接（保护接地、保护接零）、自动切断电源、非导电环境等措施，以及加强绝缘、电气隔离（回路分隔）、能量限制等附加措施。

③ 在同一装置、系统或设备内，防护措施应由正常条件或故障条件时的适当防护措施组合而成。

第五节　电气安全标准与认证管理

一、电气安全标准

1. 我国标准简介

国家标准 GB/T 20000.1—2014《标准化工作指南　第 1 部分：标准化和相关活动的通用术语》对标准的定义是：通过标准化活动，按照规定的程序经协商一致制定，为各种活动或其结果提供规则、指南或特性，供共同使用和重复使用的文件。

我国标准可分为国家标准（GB）、行业（专业）标准（如 HG 化工、SH 石化、SJ 电子、MT 煤炭等行业）、地方标准（DB）以及企业标准等。国家标准为基本标准，行业（专业）标准和企业标准是在国家标准基础上针对具体行业或企业自身特点的应用标准。行业（专业）标准不得低于国家标准，企业标准不得低于行业（专业）标准，且下级标准不得与上级标准相抵触。

完整的标准表达包括两个部分：标准代号+标准名称。标准代号与标准名称相对应。

标准代号通常由三部分组成：表示国家（或地方）、行业、专业领域或类别的拼音字母（大写），代表本标准在我国标准体系的数字编号（可查国家标准），以及描述本标准正式发布实施年号（版本）。

如 GB/T 13869—2017《用电安全导则》、AQ 3009—2007《危险场所电气防爆安全规范》等。其中，GB 是国家标准、AQ 是安全质量标准；字母中带"/T"为推荐标准，不带"/T"为强制性标准。数字"13869""3009"为与标准名称对应的数字代号；年号"2017""2007"即标准发布（修订）版本年号，通常新版本发布即宣告早期版本废止。

标准名称由三个尽可能短的独立要素，即引导要素、主体要素和补充要素等构成。

① 引导要素（肩标题）：表示标准隶属的专业技术领域或类别，即标准化对象所属的技

术领域范围。

② 主体要素（主标题）：表示在特定的专业技术领域内所讨论的主题，即标准化的对象。

③ 补充要素（副标题）：表示标准化对象具体的技术特征。

例如 GB/T 16895.21—2020《低压电气装置 第 4-41 部分：安全防护 电击防护》，"GB/T 16895.21"为标准代号，"低压电气装置"为引导要素，"安全防护"为主体要素，"电击防护"为补充要素。

每个标准必须有主体要素，即标准的主体要素不能省略。在主体要素能清楚、明确表达标准全部技术特征时，补充要素、引导要素可省略。如 GB 2900.73—2008《电工术语 接地与电击防护》省略了引导要素，GB/T 13869—2017《用电安全导则》省略了引导要素与补充要素。

随着国际交流与国际贸易越来越紧密，国家标准正逐步与国际标准、欧洲标准、北美标准等接轨。如 ISO 为国际标准、IEC 为国际电工委员会标准。在电气领域，国家标准与国际电气标准（IEC）或等效标准有较高的融入度。

按照标准应用范围，可分为通用标准和专业标准，或者分为基础性标准、专业性标准。

2. 电气安全标准简介

电气安全标准规范（也简称安规），指在电气领域中，衡量和判断有关管理、规划、设计、施工、试验、运行、操作、维修等方面是否符合安全要求所依据的准则、数值或模式。

下面简要介绍几个电气安全标准。

（1）电气安全基础标准

① GB/T 13869—2017《用电安全导则》为安全用电的基础性、管理性和指导性标准。它规定了用电安全的基本原则、基本要求和管理要求，以及用电产品的设计制造与选用、安装与使用、维修等，用于规范安全用电的行为，为人身及财产提供安全保障。

② GB 19517—2023《国家电气设备安全技术规范》作为各类电气设备的强制性基础标准，要求各类电气设备产品配合必要的安全技术措施，保证产品的电气安全防护水平符合该标准的规定要求，并提出电气安全危险防护原则要求及安全防护项目。

（2）触电防护标准规范

① GB/T 17045—2020《电击防护 装置和设备的通用部分》作为电气防护的基础性标准，规定了适用于人和家畜的电击防护基本规则：在正常条件下及单一故障条件下，危险的带电部分不应是可触及的，而可触及的可导电部分不应是危险的带电部分。

提出了电气装置、系统和设备所通用的，或它们之间在配合上所需防护措施的基本原则和要求。在此规则下，正常条件下的电击防护由基本防护提供，单一故障条件下由故障防护提供。

② GB/T 16895.21—2020《低压电气装置 第 4-41 部分：安全防护 电击防护》则是依据 GB/T 17045—2020 标准的电击防护规则，为电击防护有效措施及各措施间的配合提出了具体的技术要求。

③ GB/T 3805—2008（IEC 61201）《特低电压（ELV）限值》、GB/T 4208—2017《外壳防护等级（IP 代码）》等对触电防护提供了相关的规则、技术要求。

（3）电气系统接地标准规范

GB/T 16895.3—2017《低压电气装置 第 5-54 部分：电气设备的选择和安装 接地配置和保护导体》建立了接地系统配置及技术指标的基础。GB 14050—2008《系统接地的型式及安全技术要求》规范了低压交流系统的接地型式，并对 IT、TT、TN 系统提出具体技术要求。

GB 50054—2011《低压配电设计规范》、GB/T 50065—2011《交流电气装置的接地设计规范》、GB 50169—2016《电气装置安装工程　接地装置施工及验收规范》等标准规范，为接地系统工程设计与施工制定了合格验收标准。

GB 50057—2010《建筑物防雷设计规范》，以及 GB/T 21714.3—2015《雷电防护　第 3 部分　建筑物的物理损坏和生命危险》、GB/T 21714.4—2015《雷电防护　第 4 部分　建筑物内电气和电子系统》等，对雷电防护接地提出专业的接地要求。

（4）防爆电气标准规范　为满足爆炸危险场所对电气设备的特别要求，GB/T 3836《爆炸性环境用防爆电气设备》系列标准，分别对爆炸性气体环境、粉尘环境用电气设备制定了国家专业标准。这些标准对防爆电气设备实施全生命周期管理，主要内容如下。

① 对爆炸性环境进行了分区，对爆炸性物质进行了分类、分级、分组。

② 对不同防爆结构的产品设计、制造规范了严格的技术要求。

③ 对防爆电气设备及系统的选型、安装、维护与检修、管理等提出技术规范。

④ 对防爆电气设备的检验、试验、认证给出了技术方法与技术指标。

为避免防爆电气设备在使用、配置、安装、维护管理中的不规范行为，还制定了 GB 50058—2014《爆炸危险环境电力装置设计规范》、AQ 3009—2007《危险场所电气防爆安全规范》、GB 50257—2014《电气装置安装工程　爆炸和火灾危险环境电气装置施工及验收规范》等，针对具体工程应用提出了技术条款，消除来自电气方面的引爆隐患。

二、安全认证

产品的安全性直接关系到使用者的人身安全与健康。在科技、信息、知识、产品都飞速发展的现代社会，使用者一般都不具备检验产品安全性的技术知识与技术条件，在选购商品时往往产生诸多困难或疑虑。

1. 安全认证作用与法律

实行产品安全认证制度，由第三方（认证机构）依据统一的安全标准对其进行鉴定和评价，凡是经过认证的产品都带有特定的认证标志，这就向使用者提供一种安全信息——该产品符合采用标准规定的安全性能指标。许多国家专门制定了有关产品（例如电工产品等）的安全标准并实行强制性的安全认证。这类产品（包括进口产品）必须经过具备资质与声誉的认证机构的认证，在出厂和销售时必须带有特定的安全认证标志，否则不准进入市场。

按照世贸组织有关协议和国际通行规则，我国依法对涉及人类健康和安全、动植物生命安全和健康以及环境保护和公共安全的产品实行统一的强制性产品认证制度。原国家质量监督检验检疫总局（现国家市场监督管理总局）发布《强制性产品认证管理规定》（质检总局第117 号令）自 2009 年 9 月 1 日起施行。国家市场监督管理总局负责全国强制性产品认证工作的组织实施、监督管理和综合协调。

2. "3C" 安全认证

无论国内国际，对电气产品安全性均有强制性认证要求。根据产品的使用环境、操作方式、运行模式等，对其绝缘性能、IP 防护等级、电磁特性等实行强制认证。在我国境内生产及销售的强制性认证目录电气产品必须获得我国安全认证。

我国实施"CCC"（简称 3C）强制认证。"3C"认证的全称为"中国强制性产品认证"，英文名称 China Compulsory Certification，英文缩写 CCC。它是国家安全认证（CCEE）、进口安全质量许可制度（CCIB）、中国电磁兼容认证（EMC）三合一的"CCC"权威认证。"CCC"认证标志是国家市场监督管理总局与国际接轨的一个先进标志，有着不可替代的重要性。

当前的"CCC"认证标志分为四类，如图 1-10 所示。

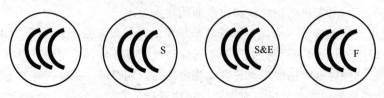

图 1-10　中国"3C"认证标志图符

例如：

CCC+S——安全认证标志。

CCC+EMC——电磁兼容类认证标志。

CCC+S&E——安全与电磁兼容认证标志。

CCC+F——消防认证标志（根据《中华人民共和国消防法》规定，依法实行强制性产品认证的消防产品，由具有法定资质的认证机构按照国家标准、行业标准的强制性要求认证合格后，方可生产、销售、使用）。

我国防爆电气设备产品依据 GB/T 3836.1—2021《爆炸性环境　第 1 部分：设备通用要求》标准，必须通过 IECEx 相关防爆标准"CCC"认证。国内防爆产品认证机构有如下几个。

PCEC——国家防爆产品质量监督检验中心（天津）。

CITC——国家有色冶金机电产品质量监督检验中心（长沙）。

CQST——国家防爆电气产品质量监督检验中心。

NEPSI——国家级仪器仪表防爆安全监督检测站。

图 1-11 所示为我国南阳、天津防爆产品质量监督检验机构标识符号。

　　　南阳　　　　　　　　　天津

图 1-11　防爆产品质量监督检验认证机构标识

需要注意的是："3C"认证标志并不是质量标志，它是一种最基础的安全认证。电气产品安全认证证书有效期为 5 年，超过有效期，需要重新申请并通过认证。

3. 国际主要安全认证与标志

产品认证起源于欧洲，认证制度在多国实施。下面列举了几个影响力较大的认证组织，图 1-12 为对应认证组织认证标志。

IEC认证		国际CB认证	
美国UL认证		德国VDE认证	
TUV认证		欧盟RoHs认证	
ATEX认证		CSA认证	
CE认证		CQC认证	

图 1-12　国际主要安全认证组织认证标志

（1）IEC 标准　国际电工委员会（International Electrotechnical Commission，IEC）是世界上成立最早的非政府性国际电工标准化机构。IECEE 是国际电工委员会电工产品合格测试与认证组织的简称。

（2）CB 认证　CB 体系（电工产品合格测试与认证的 IEC 体系）是 IECEE 运作的国际体系。各成员国认证机构以 IEC 标准为基础对电工产品安全性能进行测试，其测试结果（即 CB 测试报告）和 CB 测试证书在 IECEE 各成员国得到相互认可。

（3）VDE 认证　德国奥芬巴赫的 VDE 检测认证研究所（VDE Testing and Certification Institute）是德国电气工程师协会（Verband Deutscher Elektrotechniker，VDE）所属的一个研究所，按照德国 VDE 国家标准、欧洲 EN 标准或 IEC 标准对电工产品进行检验和认证。

（4）TUV 认证　TUV 标志是德国 TüV 专为元器件产品定制的一个安全认证标志，在德国和欧洲得到广泛的接受。

（5）UL 认证　UL 是美国保险商试验所（Underwriter Laboratories Inc.）的简写。UL 认证在美国属于非强制性认证，主要是产品安全性能方面的检测和认证，其认证范围不包含产品的 EMC（电磁兼容）特性。

（6）ATEX 认证　1994 年，欧洲委员会采用了"潜在爆炸环境用的设备及保护系统"（94/9/EC）指令，通常称为 ATEX 100A 的"新方法"指令，即现行的 ATEX 防爆指令。ATEX 指令覆盖了矿井及非矿井设备，包括了机械设备及电气设备，把潜在爆炸危险环境扩展到空气中的粉尘及可燃性气体、可燃性蒸气与薄雾。该指令规定了拟用于潜在爆炸性环境的设备要应用的技术要求——基本健康与安全要求和设备在其使用范围内投放到欧洲市场前必须采用的合格评定程序。

（7）CE 认证　在欧盟市场"CE"标志属强制性认证标志，不论是欧盟内部企业生产的产品，还是其他国家生产的产品，要想在欧盟市场上自由流通，就必须加贴"CE"标志，以表明产品符合欧盟《技术协调与标准化新方法》指令的基本要求。这是欧盟法律对产品提出的一种强制性要求。

（8）ROHS 认证　RoHS 是由欧盟立法制定的一项强制性标准，它的全称是《关于限制在电子电气设备中使用某些有害成分的指令》。它主要用于规范电子电气产品的材料及工艺标准，使之更加有利于人体健康及环境保护。

（9）CSA 认证　CSA 是加拿大标准协会（Canadian Standards Association）的简称。它成立于 1919 年，是加拿大首家专门制定工业标准的非营利性机构。在北美市场上销售的电子、电器、卫浴、燃气等产品都需要取得安全方面的认证。目前 CSA 是加拿大最大的安全认证机构，也是世界上最著名的安全认证机构之一。

（10）CQC 认证　CQC 是电工产品合格测试与认证组织，是代表中国加入国际电工委员会电工产品合格测试与认证组织（IECEE）多边互认（CB）体系的国家认证机构（NCB），是加入国际认证联盟（IQNet）和国际有机农业运动联盟（IFOAM）的国家认证机构。CQC 与国外诸多知名认证机构间开展国际互认业务，以及广泛的国际交流，使 CQC 赢得了良好的国际形象。

思考题

1. 什么是电气事故？主要分为哪几类？
2. 什么是电气安全？电气安全防护对象有哪些？
3. 电气安全措施包括哪几个方面？
4. 何为电流的人体效应？电流伤害程度与哪些因素有关？
5. 按电流伤害程度划分为哪三个等级？电流值大致是多少？
6. 安全电流及限值规定为多少？
7. 触电急救的原则是什么？
8. 何为电击、电伤？各有何特点？
9. 何为直接接触触电？有哪几类形式？有何特点？
10. 何为间接接触触电？间接接触触电的原因是什么？
11. 何为跨步电压、接触电压？各有何特点？
12. 电击防护的基本原则是什么？
13. 电气安全标准（规范）有何作用？
14. 何为电气安全认证？有何作用？我国认证标志是什么？
15. 查询电气安全标准 GB/T 13869—2017、GB 19517—2023、GB/T 17045—2020、GB 14050—2008。

直接接触电击防护

直接接触触电也称正常状态下触电，是指人体直接接触或过分靠近正常状态的电气设备及线路的带电体而发生触电现象。直接接触电击防护（现称基本防护）是指正常状态下的触电防护。

GB/T 17045—2020《电击防护 装置和设备的通用部分》、GB/T 16895.21—2020《低压电气装置 第 4-41 部分：安全防护 电击防护》等标准规范强调，基本防护主要依靠绝缘、屏护和间距、IP 外壳防护、特低电压等措施，以及使用电气安全用具，防止人体触及或过分接近带电体造成触电事故以及防止短路、故障接地等电气事故。这些措施是各种电气设备都必须考虑的通用安全措施。

🔖 本章学习目标

（1）理解绝缘防护，熟悉绝缘防护类型、耐热等级，了解绝缘性能劣化的原因，能安全合理配置与维护绝缘防护。

（2）理解安全间距、屏护、安全标志；能根据相关技术规范，安全合理地配置与应用安全间距、屏护、安全标志。

（3）理解特低电压及其类别、等级，能合理地配置安全实施条件与应用特低电压。

（4）熟悉电气设备电击防护类别、外壳防护 IP 等级，能准确识别防护类别与 IP 等级，能正确配置与应用防护类别、IP 等级。

（5）熟悉主要的电气安全用具的功能、作用，能正确使用电气安全用具，能正确使用兆欧表实施绝缘测试、验电笔验电。

第一节　绝缘防护

绝缘防护是电气设备各类防护措施的基础要素。良好的绝缘是保证电气设备与线路的安全运行、防止直接接触触电事故发生的最基本和最可靠的措施。

一、绝缘防护及其类型

1. 绝缘防护

绝缘防护，就是用绝缘材料将带电体包裹起来或电气隔离，以避免人体或家禽与带电体的接触。

GB/T 17045—2020《电击防护　装置和设备的通用部分》（对应 IEC 61140）、GB/T 16895.21—2020《低压电气装置　第 4-41 部分：安全防护　电击防护》以及 GB/T 16935.1—2008《低压系统内设备的绝缘配合　第 1 部分：原理、要求和试验》（对应 IEC 60664.1）等标准规范，对绝缘防护给出了技术规范。

2. 绝缘防护类型

根据电气设备结构特征、电压等级、电气间隙、应用环境等，电气设备的绝缘保护分为基本绝缘、附加绝缘（包括双重绝缘、加强绝缘）等，如图 2-1 所示。

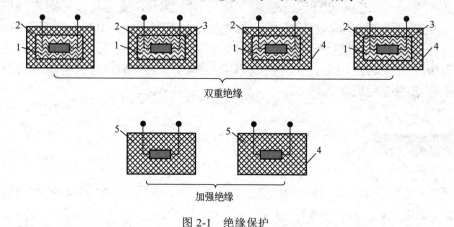

图 2-1　绝缘保护

1—基本绝缘；2—保护绝缘；3—不可触及金属件；4—可触及金属件；5—加强绝缘

（1）基本绝缘　基本绝缘又称工作绝缘，设置于危险带电体上，提供正常条件下基本保护的绝缘，保证电气设备正常工作和防止触电，见图 2-1 中序号 1。一般位于带电体与不可接触件之间，如设备内导线的绝缘层等。

基本绝缘适用范围如下。

① 介于两个不同电压的零件之间。

② 介于具有危险电压零件及接地的导电零件之间。

③ 介于具有危险电压及安全特低电压电路之间。

④ 介于一次侧的电源导体及接地屏蔽物或主电源变压器的铁芯之间。

⑤ 作为双重绝缘的一部分。

（2）附加绝缘　附加绝缘又称保护绝缘，是除基本绝缘外另外独立设置的绝缘。用以在基本绝缘一旦失效时仍能防止电击的独立绝缘，即故障状态下的绝缘防护。它一般介于可触及的导体零件及在基本绝缘损坏后有可能带有危险电压的零件（正常情况不可触及）之间。见图 2-1 中序号 2。图 2-2 所示为一种电源导线绝缘结构的附加绝缘。

采用双重绝缘与加强绝缘均可提供附加绝缘效果。

① 双重绝缘。双重绝缘是既有基本绝缘又有附加绝缘的绝缘，即在基本绝缘之外又独立设置了附加绝缘，参见图 2-1 中前四个图例。具有双重绝缘结构的电气设备，不需采取保护接地或其他特殊的安全措施，就具备一定的预防间接接触触电的功能，如图 2-2 所示绝缘电缆等。

② 加强绝缘。加强绝缘是基本绝缘经改进后，在绝缘强度和力学性能上具备了与双重绝缘同等的电击防护等级的单一绝缘，参见图 2-1 中后两个图例。设置在带电体与可接触件之间，在构成上可以包含一层或多层绝缘材料，如有绝缘手柄的电工用具等。

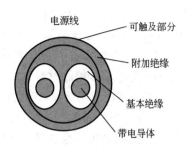

图 2-2　电源导线绝缘结构的
附加绝缘

双重绝缘或加强绝缘适用范围如下。

① 普通电气设备不足以保证安全的场所，可采用双重绝缘结构的电气设备。

② 使用地点不固定的手持式电动工具和移动式电气设备。

③ 特别潮湿或有腐蚀性介质的场所。

④ 某些家用电器或器械的外壳和手柄。

⑤ 通信网络电压电路。

二、绝缘材料及其劣化

1. 绝缘材料

绝缘材料是电的不良介质，主要表现在电场作用下材料的导电性能差（漏电流小）、介电性能低（介电常数大）及绝缘强度高，一般要求绝缘材料的电阻率在 $10^9\Omega/cm$ 以上。

绝缘材料的品种很多，一般分为气体绝缘材料、液体绝缘材料和固体绝缘材料三类。

① 气体绝缘材料，常用的有空气、氮、氢、二氧化碳和六氟化硫等。如带电体间、接线端子间的空气间隙。

② 液体绝缘材料，常用的有从石油原油中提炼出来的绝缘矿物油，十二烷基苯、聚丁二烯、硅油和三氯联苯等合成油以及蓖麻油。如变压器壳内充装的液体。

③ 固体绝缘材料，常用的有树脂绝缘漆，纸、纸板等绝缘纤维制品，漆布、漆管和绑扎带等绝缘浸渍纤维制品，绝缘云母制品，电工用薄膜、复合制品和胶带，电工用层压制品，电工用塑料和橡胶，玻璃、陶瓷等。例如电工用具的绝缘手柄、绝缘手套等。

固体绝缘材料使用方便且更为可靠，在工程实践中被广泛使用。

2. 绝缘老化与损坏

在规定工作条件、良好环境中使用的绝缘材料，其电气性能与力学性能可保持 20 年左右。但各种原因也会导致绝缘老化与损坏。

（1）绝缘老化　电气设备在运行过程中，其绝缘材料受热、电、光、氧、机械力、辐射线、有害气体、化学物质、潮湿、灰尘、微生物等因素的长期作用，会产生一系列不可逆的物理变化和化学变化，导致绝缘材料的电气性能和力学性能逐渐降低的现象称为绝缘老化。绝缘老化过程很复杂，可分为热老化、电老化及化学老化。

① 热老化。在温度作用下，绝缘材料中某些挥发性成分逸出，内部成分产生氧化裂解、热裂解、水解、分子链聚合等化学变化，逐渐失去绝缘性能。

在低压电气设备中，促使绝缘材料老化的主要因素是热老化。

② 电老化。绝缘材料在高电压作用下发生局部放电，从而产生强氧化剂（如臭氧、氮氧化物）、高速粒子等，对绝缘材料产生腐蚀、电离、裂变等，降低绝缘材料的性能。局部放电还使介质损耗增大，材料局部发热，导致热老化。

③ 化学老化。绝缘材料在水分、酸、臭氧、氮的氧化物等的作用下，物质结构和化学性能会改变，以致降低电气性能和力学性能。例如变压器油在空气中会因氧化产生有机酸，使导电性能增加；同时还会形成固体沉淀物堵塞油道，影响对流散热，使绝缘油的温度上升而使绝缘性能下降。

（2）绝缘损坏　绝缘损坏是指由于不正确地选用绝缘材料，不正确地安装电气设备及线路，不合理地使用电气设备等，导致绝缘材料受到外界腐蚀性液体、气体、蒸气、潮气、粉尘的污染和侵蚀，或受到外界热源、机械因素作用，或过电流过电压的作用，在较短或很短的时间内失去其电气性能或力学性能的现象。绝缘损坏包括机械损伤、电击穿、热击穿等，下面重点介绍电击穿和热击穿。

① 电击穿。绝缘材料的绝缘性能一般是指其承受电压在一定范围内所具备的性能。当绝缘材料所承受的电压超过某一程度时，在强电场作用下会产生很大的漏电流，快速丧失绝缘性能的现象称为电击穿。

击穿电压是指使绝缘电介质发生电击穿的最小电压。

② 热击穿。每种绝缘材料都有其极限耐热温度，当超过极限耐热温度时，其老化将加剧而快速失去绝缘性能。

当电气设备因过电压过电流或其他原因发热时，导致绝缘材料温度远超极限耐热温度，绝缘材料快速发生化学变化或结构变化而失去绝缘性能与力学性能的现象，称为热击穿。

电气设备的热击穿比较明显，往往是绝缘材料整体或大面积结构破坏；电击穿相对比较隐蔽，无明显外部特征，但电击穿产生的热效应持续增加，会导致热击穿。

在使用电气设备时为了避免绝缘遭受破坏，保证电气设备安全运行和防止人体触电，应尽量做到以下几点。

① 绝缘防护必须与所采用的电压相符合，承受电压必须小于材料击穿电压。

② 与周围环境和运行条件相适应，避开有腐蚀性物质和外界高温的场所。

③ 正确使用和安装电气设备和线路，设置完好的过电流保护装置和过热保护装置。

④ 严禁乱拉乱扯，防止机械性损伤绝缘物，应有防止小动物损伤绝缘的措施。

三、电气设备绝缘性能

电气设备的绝缘性能主要有耐受电压、耐热等级、绝缘电阻等。

1. 耐受电压

电气设备耐受电压表征电气设备承受可能的电压冲击仍然保持绝缘性能（不发生闪络、放电或其他损坏）的能力。

耐压能力取决于电气设备在系统中可能承受到的各种作用电压、设备绝缘材料在此类作用电压的耐受特性，以及保护装置的特性等因素。在满足绝缘配合条件下，电气设备的耐压性能应满足 GB/T 16935.1—2008、GB 16935.2—2013 对冲击电压的要求，如表 2-1 为直接由低压电网供电的电气设备额定冲击电压。

表 2-1　直接由低压电网供电的电气设备的额定冲击电压　　　　单位：V

基于 GB/T 156—2017 电源系统的标称电压		从交流或直流标称电压导出线对中性点的电压（小于或等于）	额定冲击电压			
			过电压类别			
三相	单相		I	II	III	IV
		50	330	500	800	1500
		100	500	800	1500	2500
	120～240	150	800	1500	2500	4000
230/400、277/480		300	1500	2500	4000	6000
400/690		600	2500	4000	6000	8000
1000		1000	4000	6000	8000	12000

注：表中过电压类别，是指由电气设备所用绝缘材料的相对电痕化指数（CTI）划分的绝缘材料组别（I、II、III、IV）。

2. 耐热等级

对于电气设备而言，温度通常对绝缘材料和绝缘结构老化起支配作用。

温度过高或过低均会导致绝缘性能劣化，特别是温度过高可能直接导致绝缘击穿。不同电气设备其绝缘材料与绝缘结构有区别，具有承受不同温度的能力。

GB/T 11021—2014《电气绝缘　耐热性和表示方法》将电气设备的耐热等级按允许温度分为 Y、A、E、B、F、H、N、R 级及以上等级。各耐热等级对应温度如表 2-2 所示。

表 2-2　电气设备绝缘耐热等级与温度对应关系

绝缘耐热等级	Y 级	A 级	E 级	B 级	F 级	H 级	N 级	R 级	—
最高允许温度/℃	90	105	120	130	155	180	200	220	250

在电工产品上标明的耐热等级，通常表示该产品在额定负载和规定的其他条件下达到预期使用期时能承受的最高温度。在使用电气设备时应保持耐热等级限值内工作。同时，电工产品温度最高处所用绝缘材料的耐热性应不低于该产品耐热等级所对应的温度。

绝缘材料除了经受老化外，有些绝缘材料受热超过一定温度会软化或发生其他劣变，但冷却后又恢复其原来的性能。使用这类绝缘材料时，务必使它们在合适的温度范围内工作。

3. 绝缘电阻

绝缘电阻的大小是衡量绝缘性能优劣的最基本指标，可以在一定程度上判定某些电气设备的绝缘性能好坏。

绝缘电阻值随电气线路和设备的不同，其指标要求也不一样。一般而言，高压较低压要求高，新设备较老设备要求高，室外设备较室内设备要求高，移动设备较固定设备要求高等。

按 GB/T 17045—2020《电击防护　装置和设备的通用部分》、GB 50150—2016《电气装置安装工程　电气设备交接试验标准》、GB/T 3883.1—2014《手持式、可移式电动工具和园林工具的安全　第 1 部分：通用部分》等标准规范，几种典型电气设备的绝缘电阻值应满足表 2-3 中所列数值。

表 2-3　典型电气设备绝缘电阻值

新变压器	投运前绝缘电阻值不小于出厂时的 70%	
电动机	已用：0.5MΩ	新用：1MΩ/kV
手持式电动工具	2MΩ（Ⅰ类）　　7MΩ（Ⅱ类）　　1MΩ（Ⅲ类）	
测试条件	满足标准规定测试条件	

主要电气线路和设备应满足如下要求。

① 新装和大修后的低压线路和设备，要求绝缘电阻不低于 0.5MΩ；运行中的线路和设备，要求绝缘电阻可降低为不小于 1000Ω/V；安全电压下工作的设备同 220V 一样，不得低于 0.22MΩ；在潮湿环境，要求绝缘电阻可降低为 500Ω/V。

② 配电盘二次线路的绝缘电阻不应低于 1MΩ，在潮湿环境下允许绝缘电阻降低为 0.5MΩ。

③ 10kV 高压架空线路中每个绝缘子的绝缘电阻不应低于 300MΩ，35kV 及以上的不应低于 500MΩ。

④ 运行中 6～10kV 和 35kV 电力电缆的绝缘电阻分别不应低于 400～1000MΩ 和 600～1500MΩ（干燥季节取较大的数值，潮湿季节取较小的数值）。

四、绝缘测试与兆欧表测绝缘电阻

1. 绝缘测试

绝缘测试主要包括绝缘电阻试验、耐压试验、泄漏电流试验和介质损耗试验。绝缘测试目的是检查电气设备或线路的绝缘指标是否符合要求。

绝缘电阻试验是最基本的绝缘试验。在绝缘结构的制造和使用中，经常需要测定其绝缘电阻，在一定程度上判定某些电气设备的绝缘好坏，判断某些电气设备（如电机、变压器）的绝缘受损情况等，以防因绝缘电阻降低或损坏而造成漏电、短路、电击等电气事故。

耐压试验是检验电气设备承受过电压的能力，主要用于新品种电气设备的型式试验以及投入运行前电力变压器等设备、电工安全用具等试验；泄漏电流试验和介质损耗试验只对一些要求较高的高压电气设备才有必要进行。

2. 兆欧表测绝缘电阻

绝缘电阻可以用比较法（属于伏安法）测量，也可以用泄漏法测量，通常用兆欧表（又称摇表）测量。这里介绍应用兆欧表测量绝缘材料的绝缘电阻。

兆欧表主要由作为电源的手摇发电机（或其他直流电源）和作为测量机构的磁电式流比计（双动线圈流比计）组成，如图 2-3 所示。测量时，给被测物加上直流电压 U，测量其通过的泄漏电流，在表盘面上读到的是经过换算的绝缘电阻值。

在兆欧表上有三个接线端钮，分别标为接地 E、电路 L 和屏蔽 G。一般测量仅用 E 和 L 两端钮，连接被测绝缘的主体与客体。通常，E 接地或接设备外壳，L 接被测导线或绕组，如图 2-4（a）、（b）所示。

测量电缆芯线对外皮的绝缘电阻时，为消除芯线绝缘层表面漏电引起的误差，还应在绝缘上包以锡箔，并使之与 G 端连接，如图 2-4（c）所示。这样就使得流经绝缘层表面的电流不再经过流比计的测量线圈，而是直接流经 G 端构成回路，所以，测得的绝缘电阻只是电缆绝缘的体积电阻。

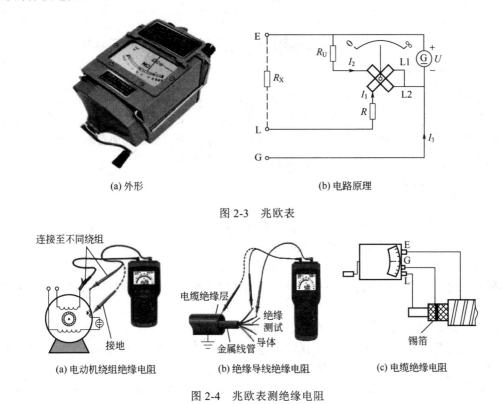

(a) 外形　　　　　　　　　　　　　(b) 电路原理

图 2-3　兆欧表

(a) 电动机绕组绝缘电阻　　　(b) 绝缘导线绝缘电阻　　　(c) 电缆绝缘电阻

图 2-4　兆欧表测绝缘电阻

使用兆欧表测量绝缘电阻时，应注意下列事项。

① 应根据被测物的额定电压正确选用兆欧表。所用兆欧表的工作电压应高于绝缘物的额定电压。一般情况下，测量额定电压 500V 以下的线路或设备的绝缘电阻，应采用工作电压为 500V 或 1000V 的兆欧表；测量额定电压 500V 以上的线路或设备的绝缘电阻，应采用工作电压为 1000V 或 2500V 的兆欧表。

② 与兆欧表端钮接线的导线应用单线，单独连接，不能用双股绝缘导线，以免测量时因双股线绝缘不良而引起误差。

③ 测量前，必须断开被测物的电源，并进行放电；测量终了后应进行放电。放电时间一般不应短于 2～3min。对于高电压、大电容的电缆线路，放电时间应适当延长，以消除静电荷，防止发生触电危险。

④ 测量前，应对兆欧表进行检查。首先，使兆欧表端钮处于开路状态，转动摇把，观察指针是否在"∞"位；然后，再将 E 和 L 两端短接，慢慢转动摇把，观察指针是否迅速指向"0"位。

⑤ 测量时，摇把的转速应由慢至快，到 120r/min 左右时，发电机输出额定电压。摇把转速应保持均匀、稳定，一般摇动 1min 左右，待指针稳定后再进行读数。

⑥ 测量过程中，如指针指向"0"位，表明被测物绝缘失效，应停止转动摇把，以防表内线圈发热烧坏。

⑦ 禁止在雷电时或邻近设备带有高电压时使用兆欧表。

⑧ 应尽可能在设备刚刚停止运转时进行测量，这样，由于测量时的温度条件接近运转时的实际温度，使测量结果符合运转时的实际情况。

第二节　安全间距、屏障与安全标识

由于电能特性，在其周围空间存在电场、电磁场、电磁辐射等能量场，可能在空间环境产生能量感应，对环境产生危险，对人和设备产生危害。电气安全标准及相关工程标准要求设置安全间距，同时为防止意外情况发生，通过屏护措施实施物理间隔保障，以及设置安全标识向人员传递相关安全信息，保障人员、设备及作业安全。

一、安全间距

安全间距（或间距）是指人体与带电体之间、带电体与地面之间、带电体与带电体之间、带电体与其他设备和设施之间，保持必要的电气安全距离。

设置安全间距的目的：防止人体触及或过分接近带电体造成触电事故；防止车辆和其他物体碰撞或过分接近带电体造成事故；防止过电压放电火花，导致短路及火灾、爆炸事故；也有利于操作方便。

安全间距的大小取决于电压的高低、设备的类型、安装的方式和周围环境等因素。安全间距应保证在各种可能的最大工作电压或过电压的作用下，不发生闪络放电，还应保证工作人员对电气设备巡视、操作、维护和检修时的绝对安全。

GB 50054—2011《低压配电设计规范》、GB 50061—2010《66kV 及以下架空电力线路设计规范》、GB 50016—2014《建筑设计防火规范（2018 年版）》、GB 50058—2014《爆炸危险环境电力装置设计规范》等标准，根据各种电气设备（设施）的性能、结构和工作的需要，制定有相关安全间距。

1. 线路安全距离

线路安全距离是指电气线路与地面（水面）、杆塔构件、跨越物（包括电力线路和弱电线路）之间的最小允许距离。

（1）架空线路　架空线路导线在弛度最大时与地面或水面的距离不应小于表 2-4 所示的距离。

表 2-4　架空线路导线在弛度最大时与地面或水面的最小距离　　　　单位：m

线路经过地区	线路电压		
	<1kV	10kV	35kV
居民区	6	6.5	7
非居民区	5	5.5	6
不能通航或浮运的河、湖（冬季水面）	5	5	—
不能通航或浮运的河、湖（50 年一遇的洪水水面）	3	3	—

线路经过地区	线路电压		
	＜1kV	10kV	35kV
交通困难地区	4	4.5	5
步行可以达到的山坡	3	4.5	5
步行不能达到的山坡、峭壁或岩石	1	1.5	3

架空线路导线与地面建筑物、树木、工业设施之间的间距应分别符合表2-5、表2-6的要求。

表2-5 架空线路导线与建筑物、树木的最小距离 单位：m

间距	建筑物			树木		
线路电压/kV	≤1	10	35	≤1	10	35
垂直距离/m	2.5	3.0	4	3	3	3.5
水平距离/m	1	1.5	3	2	2	2

表2-6 架空线路导线与工业设施的最小距离 单位：m

项目				线路电压		
				≤1kV	10kV	35kV
铁路	标准轨距	垂直距离	钢轨顶面至承力索接触线	7.5	7.5	7.5
				3	3	3
		水平距离	电杆外缘至轨道中心 交叉	5	5	5
			平行	杆高加3.0		
道路		垂直距离		6	7	7
		水平距离（电杆至道路边缘）		0.5	0.5	0.5
弱电线路		垂直距离		6	7	7
		水平距离（两线路边导线间）		0.5	0.5	0.5
特殊管道		垂直距离	电力线路在上方	1.5	3	3
			电力线路在下方	1.5	—	—
		水平距离（边导线至管道）		1.5	2	4

注：特殊管道，是指输送易燃易爆气体、液化烃等危险物质的管道。

架空电力线路不得跨越爆炸性气体环境、具有可燃材料层屋顶的建筑物。架空线路与有爆炸、火灾危险的厂房之间应保持必要的防火距离。

GB 50016—2014规定，架空电力线与甲、乙类厂房（仓库），可燃材料堆垛，甲、乙、丙类液体储罐，液化石油气储罐，可燃、助燃气体储罐的最近水平距离应符合表2-7规定。

表2-7 架空电力线路与甲乙类厂房（仓库）、可燃材料堆垛等的最近水平距离 单位：m

名称	架空电力线
甲、乙类厂房（仓库），可燃材料堆垛，甲、乙类液体储罐，液化石油气储罐，可燃、助燃气体储罐	电杆（塔）高度的1.5倍
直埋地下的甲、乙类液体储罐和可燃气体储罐	电杆（塔）高度的0.75倍

名称	架空电力线
丙类液体储罐	电杆（塔）高度的 1.2 倍
直埋地下的丙类液体储罐	电杆（塔）高度的 0.6 倍

35kV 及以上架空电力线与单罐容积大于 200m³ 或总容积大于 100m³ 液化石油气储罐（区）的最近水平距离不应小于 40m。

（2）室内线路　室内低压线路有多种敷设方式，间距要求各不相同。按相关标准规定要求，室内低压线路与工业管道、工艺设备之间的最小距离应满足表 2-8 的要求，护套绝缘导线至地面的最小距离应满足表 2-9 的要求。

表 2-8　室内低压线路与工业管道、工艺设备之间的最小距离　　　单位：mm

布线方式		穿金属管导线	电缆	明设绝缘导线	裸导线	起重机滑触线	配电设备
煤气管	平行	100	500	1000	1000	1500	1500
	交叉	100	300	300	500	500	—
乙炔管	平行	100	1000	1000	2000	3000	3000
	交叉	100	500	500	500	500	—
氧气管	平行	100	500	500	1000	1500	1500
	交叉	100	300	300	500	500	—
蒸汽管	平行	1000（500）	1000（500）	1000（300）	1000	1000	500
	交叉	300	300	300	500	500	—
暖热水管	平行	300（200）	500	300（200）	1000	1000	100
	交叉	100	100	100	500	500	—
通风管	平行	—	200	200	1000	1000	100
	交叉	—	100	100	500	500	—
上下水管	平行	—	200	200	1000	1000	100
	交叉	—	100	100	500	500	—
压缩空气管	平行	—	200	200	1000	1000	100
	交叉	—	100	100	500	500	—
工艺设备	平行	—	—	—	1500	1500	100
	交叉	—	—	—	1500	1500	

表 2-9　护套绝缘导线至地面的最小距离　　　单位：m

布线方式		最小距离
水平敷设	室内	2.5
	室外	2.7
垂直敷设	室内	1.8
	室外	2.7

接户线：从配电线路到用户进线处第一个支持点之间的一段导线。10kV接户线对地距离不应小于4.5m，低压接户线对地距离不应小于2.75m。

进户线：从接户线引入室内的一段导线。进户线的进户管口与接户线端头之间的垂直距离不应大于0.5m，进户线对地距离不应小于2.7m。

（3）强弱电线　一般情况下，强电处理对象为能源，线路传输电力，特点是电压高、电流大、功率大以及频率低，主要考虑减少损耗；弱电处理对象主要是信息，线路传输信息与控制信号。强电线路对弱电线路将产生很强的干扰，为减小强电线路对弱电线路的干扰，要求强电线路与弱电线路分开布置，并满足表2-10的最小间距要求。

表2-10　弱电电缆与电力电缆平行段敷设的最小间距　　　单位：mm

电力电缆 电压与工作电流	相互平行敷设的长度/m			
	<100	<250	<500	>500
125V/10A	50	100	200	1200
250V/50A	150	200	450	1200
200～400V/100A	200	450	600	1200
400～500V/200A	300	600	900	1200
3000～10000V/800A	600	900	1200	1200

2. 设备安全距离

设备安全距离是指带电体与其他带电体、接地体、各种遮栏等设施之间的最小允许距离。

（1）变配电设备安全距离　GB 50060—2008《3～110kV 高压配电装置设计规范》、GB 50053—2013《20kV 及以下变电所设计规范》对变配电装置的布置中规定：高压配电室内成排布置的高压配电装置，其各种通道的最小宽度应符合表2-11规定。

表2-11　高压配电室内成排布置通道最小宽度　　　单位：mm

开关柜布置方式	柜后维护通道	柜前操作通道	
		固定式开关柜	移开式开关柜
单排布置	800	1500	单手车长度+1200
双排面对面布置	800	2000	双手车长度+900
双排背对背布置	1000	1500	单手车长度+1200

室内外配电装置的最小电气安全净距不得小于表2-12中规定。并规定，电气设备外绝缘体最低部位距地面小于2500mm时，应装设固定遮栏。

表2-12　配电装置的最小电气安全净距　　　单位：mm

监控项目	场所	额定电压/kV					
		≤1	3	6	10	15	20
无遮栏裸带电部分至地（楼）面之间	室内	2500	2500	2500	2500	2500	2500
	室外	2500	2700	2700	2700	2800	2800

续表

监控项目	场所	额定电压/kV					
		≤1	3	6	10	15	20
裸带电部分至接地部分和不同的裸带电部分之间	室内	20	75	100	125	150	180
	室外	75	200	200	200	300	300
距地面 2500mm 以下遮栏防护等级为 IP2X 时，裸带电部分与遮栏物间的水平距离	室内	100	175	200	225	250	280
	室外	175	300	300	300	400	400
不同时停电检修的无遮栏裸导体之间的水平距离	室内	1875	1875	1900	1925	1950	1980
	室外	2000	2200	2200	2200	2300	2300
裸带电部分至无孔固定遮栏	室内	50	105	130	155		
裸带电部分至用电钥匙或工具才能打开或拆卸的栅栏	室内	800	825	850	875	900	930
	室外	825	895	950	950	1050	1050
高低压引出线的套管至室外通道地面	室外	3650	4000	4000	4000	4000	4000

GB 50054—2011《低压配电设计规范》规定：成排布置的配电屏通道的最小宽度应符合表 2-13 要求。并且规定，配电室通道上方裸带电体距离地面的高度不应低于 2.5m；当低于 2.5m 时，应设置不低于现行 GB/T 4208—2017 规定的 IPXXB 级或 IP2X 级的遮栏或外护物。遮栏或外护物底部距离地面的高度不应低于 2.2m。

表 2-13　低压配电室内成排布置装置通道的最小宽度　　　　单位：m

配电屏种类		单排布置			双排面对面布置			双排背对背布置			多排同向布置			屏侧通道
		屏前	屏后		屏前	屏后		屏前	屏后		屏间	前、后排屏距墙		
			维护	操作		维护	操作		维护	操作		前排屏前	后排屏后	
固定式	不受限制时	1.5	1.0	1.2	2.0	1.0	1.2	1.5	1.5	2.0	2.0	1.5	1.0	1.0
	受限制时	1.3	0.8	1.2	1.8	0.8	1.2	1.3	1.3	2.0	1.8	1.3	0.8	0.8
抽屉式	不受限制时	1.8	1.0	1.2	2.3	1.0	1.2	1.8	1.0	2.0	2.3	1.8	1.0	1.0
	受限制时	1.6	0.8	1.2	2.1	0.8	1.2	1.6	0.8	2.0	2.1	1.6	0.8	0.8

（2）用电设备间距　明装的车间低压配电箱底口距地面的高度可取 1.2m，暗装的可取 1.4m，明装电能表板底距地面的高度可取 1.8m。

常用开关电器的安装高度为 1.3～1.5m，开关手柄与建筑物之间保留 150mm 的距离，以便于操作。墙用平开关离地面高度可取 1.4m。明装插座离地面高度可取 1.3～1.8m，暗装插座可取 0.2～0.3m。

室内灯具高度应大于 2.5m，受实际条件约束达不到时可减为 2.2m，低于 2.2m 时应采取适当安全措施。当灯具位于桌面上方等人碰不到的地方时，灯具高度可减为 1.5m。室外灯具高度应大于 3m，安装在墙上时可减为 2.5m。

3. 伸臂范围外和检修安全间距

（1）置于伸臂范围外　伸臂范围，是指从一个人经常站立或走动的平面上任何一点算起，到他在不需要帮助的情况下，任何方向手所能达到的界限为止的范围。

图 2-5 所示为伸臂范围区域。在人的可能活动平台区域 1 内，阴影区内边线 2 为人伸出双臂可能触及的范围边界。

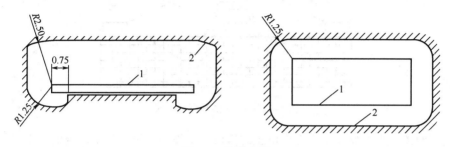

图 2-5　伸臂范围

1—平台；2—手臂可达到的界限

GB 50054—2011、GB/T 16895.21—2020 等标准规定，在有人的一般场所，有危险电位的裸带电体应置于人的伸臂范围之外，防止人无意识地触及裸带电体。

裸带电体布置在有人活动的区域上方时，其与平台或地面的垂直净距不应小于 2.5m；裸带电体布置在有人活动的平台侧面时，与平台边缘的水平净距不应小于 1.25m；裸带电体布置在有人活动的平台下方时，与平台下方的垂直净距不应小于 1.25m，且与平台边缘的水平净距不应小于 0.75m。

当人手持大的或长的导电物体时，伸臂范围应计算该物体的尺寸。

若不能满足伸臂范围要求，应加遮栏或阻挡物。

（2）检修安全距离　检修安全距离是指工作人员进行设备维护检修时与设备带电部分间的最小允许距离。

在低压设备检修时，最小间距不小于 100mm。

在高压设备检修时，最小间距不应小于表 2-14 中所列间距要求。

表 2-14　各电气作业的最小间距　　　　　　　　　　　　　　单位：m

类别	电压等级				
	低压	10kV	35kV	110kV	220kV
无遮栏作业，人体及其所携带工具与带电体之间	0.1	0.7	1.0	1.5	3.0
无遮栏作业，人体及其所携带工具与带电体之间，用绝缘杆操作	—	0.4	0.6	1.5	3.0
线路作业，人体及其所携带工具与带电体之间	—	1	2.5	—	—

当不能满足最小间距要求时，应装设临时遮栏，以及对邻近线路停电。

4. 电气间隙和爬电距离

根据 GB/T 16935.1—2008《低压系统内设备的绝缘配合　第 1 部分：原理、要求和试验》

标准，为避免绝缘失效造成的短路和过电压击穿的危险，要求电气设备内部零部件及端子布局、线路连接等，应满足规定的电气间隙、爬电距离等要求。

（1）电气间隙 电气间隙是指两个导电零部件之间或导电零部件与设备防护界面之间的最短空间距离，如图 2-6 中虚线所示。即在保证电气性能稳定和安全的情况下，通过空气能实现绝缘的最短距离。

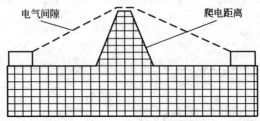

图 2-6 电气间隙与爬电距离

电气间隙的大小主要取决于工作电压的峰值、绝缘等级等，其中电网的过电压等级对其影响较大。电气间隙能承受很高的过电压，但当过电压值超过某一临界值后，此电压很快就引起电击穿，因此在确认电气间隙大小时必须以设备可能会出现的最大的内部和外部过电压（脉冲耐受电压）为依据。

电气间隙主要用于防范跨接于绝缘上的瞬态过电压和重复峰值电压。电气设备额定冲击电压下的最小电气间隙应满足表 2-15 的数值要求。

表 2-15 电气设备额定冲击电压下的最小电气间隙

额定冲击耐受电压 U/kV	最小电气间隙/mm
≤2.5	1.5
4.0	3.0
6.0	5.5
8.0	8.0
12.0	14.0

注：最小电气间隙值根据非均匀电场环境和 3 级污染条件确定。

（2）爬电距离 爬电距离是指两个导电零部件之间或导电零部件与设备防护界面之间沿绝缘表面的最短路径，如图 2-6 中粗实线所示。即在不同的使用情况下，由于导体周围的绝缘材料被电极化，导致绝缘材料呈现带电现象。此带电区的半径，即为爬电距离。

爬电距离取决于工作电压、绝缘材料及其等级、污染等级、海拔高度等。其中，绝缘材料的 CTI 值（绝缘性能）对爬电距离影响较大，同时不同的使用环境（如气压、污染等）也会对爬电距离有所影响。

爬电距离主要用于考核绝缘材料在给定的工作电压和污染等级下的环境耐受能力。

GB/T 3797—2016《电气控制设备》、GB/T 7251.1—2013《低压成套开关设备和控制设备　第 1 部分：总则》、GB 4793.1—2007《测量、控制和实验室用电气设备安全要求　第 1 部分：通用要求》、GB 4943.1—2022《音视频、信息技术和通信技术设备　第 1 部分：安全要求》等标准，提出各自技术领域涉及的各类产品的电气间隙、爬电距离要求。

为防止可能出现的过电压击穿绝缘间隙及绝缘体被污染等导致绝缘表面出现爬电现象

而发生短路，所要安装的带电导体之间的最短绝缘距离要同时大于允许的最小电气间隙、最小爬电距离。同时，应注意电气设备清洁维护，避免绝缘材料表面受到污染。

二、屏护

1. 屏护及其类型

屏护是指采用遮栏、护罩、护盖、箱匣等装置，把危险的带电体同外界隔离开来的安全防护措施。

屏护的作用：对电击危险因素进行物理间距隔离，防止电弧伤人、弧光短路，以及便于检修工作开展。同时具有防止短路、故障接地以及防火、防爆等作用。

屏护分类如下。

① 按屏护方式分为屏蔽装置与屏障（或称障碍物）。屏蔽装置属于一种完全的防护装置，如图 2-7 所示箱、罩盖等；屏障用于防止人无意识触及或接近带电体，而不能防止有意识移开、绕过或翻越障碍触及或接近带电体，属于不完全的防护，如图 2-8 所示遮栏。

图 2-7 屏蔽装置

图 2-8 屏障遮栏

② 按屏护使用要求分为永久性和临时性，前者如配电装置的遮栏、开关的罩盖等，后者如检修工作中使用的临时屏护和临时设备的屏护等。

③ 按使用对象分为固定屏护装置和移动屏护装置，如变配电母线的护网属于固定屏护装置，跟随天车移动的天车滑线屏护装置属于移动屏护装置。

2. 屏护应用场合

屏护用于工矿企业、变电所等其电气设备不便于绝缘或绝缘不足以保证安全的场合。主要有以下场合。

① 开关电器的可动部分一般不能包上绝缘而采用屏护，如闸刀开关的胶盖、铁壳开关

的铁壳等。

② 人体可能接近或触及的裸线、行车滑线、母线等环境设置屏护。

③ 高压设备全部绝缘有困难，因此无论是否有绝缘均加屏护。

④ 安装在人体可能接近或触及场所的变配电装置需要屏护。

⑤ 在带电体附近作业时，作业人员与带电体之间、过道、入口等处应装设可移动临时性屏护。

对于变电所的电气设备，凡是运行值班人员在正常巡视中有可能达不到安全距离要求的都应加装安全遮栏。例如安装在室内或室外的变压器，如果高压套管距地面较近，则应加装安全遮栏。

3. 屏护使用条件

屏护是简单装置，因不直接与带电体接触，对所用材料的电气性能无严格要求，但为了保证其有效性，须满足如下的条件。

① 屏护所用材料应有足够的机械强度和良好的耐火性能，金属屏护必须实行可靠接地或接零。

② 屏护应有足够的尺寸，与带电体之间应保持必要的距离，应满足表 2-16、表 2-17 所列数值要求。

表 2-16　带电设备与屏护间的间距要求

网状遮栏与带电体距离 （高度大于 1.7m，下边缘距地面小于 0.1m）	低压设备	10kV 设备	20～35kV 设备
	0.15m	0.35m	0.6m
栅栏与带电体距离大于 0.8m	室内栅栏高度大于 1.2m	室内栅栏高度大于 1.5m	栅条间隔小于 0.2m
室外变电装置围墙高度大于 2.5m			

表 2-17　设备带电部分到各种遮栏间的安全间距　　　　单位：mm

额定电压/kV		1～3	6	10	35	60	110	220	330	500
栏栅遮栏	室内	825	850	875	1050	1300	1600	—	—	—
	室外	950	950	950	1150	1350	1650	2550	3350	4500
网状遮栏	室内	175	200	225	400	650	950	—	—	—
	室外	300	300	500	700	1000	1000	1900	2700	5000
板状遮栏	室内	105	130	155	330	580	880	—	—	—

③ 根据被屏护对象特点，遮栏、栅栏等屏护应有明显的警示标志，设置"止步，高压危险！""当心触电"警示牌，标明规定的符号或涂上规定的颜色。

④ 必要时应配合采用声光报警信号和联锁装置。

三、安全标识

安全标识是用以表达特定安全信息，提醒人员注意或按标识上注明的要求执行的醒目标志。正确使用安全标志，可以使人能够对威胁安全和健康的物体和环境做出快速反应，迅速发现或分辨安全标志，及时得到提醒，以防止事故、危害发生。

GB 2894—2008《安全标志及其使用导则》、GB/T 29481—2013《电气安全标志》规定，安全标志由安全色、几何图形和图形、符号构成。

1. 安全色

安全色是表达安全信息的颜色，用来表示禁止、警告、指令、提示等。人们通过明快的色彩能够迅速发现和分辨安全标志，及时得到提醒，防止事故发生。

GB/T 2893.1—2013《图形符号　安全色和安全标志　第 1 部分：安全标志和安全标记的设计原则》等规定：安全色采用红、蓝、黄、绿四种颜色。安全色的应用必须是以表示安全为目的和有规定的颜色范围。安全色的含义、适用标准与适用对象如表 2-18 所示。

表 2-18　安全色的含义、适用标准与适用对象

颜色	含义	适用标准	适用对象
红色	禁止、停止（紧急停止）、危险、消防设施的表示	禁止行为的表示 停止操作机器（紧急停止）表示 有危险的器件、设备或环境状态表示 消防灭火及设施表示	各种禁止标志、交通禁令标志、消防设施标志，停止按钮、刹车及停车装置的操作手柄，机器转动部件的裸露部分；设备（电气）仪表上的各种表头的极限位置的刻度；各种危险信号旗等
蓝色	各种指令的表示	要求人们必须遵守、强制执行的规定	各种指令标志；交通指示车辆和行人行驶方向的各种标线等标志
黄色	提醒人们注意的表示	凡是警告人们注意的器件、设备及环境都应以黄色表示	各种警告标志；警戒标记（如危险机器和坑池周围的警戒线）等；各种飞轮、带轮及防护罩、防护栏的外壁涂色、警告信号旗等，如"必须戴安全帽""必须验电"标志牌等
绿色	安全、避难通道的表示	表示给人们提供允许和安全的信息	各种提示标志，车间厂房内的安全通道，消防安全疏散道路；机器设备外壳安全部位；机器启动按钮；急救站和救护站等；安全信号旗。如表示通行、机器启动按钮、安全信号旗等

为了提高安全色的辨认率，使其更明显醒目，常采用黑、白颜色作为对比色。国家规定的对比色是红-白、黄-黑、蓝-白、绿-白，如表 2-19 所示。

表 2-19　安全对比色及其含义

安全色	对比色	相间条纹	强化安全色表达的信息
红	白	红—白	禁止进入危险的环境。如严禁进入
黄	黑	黄—黑	强调警告、危险，提醒应特别注意。如防护栏杆
蓝	白	蓝—白	必须遵守规定的信息
绿	白	绿—白	与提示牌同用，具有醒目提醒作用
黑	白	黑	一般用来标注文字、符号和警示标志的图形等，也作为安全色背景
注：黑—白互为对比	白		作安全色背景，也可用于安全标志的文字和图形符号

GB/T 4026—2019《人机界面标志标识的基本和安全规则　设备端子、导体终端和导体的标识》规定了导体的颜色标识。

① 黑色、棕色、红色、橙色、黄色、绿色、蓝色、紫色、灰色、白色、粉红色、青绿色等单色或双色允许用于导线的标识。为避免混淆，绿、黄仅有绿-黄组合，不能与其他颜色组合。

② 在有中性导体或中间导体时，规定用蓝色（淡蓝）标识；在无中性导体或中间导体情况下，蓝色可标识保护导体外的其他导体。

③ 交流系统相导体优先应用黑色、棕色、灰色，但不表示相序。直流系统用线导体优先应用红色标识正极（+），白色标识负极（-）。

④ 保护导体（PEN、PEM、PEL 等）全长绿-黄双色，终端（两端）淡蓝色标识。

GB 5226.1—2019《机械电气安全　机械电气设备　第 1 部分：通用技术条件》规定按钮使用颜色规则如下。

① 启动/接通按钮，优先选用白色、灰色、黑色以及绿色，但不允许使用红色。

② 急停和紧急断开按钮应使用红色。

③ 停止/断开按钮，优先使用黑色、灰色、白色，不允许使用绿色，远离急停时也可使用红色。

④ 启动/接通按钮与停止/断开交替、点动按钮，优选使用白色、灰色、黑色，不允许使用红色、黄色、绿色。

⑤ 复位按钮一般可选用蓝色、白色、灰色、黑色，若还用于停止/断开操作，优先选用黑色、灰色、白色，不允许使用绿色。

2. 安全标志

安全标志能够提醒人员预防危险，从而避免事故发生；当危险发生时，指示人们采取正确、有效、得力的措施，对危害加以遏制，保障人身和设施安全。

GB 2894—2008《安全标志及其使用导则》将安全标志分为禁止标志、警告标志、指令标志、提示标志四类，以及补充标志，如表 2-20 所示。

表 2-20　电气安全标志图例

类型	安全信息	规范要求	示例
禁止标志	不准或制止人们的某些行动	圆形，背景为白色，红色圆边，中间为一红色斜杠，图像用黑色	禁止合闸
警告标志	警告人们可能发生的危险	等边三角形，背景为黄色，边和图案都用黑色	当心触电
指令标志	必须遵守、强制执行的行为	圆形，背景为蓝色，图案及文字用白色	必须接地
提示标志	示意行动目标方向	矩形，背景为绿色，图案及文字用白色	从此进出
补充标志	对前述四种标志的补充说明，以防误解	横写：长方形，写在标志的下方，可以和标志连在一起，也可以分开；用于禁止标志的用红底白字，用于警告标志的用白底黑字，用于指令标志的用蓝底白字。竖写：写在标志杆上部，均为白底黑字	

安全标志不仅类型要与所警示的内容相吻合，而且设置位置要正确合理，否则就难以真正充分发挥其警示作用。

针对电气领域，GB/T 29481—2013《电气安全标志》规定：电气安全标志适用于工作场所及可能引起与电气安全相关问题的所有地域和地段。

安全标志应安装在光线充足、明显之处，通常应在白色光源的条件下使用，光线不足的地方应增设照明，同时也不应有反光现象。

安全标志一般不应安装于门窗及可移动的部位，也不宜安装在其他物体容易触及的部位，高度应略高于人的视线，使人容易发现。

安全标志不宜在大面积或同一场所使用过多。

安全标志一般用钢板、塑料等材料制成。

第三节　特低电压（ELV）防护

GB/T 3805—2008《特低电压（ELV）限值》（IEC 61201）认为，两个可同时触及的零件之间形成的最高电压（最不利情况下的所有外部因素）不高于特低电压限值，在规定的条件下对人体不构成危险。因此，特低电压可作为正常状态下电击防护的基本措施。

一、特低电压（ELV）及其防护类型

1. 特低电压、限值等级

依据 GB/T 3805—2008，特低电压（ELV）可定义为：人体在正常和故障两种状态下使用各种电气设备，并在规定条件下可触及导电零件不构成危险的电压限值，也称为安全电压。

特低电压（ELV）防护目的：通过对系统中可能会作用于人体的电压进行限制，从而降低触电时通过人体的电流，控制触电危险性。

特低电压（ELV）限值是基于 GB/T 18379—2001 中定义的 I 区段电压等级的限值。I 区段最高电压限值为：工频交流电在相对地或相间的交流有效值的限值为 50V；无纹波直流电在极对地或极间的直流电压限值为 120V。

考虑电气设备不同的使用环境，GB/T 3805—2008 针对正常和故障两种状态给出对应的 ELV 限值。如表 2-21 所示。

表 2-21　特低电压（ELV）限值　　　　　　　单位：V

环境状况	正常		单故障		双故障	
	交流	直流	交流	直流	交流	直流
皮肤阻抗和对地电阻均可忽略（如浸没水中）	0	0	0	0	16	35
皮肤阻抗和对地电阻降低（如潮湿）	16	35	33	70	不适用	
皮肤阻抗和对地电阻均不降低（如干燥条件）	33	70	55	140	不适用	
特殊状况（如电焊、电镀）	特殊应用					

结合 GB/T 156—2017《标准电压》等级划分，实际特低电压电击防护等级：工频交流额

定电压有 42V、36V、24V、12V 和 6V 五个等级标称电压限值，直流额定电压有 110V、96V、72V、60V、48V、36V、24V、12V、6V 九个等级标称电压限值。

2. ELV 限值等级选择

为满足不同的应用环境、使用方式等需要，特低电压限值按等级划分，用于指导人体在正常和故障状态下正确选用各种电气设备，并使各种环境下人体可触及导电部位不发生触电危险。

具体选用时，应综合考虑使用环境、人员条件、使用方式和供电方式与线路等因素后加以确定，符合表 2-21 及表 2-22 要求。

表 2-22　不同等级的特低电压适用场合

安全电压（交流有效值）/V		选用举例
额定值	空载上限值	
42	50	特别危险环境中使用的手持式电动工具应采用 42V 特低电压
36	43	在电击危险环境中的手持照明灯和局部照明灯应采用 36V 或 24V 特低电压
24	29	
12	15	金属容器内、特别潮湿处等特别危险环境中使用的手持照明灯应采用 12V 特低电压
6	8	水下作业等场所应采用 6V 特低电压

3. 特低电压 ELV 防护类型

GB/T 16895.21—2020 对特低电压（ELV）电击防护分类为：安全特低电压（SELV）和保护特低电压（PELV）两种防护类型。

安全特低电压（SELV）：只作为不接地系统的安全特低电压用的防护。SELV 回路的带电部分不接地，也不与其他电路的带电部分或保护导体相连接，即 SELV 处于"悬浮"状态。

保护特低电压（PELV）：只作为保护接地系统的安全特低电压防护用。PELV 回路允许接地。

二、ELV 防护安全条件与配置

1. ELV 防护安全条件

不能简单地认为采用了安全特低电压电源就能防止电击事故的发生。只有同时符合规定的条件和防护措施，系统才是安全的。

要达到兼有直接接触电击防护和间接接触电击防护的保护要求，必须满足以下条件。

① 线路或设备的标称电压不超过 GB/T 18379—2001 所规定的安全特低电压值。

② SELV 和 PELV 必须满足安全电源、回路配置和各自的特殊要求。

2. SELV 和 PELV 的安全电源

安全特低电压（SELV）和保护特低电压（PELV）对安全电源的要求完全相同，必须由安全电源供电。可以作为安全电源的主要有：

① 安全隔离变压器或与其等效的具有多个隔离绕组的发电机组，其绕组的绝缘至少相当于双重绝缘或加强绝缘。

② 电化电源（如蓄电池）或其他独立于较高电压回路的电源（如独立供电的柴油发电机等）。

③ 电子装置电源，但要求其在故障时仍能够确保输出端子的电压（用内阻不小于 3kΩ 的电压表测量）不超过特低电压值。

安全隔离变压器作为安全电源时，应满足 GB/T 19212.7—2012《电源电压为 1100V 及以下的变压器、电抗器、电源装置和类似产品的安全 第 7 部分：安全隔离变压器和内装安全隔离变压器的电源装置的特殊要求和试验》，变压器一次绕组与二次绕组之间必须有良好的绝缘，如图 2-9 所示。

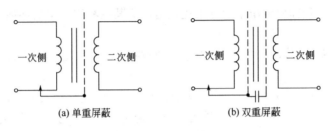

(a) 单重屏蔽   (b) 双重屏蔽

图 2-9　安全隔离变压器一次、二次侧绝缘

安全隔离变压器各部分的绝缘电阻不得低于下列数值。

① 带电部分与壳体之间的工作绝缘电阻为 2MΩ，加强绝缘电阻为 7MΩ。

② 输入回路与输出回路之间绝缘电阻为 5MΩ；输入回路与输入回路之间绝缘电阻为 2MΩ；输出回路与输出回路之间为 2MΩ。

③ Ⅱ类变压器的带电部分与金属物件之间绝缘电阻为 2MΩ；带电部分与壳体之间绝缘电阻为 5MΩ。

④ 绝缘壳体内、外金属物之间绝缘电阻为 2MΩ。

安全隔离变压器的额定容量：单相变压器不得超过 10kV·A，三相变压器不得超过 16kV·A。

安全隔离变压器的输入导线和输出导线应有各自的通道。导线进出变压器处应有护套。固定式变压器的输入电路中不得采用接插件。

3. ELV 回路配置基本要求

SELV 和 PELV 在回路配置上有共同要求，也有特殊要求。SELV 和 PELV 的回路配置都应满足以下要求。

① SELV 和 PELV 回路的带电部分相互之间、回路与其他回路之间应实行电气隔离，其隔离水平不应低于安全隔离变压器输入回路与输出回路之间的电气隔离。

② SELV 和 PELV 回路的导线应与其他任何回路的导线分开敷设，以保持适当的物理隔离。

③ 电气设备采用超过工频 25V 特低电压供电时，必须采取其他防护直接接触电击的措施。可采用如下措施之一：

a. ELV 回路导线除具有基本绝缘外，并封闭在非金属护套内或在基本绝缘外加护套。

b. ELV 与较高电压回路的导体，应以接地的金属屏蔽层或接地的金属护套分隔开。

c. ELV 回路导体可与不同电压回路导体共用一根多芯电缆或导体组内，但 ELV 回路导体的绝缘水平应按其他回路最高电压确定。

4. SELV 及 PELV 回路配置特殊要求

（1）SELV 的特殊要求

① SELV 回路的带电部分严禁与大地或其他回路的带电部分或保护导体相连接。

② 外露可导电部分不应有意地连接到大地或其他回路的保护导体和外露可导电部分，也不能连接到外部可导电部分。

③ 若标称电压超过 25V 交流有效值或 60V 无纹波直流值，应装设必要的遮栏或外护物，或者提高绝缘等级；若标称电压不超过上述数值，除某些特殊应用的环境条件外，一般无须直接接触电击防护。

（2）PELV 的特殊要求　由于 PELV 允许回路接地，因此 PELV 的防护要求比 SELV 更高。

① 利用必要的遮栏或外护物，或者提高绝缘等级来实现直接接触电击防护。

② 如果设备在等电位联结有效区域内，以下情况可不进行上述直接接触电击防护。

a. 当标称电压不超过 25V 交流有效值或 60V 无纹波直流值，而且设备仅在干燥情况下使用，且带电部分不大可能同人体大面积接触时。

b. 在其他任何情况下，标称电压不超过 6V 交流有效值或 15V 无纹波直流值。

（3）ELV 插头及插座的特殊要求

① 必须从结构上保证 SELV、PELV 回路的插头和插座不致误插入其他电压系统或被其他系统的插头插入。

② SELV 和 PELV 回路的插座不得带有接零或接地插孔。

三、功能特低电压（FELV）及其防护

1. 功能特低电压（FELV）的定义

按 GB/T 16895.21—2020 的定义：FELV 被称为功能特低电压，只是因为设备功能上使用了标称电压不超过交流 50V 或直流 120V，但不满足 SELV 或 PELV 的所有要求，而且也不需要采用 SELV 或 PELV 措施。

2. FELV 保护措施

FELV 保护措施是一种组合保护措施，包括基本保护与故障保护，防止直接接触触电与间接接触触电的危险。

（1）直接接触保护（基本保护）　采用下列直接接触保护措施之一。

① 采用与一次回路电源所要求相适应的标称电压的基本绝缘。若属于 FELV 回路的设备的绝缘不能承受所要求的试验电压时，可接近的非导电部分的绝缘应在安装时加强。

② 电气设备带电部分应置于防护等级至少为 IPXXB 或 IP2X 外壳之内或遮栏之后。

（2）间接接触保护（故障保护）　根据电源系统一次回路接地形式采用了自动切断电源的保护措施，应将 FELV 回路中的设备外露可导电部分与电源一次回路的保护导体连接。

（3）FELV 插头插座的要求　采用 FELV 系统时，FELV 回路的插头不可能插入其他电压系统的插座内，并且 FELV 系统插座不可能被其他电压系统的插头插入，同时要求应具有保护导体的接点。

第四节　电气设备电击防护与 IP 防护

GB/T 17045—2020《电击防护　装置和设备的通用部分》、GB/T 16895.21—2020《低压电气装置　第 4-41 部分：安全防护　电击防护》作为电气防护的基础性标准，规定了适用于人和家畜的电击防护基本规则：在正常条件下及单一故障条件下，危险的带电部分不应是可触及的，而可触及的可导电部分不应是危险的带电部分。

GB 19517—2023《国家电气设备安全技术规范》规定：电气设备在规定的使用条件下，正常工作和故障情况均能通过防护结构或安全措施后必须具有保护人身安全和防止电击的能力。电气设备和用电设备应按相应的防护结构和特征确定其防电击类别，并标志在该设备外壳上。

一、设备电击防护类别

1. 电气设备电击防护类别

GB 19517—2023、GB/T 17045—2020 规定如下。

① 电击防护由设备和器件结构配置及安装方式配合。

② 基于电气设备的触电防护措施及特征，划分为四类：0 类、Ⅰ类、Ⅱ类、Ⅲ类等。

针对上述四类设备基础防护措施失效后提出了安全措施。设备在使用中，应满足表 2-23 所建议的安全措施。

表 2-23　设备电击防护类别配置与安全措施

设备类别	防护结构配置		安全措施
0	基本绝缘	—	非导电场所 电气隔离
Ⅰ	基本绝缘	附加保护接地	保护接地、保护接零 故障时自动切断电源
Ⅱ	基本绝缘	附加绝缘 加强绝缘	附加绝缘或加强绝缘达到故障保护要求 不依赖于保护接地
Ⅲ	基本绝缘	安全电压	满足安全特低电压要求

根据 GB/T 17045—2020 标准，低压电气装置内设备安装要求应符合表 2-24 不同防护类别的标识与连接条件。

表 2.24　低压装置中设备的防护类别的连接措施

设备类别	设备标志或说明	符号	设备与装置的连接条件
Ⅰ类	保护连接端子的标志采用 IEC60417-5019：2006-08，或字母 PE，或黄绿双色组合	⏚	将此设备连接到装置的保护等电位连接系统

续表

设备类别	设备标志或说明	符号	设备与装置的连接条件
Ⅱ类	采用 IEC60417-5172：2003-02 符号（双正方形）作标志	▢	不依赖于装置的防护措施
Ⅲ类	采用 IEC60417-5180：2003-02 符号（在菱形内的罗马数字Ⅲ）作标志	◇Ⅲ	仅接到 SELV 或 PELV 系统

2. 防护类别措施与特征

GB 19517—2023《国家电气设备安全技术规范》、GB/T 17045—2020《电击防护　装置和设备的通用部分》等标准对电气设备电击防护类别进行了相关描述。

（1）0 类设备　0 类设备仅有基本绝缘而无故障防护，一旦基本绝缘失效，设备安全性能完全取决于周围环境。

GB/T 17045—2020 标准要求，0 类设备仅用于对地电压不超过 150V，用软线和插头连接的设备，且结构配置上无接地端子。由于 0 类设备存在固有的不安全因素，GB/T 17045—2020 建议其他电气产品标准中删除 0 类设备。

鉴于 0 类设备的电击防护性能较差，GB/T 16895.21—2020 规定 0 类设备应在"绝缘良好"非导电场所使用，如木质地板、木质墙壁以及周围环境干燥的场所等。

非导电场所：利用不导电材料制成的地板、墙壁等，使人员所处的场所成为一个对地绝缘水平较高的环境。

非导电场所基本要求：地板和墙壁每点对地的电阻，500V 及以下者不应小于 50kΩ，500V 以上者不应小于 100kΩ；保持间距或设置屏障，使人不同时触及不同电位的导体；不得设置保护零线和保护地线；不导电性能应具有永久性特征。

（2）Ⅰ类设备　Ⅰ类设备结构配置通常具有机械强度高的金属外壳，危险带电部分采用基本绝缘，同时要求可触及的可导电部分（如金属外壳等）与设备固定布线中的 PE 线相连接，采用保护接地或保护接零等故障防护措施配合。Ⅰ类电器触电防护措施如图 2-10 所示。

Ⅰ类设备具有规定的接地端子标识"⏚"，此端子应连接到固定布线系统的保护导体上。一旦基本绝缘失效，故障保护措施能及时有效地限制接触电压或自动切断电源，电击防护可靠有效，具有较大的适用范围。因此，Ⅰ类设备在我国占大多数。

（3）Ⅱ类设备　Ⅱ类设备采用基本防护规定的基本绝缘，同时对可触及的导电部分和绝缘表面采用故障防护规定的附加绝缘或加强绝缘措施。一旦基本绝缘失效，附加绝缘可保证使用者的安全。Ⅱ类电器触电防护措施如图 2-11 所示。

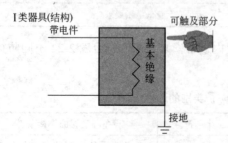

图 2-10　Ⅰ类电器触电防护措施

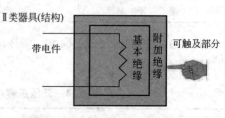

图 2-11　Ⅱ类电器触电防护措施

Ⅱ类设备不应连接保护导体。在装置内没有基本绝缘或只有基本绝缘的设备，在安装过程中增设了附加绝缘或加强绝缘，且达到了Ⅱ类绝缘标准，则可视为Ⅱ类设备，其原有接地端子应标注"⊗"。（注：若要求功能接地，应有明显标识，且按相关标准执行。）

Ⅱ类设备铭牌上设置有明显的标志"▢"。手持式电动工具或移动式电气设备宜优先选用Ⅱ类电气设备。

（4）Ⅲ类设备 Ⅲ类设备将设备电压限制在特低电压（ELV）限值内作为基本防护措施，无需故障防护措施。

Ⅲ类设备按特低电压应用等级进行设计，只允许连接 PELV 或 SELV 电源系统。因此，在正常状态或单一故障条件下，可能出现或产生的接触电压均被限制在可接受的安全限值内，从电源方面保证使用者安全。

Ⅲ类设备不提供与保护导体的连接措施，若有功能接地要求，接地应满足相应标准。

Ⅲ类设备具有明显的标志"◇"。

注：按 GB/T 17045—2020 规范，部分电气设备电击防护类别由设备和器件结构配置以及安装方式综合实现。

二、电气设备外壳防护

1. 外壳防护及 IP 标识

GB/T 4208—2017《外壳防护等级（IP 代码）》定义设备外壳防护：在设备结构上，设计能防护从任何方向触及危险部分并围住设备内部部件的外壳，防止设备受到某些外部影响并在各个方向防止直接接触危险部位。

电气设备外壳防护作用：对人体触及外壳内的危险部件（带电部件及机械部件）的防护；对固体异物进入外壳内设备的防护；对水进入外壳内对设备造成有害影响的防护。

GB/T 4208—2017 描述了由电气设备外壳提供的防护等级的分级系统：规定电气设备外壳防护项目等级；防护等级的标识；各防护等级标识的要求；按 GB/T 4208—2017 标准的要求对外壳作验证试验等。

外壳防护等级及 IP 代码含义：表明外壳对人接近危险部件、防止固体异物或水进入的防护等级，IP 代码给出与这些防护有关的附加信息的代码系统。

GB/T 4208—2017 规定的外壳防护等级（IP 代码）标识如下：

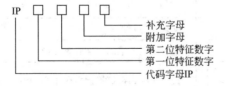

其中，IP 为外壳防护标识代码；第一位特征数字表示对固体异物进入设备或人体接近危险部件的防护，数字由"0"至"6"表示防护程度（七级）；第二位特征数字表示对水进入设备的防护，数字由"0"至"9"表示防护程度（十级）；附加字母为 A、B、C、D，表示对人体接近危险部件的防护等级，仅在对人体防护等级高于对固体异物防护等级时才使用；补充字母为 H、M、S、W，仅用于一些补充要求或试验。

如设备外壳铭牌标注 IP56C、IP44、IP69、IP4X 等。

2. IP 代码的各要素及含义

（1）第一位特征数字含义　IPXX 第一位特征数字，用于表示防止固体异物进入、人体接近危险部件的外壳防护等级。第一位特征数字的具体含义如表 2-25 表示。

表 2-25　第一位特征数字含义

第一位特征数字	防护等级	
	简要说明	含义
0	无防护	没有专门防护
1	防止直径大于 50mm 固体异物 防止手背接近危险部件	能防止直径大于 50mm 固体异物进入壳内 能防止人体的某一面积（如手）偶然或意外地触及壳内带电部分或运动部件，不能防止有意识地接近
2	防止直径大于 12mm 固体异物 防止手指接近危险部件	能防止直径大于 12mm、长度不大于 80mm 的固体异物进入壳内 能防止手指触及壳内带电部分或运动部件
3	防止直径大于 2.5mm 固体异物 防止工具接近危险部件	能够防止直径大于 2.5mm 的固体异物进入壳内 能防止厚度（或直径）大于 2.5mm 的工具、金属线触及壳内带电部分或运动部件
4	防止直径大于 1.0mm 固体异物 防止金属线接近危险部件	能防止直径大于 1mm 固体异物进入壳内 能防止厚度（或直径）大于 1mm 的工具、金属线触及壳内带电部分或运动部件
5	防尘 防止金属线接近危险部件	不能完全防止尘埃进入，但进入量不影响设备正常运行、不影响安全 能防止厚度（或直径）大于 1mm 的工具、金属线触及壳内带电部分或运动部件
6	尘密 防止金属线接近危险部件	无尘埃进入 能防止厚度（或直径）大于 1mm 的工具、金属线触及壳内带电部分或运动部件

（2）第二位特征数字含义。IPXX 第二位特征数字用于表示防止水进入的外壳防护等级。第二位特征数字的具体含义如表 2-26 表示。

表 2-26　第二位特征数字含义

第二位特征数字	防护等级	
	简要说明	含义
0	无防护	没有专门防护
1	防垂直方向滴水	滴水（垂直水滴）无有害影响
2	防外壳 15°倾斜时垂直方向滴水	当外壳从正常位置倾斜在 15°以内时，垂直水滴无有害影响
3	防淋水	当外壳的垂直面在 60°范围内的淋水时无有害影响
4	防溅水	向外壳各方向溅水无有害影响
5	防喷水	向外壳各方向喷水无有害影响
6	防强烈喷水	向外壳各个方向强烈喷水无有害影响
7	防短时间浸水	浸入规定压力的水中经规定时间后，外壳进水量不致达到有害程度

第二位特征数字	防护等级	
	简要说明	含义
8	防持续浸水影响	按生产厂和用户双方同意的条件（应比特征数字 7 时严重），外壳进水量不致达到有害程度
9	防高温/高压喷水影响	向外壳各方向喷射高温/高压水无有害影响

例如，IP54 为防尘、防溅型电气设备，IP65 为尘密、防喷水型电气设备。

不要求规定特征数字时，由字母"X"代替（如果两个字母都省略，则用"XX"表示）。

例如：某设备外壳标注三重标志——IPX5/IPX7/IPX9，表示满足可防喷水、防短时间浸水以及防高温/高压喷水三种防护等级的要求，对固体异物进入无防护要求。

（3）附加字母、补充字母含义　IP 防护等级第二位数字之后可附加字母及补充字母，分别表示对人体接近危险部件以及特殊防护的说明，分别如表 2-27、表 2-28 所示。

表 2-27　对人体接近危险部件的防护等级

附加字母	防护等级	
	简要说明	含义
A	防止手背接近	直径 50mm 的球形试具与危险部件应保持足够的间隙
B	防止手指接近	直径 12mm、长 80mm 的铰接试具与危险部件应保持足够的间隙
C	防止工具接近	直径 2.5mm、长 100mm 的试具与危险部件应保持足够的间隙
D	防止金属线接近	直径 1.0mm、长 100mm 的试具与危险部件应保持足够的间隙

表 2-28　补充字母含义

字母	含义
H	高压设备
M	防水试验在设备的可动部件（如旋转电机的转子）运动时进行
S	防水试验在设备的可动部件（如旋转电机的转子）静止时进行
W	提供附加防护或处理以适用于规定的气候条件

如无须特别说明，附加字母和（或）补充字母可省略，不需代替。

3. 电气设备外壳防护选择

根据 IP 代码的组成及含义的内容，电气设备外壳防护与电击防护的关系：防止直接接触产生电击伤害；防止水将设备内电位引出，在外露或外界可导电部位产生电击危险。

在选择电气设备外壳防护类型时，其防护等级应不低于使用环境要求的防护内容与等级规定的要求，可参考表 2-29。对于一般Ⅰ类电气设备而言，防止在操作方向上出现危险，要求防护等级不应低于 IPXXB 级（或者 IP2X），对于仅为防止其他方向的危险接触，防护等级应不低于 IPXXA（或 IPX）。

同时对于有关机械损坏、锈蚀、腐蚀性溶剂（如切削液）、霉菌、虫害、太阳辐射、结冰、潮湿（如凝露引起的）、爆炸性气体等外部影响或环境条件对外壳和壳内设备破坏的防护措施，以及防止与外壳外部危险运动部件（如风扇）的接触由相关产品标准规定。

表 2-29　电气设备外壳防护等级的最低要求

处所	环境条件	防护等级	配电板、控制设备、电机启动器	电动机	电热器具	电炊设备	附件（如开关、接线盒）
干燥居住处所	只有触及带电部分的危险	IP20	×	×	×	×	×
干燥控制室			×	×	×	×	×
控制室	滴水或中等机械损伤危险	IP22	×	×	×		×
操作室			×	×	×		IP44
冷藏室			×	×	×		IP44
浴室	较大的水或机械损伤危险	IP34	—	—	IP44		IP55
操作室			×	IP44	IP44		IP55
燃油分离器室			IP44	IP44	IP44		IP55
水泵房	较大的水或机械损伤危险	IP44	×	×	×		IP55
冷库			×	×	×		IP55
水下	潜水	IP68	—	—	—	—	—

第五节　电气安全用具

　　电气安全用具是用来防止电气工作人员在工作中发生触电、电弧灼伤、高空坠落等事故的重要工具。

　　电气安全用具分为绝缘安全用具和一般防护安全用具两大类。绝缘安全用具又分为基本安全用具和辅助安全用具。

　　基本安全用具的绝缘强度能长期承受工作电压并能在该电压等级内产生过电压时保证工作人员的人身安全。常用的基本安全用具有绝缘棒、绝缘夹钳、验电器等。

　　辅助安全用具的绝缘强度不能承受电气设备或线路的工作电压，不能直接接触高压电气设备的带电部分，只能起加强基本安全用具的保护作用，主要用来防止接触电压、跨步电压对工作人员的危害。常用的辅助安全用具有绝缘手套、绝缘靴、绝缘垫、绝缘站台等。在低压带电设备上，辅助安全工具可作为基本安全用具使用。

　　一般防护安全用具主要有携带型接地线、临时遮栏、标示牌、警告牌、安全带、防护目镜等。这些安全用具用来防止工作人员意外触电、电弧灼伤、高空摔跌以及警示告知。

　　下面介绍几种常用的绝缘安全用具的结构及使用方法。

一、绝缘棒

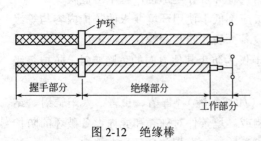

图 2-12　绝缘棒

　　绝缘棒又称绝缘杆或操作杆（也称令克棒），主要用于接通或断开隔离开关/跌落式熔断器、装卸携带型接地线以及带电测量和试验等。

　　绝缘棒一般用电木、胶木、环氧玻璃棒或环氧玻璃布管制成。在结构上，绝缘棒分为工作部分、绝缘部分和握手部分，其结构如图 2-12 所示。

绝缘棒的工作部分一般由金属制成，也可用玻璃钢等机械强度较高的绝缘材料制成。因其工作的需要，工作部分不宜过长，一般为5～8cm，以免操作时造成相间或接地短路。绝缘棒的绝缘部分用硬塑料、胶木或玻璃钢制成。绝缘棒的握手部分与绝缘部分材质相同，由护环隔开。绝缘棒最小长度可按电压等级及使用场合而定，如表2-30所示。

表 2-30　绝缘棒的最小长度　　　　　　　　　　　单位：m

额定电压	室内使用		室外使用	
	绝缘部分长度	握手部分长度	绝缘部分长度	握手部分长度
10kV 及以下	0.70	0.35	1.10	0.40
35kV 及以下	1.10	0.40	1.40	0.60

在绝缘棒使用时应注意如下事项：

① 使用前，必须核对绝缘棒的电压等级、完好性，并清洁其表面。

② 在使用绝缘棒时，手应放在握手部分，不能超过护环；同时应戴绝缘手套、穿绝缘靴，以加强绝缘棒的保护作用。

③ 下雨、下雪或潮湿天气时，应按规定使用带有防雨罩的绝缘棒进行操作。

④ 绝缘棒不允许装接地线，以免在操作时，由于接地线在空中游荡而造成接地短路和触电事故。

⑤ 使用绝缘棒时要注意防止碰撞，以免损坏表面的绝缘层。

绝缘棒保管时应注意的事项如下。

① 绝缘棒应存放在干燥的地方，以防止受潮。

② 绝缘棒应放在特制的架子上，或垂直悬挂在专用挂架上，以防其弯曲。

③ 绝缘棒应定期进行绝缘试验（参考表2-31），一般每年试验一次。另外，绝缘棒一般每三个月检查一次，检查有无裂纹、机械损伤、绝缘层破坏等。

表 2-31　绝缘棒试验项目和试验标准

名称	电压等级/kV	周期	交流耐压/kV	时间/min
绝缘棒	6～10	每年一次	44	5
	35～154		4 倍相电压	
	220		3 倍相电压	

二、绝缘夹钳

绝缘夹钳是用来安装和拆卸高压熔断器或执行其他类似工作的工具，主要用于 35kV 及以下电力系统。

绝缘夹钳由工作部分（钳口）、绝缘部分（钳身）和握手部分（钳把）组成，如图 2-13 所示。绝缘夹钳各部分所用材料与绝缘棒相同，只是其工作部分是一个强固的夹钳，并有一个或两个管形钳口，用以夹紧熔断器。其绝缘部分和握手部分的最小长度取决于工作电压和使用场所。

绝缘夹钳使用注意事项如下。

① 使用前，必须核对绝缘夹钳的电压等级、完好性，并清洁其表面。

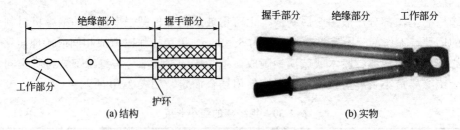

图 2-13　绝缘夹钳

②　夹熔断器时，操作人员的头部不可超过握手部分，并应戴防护目镜、绝缘手套、穿绝缘靴（鞋）或站在绝缘台（垫）上。

③　操作人员手握绝缘夹钳时，要保持平衡和精神集中。

④　在雨雪、潮湿天气只能使用专用的防雨绝缘夹钳。

⑤　绝缘夹钳上不允许装接地线，以免在操作时，由于接地线在空中游荡而造成接地短路和触电事故。

绝缘夹钳保管注意事项如下。

①　绝缘夹钳要保存在专用的箱子或匣子里，以防受潮和磨损。

②　绝缘夹钳应定期进行试验，试验方法同绝缘棒，试验周期为一年，$10\sim35kV$ 绝缘夹钳试验时施加 3 倍线电压，$110V$ 绝缘夹钳施加 $260V$ 电压，$220V$ 绝缘夹钳施加 $400V$ 电压。

三、绝缘手套与绝缘靴（鞋）

绝缘手套和绝缘靴（鞋）用特制橡胶（或乳胶）制成，如图 2-14 所示。它们有不同规格的绝缘电压等级。

绝缘手套用于人手与带电体绝缘，绝缘靴（鞋）用于保持与地绝缘。

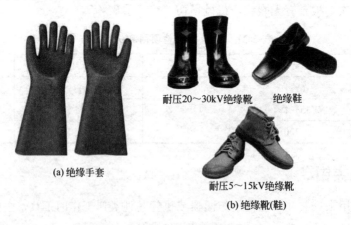

图 2-14　绝缘手套、绝缘靴（鞋）

在高压作业中，作为辅助绝缘用具，不能直接接触高压带电体，仅为加强绝缘使用。在低压作业中，可作为基本安全用具使用，绝缘手套防护人手直接接触触电，绝缘靴（鞋）可作为防护跨步电压触电的基本安全用具。

绝缘手套和靴（鞋）使用时注意：

①　每次使用前，核查绝缘手套和绝缘靴（鞋）的绝缘耐压等级是否符合作业电压要求；

同时应进行外部检查，要求表面无损伤、磨损或划伤、破漏等，有砂眼漏气的禁用。绝缘靴（鞋）的使用期限为大底磨光为止，即当大底漏出黄色胶时，就不能再穿了。

② 绝缘手套和绝缘靴（鞋）使用后应擦净、晾干，绝缘手套还应撒上一些滑石粉，以保持干燥和避免黏结。

③ 在绝缘手套和绝缘靴（鞋）使用完毕后进行统一编号，并且存放在通风干燥的地方。不要将绝缘手套和绝缘靴（鞋）与带有腐蚀性的物品放在一起。

④ 绝缘手套、绝缘靴（鞋）被污染时，可用肥皂及用温水对其进行洗涤。当其上沾有油类物质时，切勿使用香蕉水对其进行除污，因为香蕉水会损害其绝缘性能。

⑤ 绝缘手套、绝缘靴（鞋）应定期进行试验，一般每半年试验一次，保证其安全可靠。

四、验电器

验电器是一种常用的电气安全用具，主要用来检查电气设备或线路是否带有电压（包括感应电压、漏电）。验电器分为高压验电器和低压验电器两种，低压验电器又称验电笔。

1. 高压验电器

高压验电器主要用来检验对地电压在 500V 以上的高压电气设备及线路。高压验电器广泛采用的有发光型、声光型、风车式三种类型。图 2-15 为常见的高压验电器。

图 2-15　常见的高压验电器

它们一般都由检测部分（指示器部分或风车）、绝缘部分、握手部分三大部分组成。绝缘部分系指自指示器下部金属衔接螺母起至护环止的部分，握手部分系指护环以下的部分。其中绝缘部分、握手部分根据电压等级的不同，其长度也不相同。如图 2-16 所示为声光型验电器结构示意图。

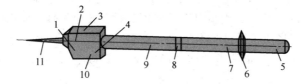

图 2-16　声光型高压验电器结构示意图

1—欠电压指示灯；2—电源指示灯；3—自检按钮；4—蜂鸣指示灯；5—手柄；

6—护环；7—外管；8—色标；9—内管；10—指示器；11—探头

（1）高压验电器操作过程

① 使用验电器时，必须核查其额定电压要和被测电气设备的电压等级相适应。按说明

书要求装配好，确保结构完整性，保持干净清洁。

② 通过"自检"，观察电源指示灯、欠电压指示灯、声光报警功能状态。根据自检结果，及时维护处置，保持验电器各功能正常。

③ 验电前，操作人员要戴绝缘手套、穿绝缘靴，手握护环以下的握手部分。在同等级电压带电设备上进行检验时，应渐渐地移近带电设备至发光或发声止，以验证验电器的完好性。

④ 验电时手握在验电器的手柄处，验电器的接触电极渐渐接近被测设备或线路，直至接触被测设备或线路的测试部分。如果测试部分带电，则验电器发出声光报警信号；反之，则不发出声光报警信号。

⑤ 同杆架设的多层线路验电时，应先验低压、后验高压，先验下层、后验上层。

⑥ 验电完毕，将验电器操作杆和指示器擦拭干净，拆下指示器、操作杆，放回包装匣（袋）内保存好。

（2）高压验电器使用注意事项

① 为确保人身安全，在使用中必须严格按《电业安全工作规程》及有关操作规程规定进行。使用前先要在同等级电压带电设备上进行试验，确保验电器良好，才能使用。

② 验电器用于室外作业时，必须在良好的气候条件下进行。雨、雪、雾天及空气湿度较大时禁止使用。

③ 验电器在使用、携带与保管中，要避免受碰撞、敲击及剧烈震动、跌落、挤压。严禁擅自拆卸，以免损坏。

④ 验电器使用前后均应用清洁干燥软布将操作杆擦拭干净，以防使用中发生闪络、爬电等现象。

⑤ 验电器应保存在阴凉、通风、干燥处，保持清洁。不能放在露天烈日下暴晒。

⑥ 按规范要求，验电器定期进行试验检定，以保持其结构与性能完好性。

2. 低压验电器

低压验电器（又称低压验电笔）主要用来检查 500V 以下的低压电气设备及线路是否带电及电气设备是否存在漏电的工具。

低压验电笔目前主要有两种：一种是普通型氖管式验电笔，另一种为 LED 显示的数字式验电笔。

（1）氖管式验电笔　氖管式验电笔的结构通常由笔尖（工作触头）、电阻、氖管、弹簧和笔身等组成，如图 2-17 所示。当验电笔金属探头触及带电导体，并用手触及验电笔后端的金属挂钩或金属片时，形成了通过验电笔端、氖泡、电阻、人体和大地的漏电电流回路。只要带电体与大地之间存在一定的电位差（通常是 36V 以上），其漏电电流就会使氖泡启辉发光。

氖管式验电笔验电操作过程如下。

① 在使用前，核定验电笔的电压范围是否符合被验电压等级要求，通常不能用于高于500V、低于 36V 的验电操作（过高危险，过低没反应）。

② 检查验电笔的完好性，其组成部分是否缺少，氖泡是否损坏，并在有电的地方验证是否工作正常。只有确认验电笔结构与功能完好后，才可进行验电。

③ 验电时，拇指和中指握住笔身，要手握笔帽端金属挂钩或尾部螺纹（图 2-18），使氖

管小窗背光朝向自己，笔尖探头接触带电电气设备或线路，湿手不要去验电，不要用手接触笔尖探头。

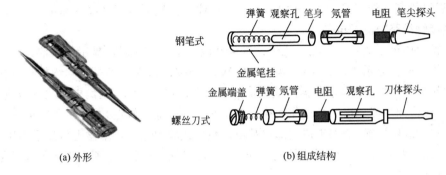

(a) 外形　　　　　　　　　　　　(b) 组成结构

图 2-17　氖管式低压验电笔

④ 根据验电笔氖泡是否发光及发光状况判断验电部位是否带电以及带电类型与高低。

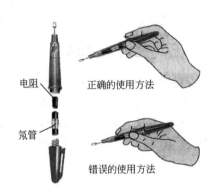

a. 判断是否带电：若验电笔氖泡发光，表明验电部位带电，不发光表明不带电（电压过低也不发光）。

b. 区分交流电与直流电：在确定有电的情况下，若氖泡两极均发光且较亮，则为交流电；若只有一极发光或均不发光，则为直流电。

c. 判断交流电相线与零线：通常氖泡发光者为相线，不亮者为零线；但中性点发生位移时要注意，此时零线同样也会使氖泡发光。

图 2-18　低压验电笔的操作

d. 判断直流电是否接地及正负极：人站在地上用验电笔分别接触直流电两极，如果出现氖泡发光现象，说明直流电系统存在接地现象，反之则不接地。当验电笔尖端一极发亮时，说明笔尖接触端为正极且是接地端；若手握的一极发亮，则说明笔尖接触端为负极且为接地端。

e. 判断电压高低：如果氖管灯光发亮至黄红色，则电压较高；如氖管发暗微亮至暗红色，则电压较低。

低压验电笔在使用中需注意以下几点。

① 使用螺丝刀式验电笔时，其笔头应套上绝缘塑料套管，只留出 10mm 左右金属头作测试用，不得随便拔掉或损坏绝缘塑料套管，防止操作时手指误碰工作触头金属部位触电。

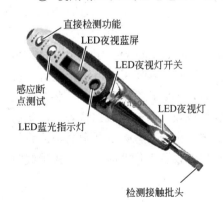

② 验电时，操作人员应保持操作稳定，不能将笔尖同时接触在被测两线上，特别是检验靠得很近的接线桩头时，更应格外小心，以免误触而造成短路伤人。

③ 湿手不要去验电，不要用手接触笔尖金属探头。

④ 在强光下验电时，应采取遮挡措施，以防误判。

（2）数字式验电笔　数字式验电笔由笔尖（工作触头）、笔身、指示灯、电压显示、感应检测按钮、直接检测按钮、电池等组成，如图 2-19 所示。

图 2-19　数字式验电笔

数字式验电笔适用于检测 12～220V 交直流电压。数字式验电笔除了具有氖管式验电笔通用的功能，还有以下功能。

① 直接检测功能（显示电压值）。用手指按住直接检测按钮（离液晶屏较远），并用测试头直接接触线路被测导电部位。

显示窗口中最后数字为所测电压值；未到高段显示值 70%时，显示低段值。

验电笔一般会显示 12V、24V、48V、110V、220V、380V，但是实际读数时要看数字式验电表的最大值，也就是显示数据的最大值，譬如显示 12V、36V，则测电压的近似值为 36V。

② 间接检测功能。用手指按住间接检测按钮（离液晶屏较近），并用测试头靠近电气设备被测部位（或电源线），如果被测部位带电，数字式验电笔的显示器上将显示高压符号。

③ 断点检测功能。按住感应检测按钮，将测试头沿带电线路移动时，显示窗内无显示处即为断点处。

④ 自检功能。当右手指按断点检测按钮，并将左手触及笔尖时，若指示灯发亮，则表示正常工作；若指示灯不亮，则应更换电池。

五、临时接地线

临时短路接地线（简称临时接地线）是电力行业在设备或线路断电后进行检修之前要挂接的一种安全短路装置，用来预防突然来电对操作人员或设备造成伤害。

临时接地线主要由软导线和接线夹组成，如图 2-20 所示。较短的软导线用于接三相导体，一根长的软导线用于接接地线。软导线应采用截面积不小于 $25mm^2$ 的软铜线，接线夹应坚固有力。

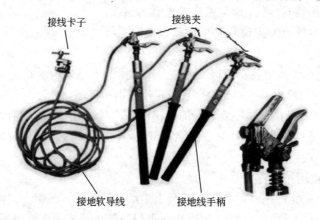

接线卡子　　　　接线夹

接地软导线　　接地线手柄

图 2-20　临时接地线

临时接地线的规格可以分为 0.4kV、6kV、10kV、20kV、35kV、66kV、110kV、220kV、330kV、500kV 以及直流（如地铁行业）1500V、750V 等，按照实际使用环境进行选用。

（1）挂接临时接地线的作用　当高压线路或设备检修时，为防止突然送电，应将电源侧的三相架空线或母线用接地线临时接地，防止相邻高压线路或设备对停电线路或设备产生感应电压对人体造成危害；或停电检修线路或设备可能产生感应电压对人体造成危害，应将停电检修线路或设备的有关部位用接地线临时接地；在停电后的设备上作业时，应用接地线将设备上的剩余电荷用临时接地线放掉（也就是放电）。

（2）挂接临时接地线的操作要点

① 挂接临时接地线应由操作者在有人监护情况下实施，并按操作票指定地点挂接临时

接地线。禁止一个人单独装设接地线。

② 应在验电确认线路或设备无电后立即挂接临时接地线。在架空线路或设备上拆装临时接地线时使用绝缘杆，并且戴绝缘手套。

③ 挂接临时接地线步骤：挂接时"先地后火"，即先将接地端与接地端子连接，然后再将另一端（导体端）与被接地线路（或设备）的导体部分连接（实现线路或设备接地并三相短接）。拆除临时接地线时，顺序正好与此相反。

（3）挂接临时接地线的具体操作及注意事项

① 挂接临时接地线前必须检查接地线。软铜线是否断头，螺栓连接处有无松动，线钩的弹力是否正常，不符合要求的应及时调换或处置，以保持结构及性能的完好。

② 停止需要停电检修工作地段的设备运行，分断线路电源，并应看到明显断开点（分断隔离开关或拔掉熔断器的熔体），在分断点下方悬挂"有人工作，禁止合闸"标志牌，以及设置必需的栅栏等屏障。

③ 在工作段线路或设备上挂接临时接地线前必须先验电，消除停错电、未停电的人为失误，防止带电挂接地线。确认现场已停电后立即挂接临时接地线。

④ 在合适地点将临时接地线接地端用固定夹具和接地网连接，或用钢钎插入地中，接地线与接地棒的连接应牢固，不得用缠绕法和接地网相连。打接地桩时，要选择黏结性强、有机质多、潮湿的实地表层，降低接地回路的土壤电阻和接触电阻，保证接地质量。

⑤ 应在工作段两端、有可能来电的支线（含感应电、可能倒送电的自备电）上分别挂接接地线。临时接地线与检修设备或线路之间不应连接断路器或熔断器。

⑥ 同杆架设多层电力线路装设临时接地线时，先装下层后装上层，先装"地"后装"火"，拆除顺序与之相反。在装设临时接地线的线路上，还必须在开关的操作手柄上挂"已接地"标志牌。

⑦ 核实接地线与设备或线路导电部分的连接必须紧密，接触良好，有足够的接触面积。临时接地线应挂接在工作地点可以看见的地方。

⑧ 检修作业完毕，临时接地线必须拆除，并经验证后方可送电。

📚 思考题

1. 何为绝缘防护？分哪几类？各自主要作用是什么？
2. 何为绝缘击穿？电击穿与热击穿有何区别？
3. 电气设备的绝缘性能主要由哪几个指标来反映？
4. 电气设备耐热等级是怎么划分的？使用中有何基本要求？
5. 电气设备的绝缘电阻测试有何实际作用？如何测试？
6. 何为电气安全间距？保障安全间距有何作用？
7. 何为电气间隙、爬电距离？对端子、线间距有何要求？
8. 电气安全标志有何作用？GB/T 4026—2019对导体颜色有何规定？
9. 何为特低电压？特低电压限值是什么？特低电压等级是如何分类的？
10. 满足特低电压防护条件有哪些要求？
11. SELV、PELV有何区别？
12. FELV是哪种保护类型？
13. ELV电源插头插座有何要求？

14. 电气设备电击防护类别分为哪几种？防护特征是什么？
15. 简述Ⅰ、Ⅱ、Ⅲ类电气设备电击防护的安全措施要求。
16. 何为电气设备外壳防护？IP防护等级如何标识？
17. 外壳防护IP等级各特征位数字描述含义是什么？
18. 绝缘棒、验电器、临时接地线各有何作用？

第三章 间接接触电击防护

正常运行的电气设备的可接触导电部位是不带电的，但是当电气设备绝缘损坏或故障接地等故障状态时，电气设备的可导电金属外壳可能会变成危险带电体，导致触电危险，即间接接触触电（又称故障状态触电）。

GB/T 17045—2020《电击防护 装置和设备的通用部分》等规范对故障状态下电击防护提供了相关措施。主要通过保护接地、保护接零、等电位联结等措施，配合漏电保护、电流过载保护，实施故障状态下的触电防护。针对局部特定场所采取电气隔离、非导电环境等辅助措施，提高防护安全性、可靠性。

本章学习目标

（1）了解接地装置的基本配置要求、技术规范，初步具备应用与实施接地连接的能力。

（2）掌握不接地电网保护接地（IT 系统）、接地电网保护接地（TT 系统）的接地形式与保护特性，能合理配置并有效实施保护接地措施。

（3）掌握接地电网保护接零（TN 系统）的保护特性，熟悉保护接零类型及连接形式，能合理配置并有效实施保护接零措施。

（4）理解漏电保护、过电流保护，了解保护装置类型与特点，理解保护装置主要参数与设定原则，能合理地配置漏电保护装置、过电流保护装置。

（5）理解等电位概念及功能作用，了解电气隔离及有效条件，具备正确配置与有效实施等电位联结、电气隔离保护的能力。

第一节 接地及其装置

GB 14050—2008《系统接地的型式及安全技术要求》、GB/T 16895.1—2008《低压电气装置 第 1 部分：基本原则、一般特性评估和定义》、GB/T 50065—2011《交流电气装置的接地设计规范》、GB 50169—2016《电气装置安装工程 接地装置施工及验收规范》等标准规范，均涉及电气接地技术要求，表明接地在电气安全防护中具有相当重要的功能作用。

一、接地及其类别

1. 接地概念

GB/T 2900.73—2008《电工术语　接地与电击防护》、GB/T 16895.1—2008《低压电气装置　第 1 部分：基本原则、一般特性评估和定义》、GB/T 50065—2011《交流电气装置的接地设计规范》、GB 50169—2016《电气装置安装工程　接地装置施工及验收规范》关于接地的定义：在系统、装置或设备的给定点与局部地之间实施电连接。一般定义：凡是电气系统、装置或设备的任何部位，不论带电与不带电，有意或无意与大地进行电连接，称为电气接地，简称接地。

2. 接地类别

按照接地的形成情况，可以分为正常接地和故障接地两大类。

$$接地类型\begin{cases}正常接地\begin{cases}工作接地\\安全接地\end{cases}\\故障接地\end{cases}$$

（1）正常接地。正常接地是为了某种需要而人为设置的接地，按其功能作用不同又分为工作接地与安全接地两种。

① 工作接地（功能接地）。为保障电气系统在正常情况或事故情况下能可靠地运行工作，将电气回路中某一点与大地作良好的电气连接，称为工作接地，也称功能接地。工作接地通常有以下几种情况：

a. 利用大地作回路的接地。正常情况下有电流通过大地。

b. 维持系统平衡、安全运行的接地。正常情况下没有电流或只有很小的不平衡电流通过大地，如低压三相四线制系统的中性点接地，以维持三相平衡。

c. 为电路系统建立一个基准电位而实施的接地，如直流或弱电系统的接地。

d. 为防止雷击过电压对设备及人身造成危害而设置的防雷接地等。

② 安全接地（保护接地）。为防止电气系统因绝缘损坏或接地故障漏电，以及静电、电磁感应等产生危险电压，危及人身安全与财产安全而采取的接地，称为安全接地，也称保护接地。安全接地通常有以下几种情况。

a. 为防止电力设施或电气设备故障接地、绝缘损坏引起触电及火灾爆炸而采取的保护接地与保护接零。

b. 为消除生产过程中产生的静电积累，避免引起触电或爆炸而设的静电接地。

c. 为防止电磁感应而对设备的金属外壳、屏蔽罩或屏蔽线外皮所进行的屏蔽接地。

d. 为了防止管道受电化腐蚀，采用阴极保护或牺牲阳极的电法保护接地等。

（2）故障接地　故障接地是电气系统自身故障或某种外界因素导致的非正常接地，包括电力线路意外断落、绝缘损坏、设备电源相线触碰金属外壳等接地。

二、接地装置

接地装置也称接地一体化装置，是指埋设在地下的接地极（体）与由该接地极（体）到设备之间的连接导线的总称。

接地装置由接地极（板）、接地引下线（接地导体）、接地母线（室内、室外）、构架接地组成，用以实现电气系统与大地相连接的目的。

1. 基础接地装置

基础接地装置包括接地体（接地极）、接地导体（接地引下线）、总接地端子（接地母线排），如图3-1所示。

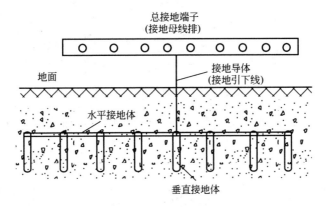

图 3-1　基础接地装置配置

（1）接地体（极）　接地体是与大地直接接触并实现电气连接的金属导体或导体群。其功能是使安全散流电能量泄入大地。

在接地工程中，可利用的接地体（极）可分为自然接地体与人工接地体。

① 自然接地体。自然接地体包括：埋于地下与大地接触良好的金属构架；建（构）筑物钢筋混凝地基内钢筋；埋入地下的输送非易燃易爆物质的金属管道；或埋地敷设的电缆金属护套或护层等。

利用自然接地体时，各连接处应采用焊接或跨接焊接构成一体，并保障各连接处的电气连接良好。

② 人工接地体。人工接地体（极）是指垂直或水平埋入土壤（或地基）内的金属接地体（如棒、线、条、管、板等）或专用接地体模块等导体。

垂直接地体是将长度2.5～3m的接地体垂直打入地下（上端离地面0.6～0.8m）的导体，如图3-2（a）所示。

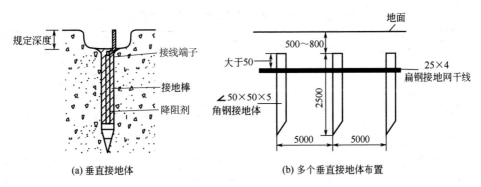

图 3-2　接地体组合配置

实际工程中，根据接地系统对保护性和功能性的要求，按一定方式布局多个垂直接地体，相邻接地体间距不小于 5m，并用扁钢（不小于 25mm×4mm）或圆钢（ϕ6～12mm）与各接地体上部焊接为整体，如图 3-2（b）所示。

常用垂直接地体布置形式如图 3-3 所示。

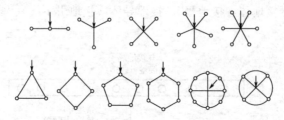

图 3-3　常用垂直接地体布置形式

水平接地体是将扁钢或圆钢水平埋入 0.6～0.8m 深的地下的导体。常用水平接地体布置形式如图 3-4 所示。

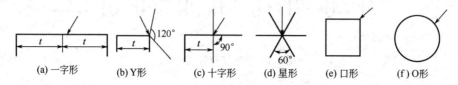

图 3-4　常用水平接地体布置形式

接地体类型、材料及尺寸选择时，应使其在预期的使用寿命内既具有耐腐蚀性又具有适当的机械强度。常用接地体规格如表 3-1、表 3-2 所示（参考 GB 50169—2016 标准）。

表 3-1　钢接地体配置最小截面积

种类、规格		地上	地下
圆钢直径/mm		8	8/10
扁钢	截面积/mm²	48	48
	厚度/mm	4	4
角钢厚度/mm		2.5	4
钢管管壁厚度/mm		2.5	3.5/2.5

表 3-2　铜及铜覆钢接地体配置最小截面积

种类、规格	地上	地下
铜棒直径/mm	8	水平接地体 8
		垂直接地体 15
铜排截面积/mm² 与厚度/mm	50/2	50/2
铜管管壁厚度/mm	2	3
铜绞线截面积/mm²	50	50
铜覆圆钢直径/mm	8	10
铜覆钢绞线直径/mm	8	10
铜覆扁钢截面积/mm² 与厚度/mm	48/4	48/4

（2）接地引下线（接地导体）　接地引下线是将地下的接地体（极）连接到地面等电位连接系统中总接地端子（接地母线）的导体。为电气系统装置或设备给定点与地网之间提供导电通路或部分通路的导体，也称接地导体，如图 3-5 所示。

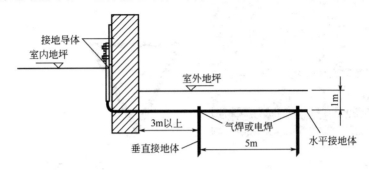

图 3-5　接地导体（接地引下线）配置

接地引下线的规格应满足表 3-3 要求（参考 GB/T 16895.3—2017 标准）。

表 3-3　接地引下线最小截面积规格要求

线导体截面积 S/mm^2	接地导体截面积 S/mm^2	备注 1	备注 2
$S \leq 16$	S	每根接地导体的截面积不应小于 $6mm^2$（铜）防雷电用接地导体截面积不应小于 $16mm^2$（铜）	埋入土壤内的接地导体应满足对接地极的规格要求
$16 \leq S \leq 35$	16		
$S > 35$	$S/2$		

接地导体与接地体以及总接地端子的连接应牢固，具有良好的导电性能，应采用热熔焊、压力连接器等连接。

总接地端子与接地体（接地网）的连接不少于两处。

（3）总接地端子（接地母排）　总接地端子是基础接地装置中的连接端子或母线排，如图 3-6 所示。它用于与接地导体、保护接地导体、保护联结导体等多个接地导体的电气连接。

图 3-6　总接地端子（接地母线排）

GB 50169—2016 规定：明敷的接地母线，在导体的全长度或区间段以及每个连接部位附近的表面，应涂以 15～100mm 宽度相等的绿黄色相间的条纹标识，如图 3-7 所示。当使用胶带时，应使用双色胶带。中性线宜涂淡蓝色标识。

在接地母线引向建筑物的入口处和在检修用临时接地点处，均应刷白色底漆并标以黑色标识，如图 3-8 所示。

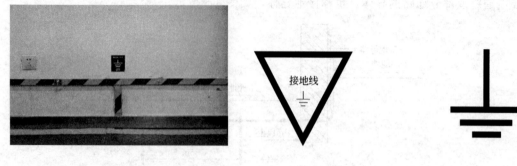

图 3-7　明敷接地母线标识　　　　　　　图 3-8　接地母线接地标识

电气装置的接地必须单独与接地母线或接地网相连接，严禁在一条接地线中串接两个及其以上的需要接地的电气装置。

2. 接地装置类型

接地装置类型主要分为 A 型、B 型，各适用于不同场合。

A 型接地装置由垂直水平体或水平接地体构成。接地装置的接地体总数不应少于两个。它适用于独立设备接地系统。简单 A 型接地装置配置如图 3-9 所示。

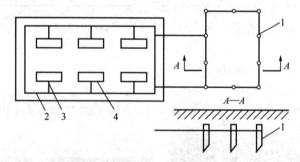

图 3-9　简单 A 型接地装置配置

1—接地体；2—接地母线；3—接地支线；4—设备

B 型接地装置由一个环形接地体与建筑物地基中的互连钢筋或其他地下金属结构作为基础接地体构成地网，如图 3-10 所示。环形接地体互连更易于均流均压，适用于大型接地系统、共用接地系统。

将多个建筑物的接地装置互连，构成网络型接地装置，如图 3-11 所示。距建筑物 30m 内采用 20m×20m，30m 外可采用 40m×40m 网格。这类接地装置更易获得低阻抗且具有更好的电磁特性。

在有多个接地端子配置的场所，其接地端子应相互连接，其联结导体截面积不小于配置内最大保护导体截面积 1/2 且不小于 6mm²。

在采用集中联结接地系统中，应按区域与接地类型分别配置各汇总端子排，各自独立联结到总接地端子。如图 3-12 所示为集中联结接地系统配置示意图。

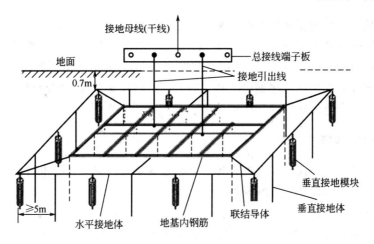

图 3-10　B 型接地装置

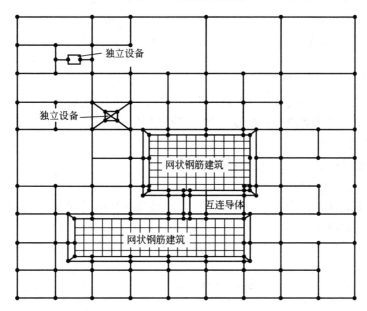

图 3-11　多个建筑物共用接地网络型接地装置

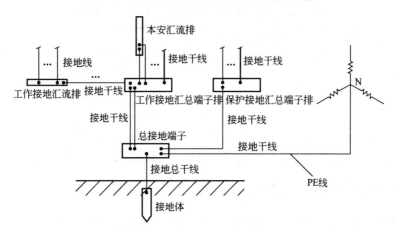

图 3-12　集中联结接地系统配置示意图

在接地配置中，应根据系统中电气装置与设备特性、环境与场地条件、适用技术规范等因素，配置接地体（极）、接地导体、接地端子、保护接地导体、保护接地联结导体以及等电位联结等。GB/T 16895.3—2017《低压电气装置　第 5-54 部分：电气设备的选择和安装　接地配置和保护导体》指出：应根据电气装置的要求，可以兼有或分别承担保护接地或功能接地的两种作用，但应首先实现保护接地的作用。

3. 保护接地导体

保护接地导体：用于保护接地的导体，从接地端子引出用于连接电气设备电击保护或上下级接地端子的导体，即 PE 或 PEN 线。

（1）保护接地导体的类型

① 可用种类：多芯电缆中导体；与带电导体共用的外护物的绝缘或裸露的导体；固定安装的绝缘或绝缘的导体；符合相关标准规范的金属外护物或框架。

② 不允许种类：金属水管；含有可燃气体、液体、粉末等物质的金属管道；正在使用中的承受机械应力的结构部分；柔性或可弯曲的金属导管；柔性金属部件；支撑线、电缆托盘或梯架等。

（2）保护接地导体的电气连续性要求

① 保护接地导体对机械损伤、化学或电化学损伤、热动力等应具有适当的防护。

② 保护接地导体之间或保护接地导体与其他设备之间的连接处，应有持久的电气连续性和足够的机械强度和保护。

③ 保护接地导体中不应有开关器件。

（3）保护接地导体的配置

① 当以过电流保护器作为电击防护时，保护接地导体应合并到与带电体导体组成的同一配电系统中或靠近它们的地方。

② 保护接地导体是由保护接地与功能接地共用导体分离引出的，分离后的保护接地导体不能再与功能接地导体连接。

③ 保护接地导体的截面积一般应满足接地导体要求，或满足表 3-4 最小截面积规格要求。

表 3-4　保护接地导体最小截面积规格要求

线导体截面积 S/mm²	接地导体截面积 S/mm²	备注 1	备注 2
$S \leqslant 16$	S	每根接地导体的截面积不应小于 6mm²（铜）防雷电用接地导体不小于 16mm²（铜）	埋入土壤内的接地导体应满足对接地极的规格要求
$16 \leqslant S \leqslant 35$	16		
$S > 35$	$S/2$		
独立保护接地导体	$\geqslant 2.5$（铜）	有防机械损伤保护	
	$\geqslant 4$（铜）	无防机械损伤保护	

三、接地装置的运行管理

接地装置运行中，接地线和接地体会因外力破坏或腐蚀而损伤或断裂，接地电阻也会随土壤变化而变化，因此，必须对接地装置定期进行检查和试验。

1. 接地电阻要求

按 GB/T 50065—2011《交流电气装置的接地设计规范》、GB 50169—2016《电气装置安装工程　接地装置施工及验收规范》等标准，各类接地系统的接地电阻应符合相应标准规范要求，如表 3-5 所示。

表 3-5　接地系统接地电阻的规格要求

种类	接地装置使用条件		接地电阻/Ω	备注
供压系统	工频交流	工作接地	≤4	
		保护接地	≤4	
		重复接地	≤10	
	直流系统	工作接地	≤4	
防雷系统	独立避雷针接地		≤10	
	变配电母线避雷器接地		≤5	
	低压进户绝缘子接地		≤30	
	建筑物避雷针避雷线接地		≤30	
防静电系统	一般防静电接地		≤100	
	易燃爆场所防静电接地 防感应接地		≤30 ≤10	两者共用时选用小值
	共用（联合）接地体		≤1	

2. 接地装置的检测

（1）试验与检查周期

① 根据建筑物或车间的具体情况，对接地线的运行情况一般每年检查 1～2 次。

② 各种防雷装置的接地装置每年在雷雨季前检查一次。

③ 对有腐蚀性土壤的接地装置，应根据运行情况一般每 3～5 年对地下接地体检查一次。

④ 接地引下线与接地网的连接情况每年测试一次。

⑤ 油库区接地引下线与接地网的连接情况每半年测试一次。

⑥ 手持式、移动式电气设备的接地线应在每次使用前进行检查。

（2）试验与检查内容

① 检查接地装置中各连接点的接触是否良好，有无损伤、折断和腐蚀现象。

② 检查电气设备与接地线之间、接地线与接地网之间、接地线与接地干线之间的连接是否完好。

③ 在爆炸危险场所内，为防止测量接地电阻时产生火花引起事故，应在无爆炸危险的地方进行测量，或将测量用的端钮引至易燃易爆场所以外地方进行测量。

④ 接地装置除上述要求外，在具体使用时还应符合相关领域的具体标准，如 GB 50058—2014《爆炸危险环境电力装置设计规范》、GB 50057—2010《建筑物防雷设计规范》、HG/T 20513—2014《仪表系统接地设计规范》、GB 12158—2006《防止静电事故通用导则》等标准。

第二节　IT 与 TT 系统保护

为防止 I 类电气设备故障状态下电击事故的发生，GB/T 16895.21—2020《低压电气装置　第 4-41 部分：安全防护　电击防护》、GB 14050—2008《系统接地的型式及安全技术要求》、GB/T 50065—2011《交流电气装置的接地设计规范》、GB 50054—2011《低压配电设计规范》等标准给出了基础安全保护措施：实施接地保护，并在故障状态下自动切断供电回路，实现故障状态（间接接触）电击防护。

一、低压系统接地保护形式

将电气设备正常运行时不带电而故障情况下可能呈现危险的对地电压的金属外壳（或构架）和接地装置作良好的直接电气连接，这种保护方式习惯称为保护接地。

将电气设备正常运行时不带电而故障情况下可能呈现危险的对地电压的金属外壳（或构架）和保护导体（PE）或保护零线（PEN）作良好的电气连接，这种保护方式习惯称为保护接零。

GB 14050—2008 根据电网接地情况，将电气系统接地保护形式分为 IT 系统、TT 系统、TN 系统三种。

$$
接地保护形式
\begin{cases}
不接地电网保护接地（IT系统）\\
接地电网保护接地（TT系统）\\
接地电网保护接零（TN系统）\end{cases}
\begin{cases}
TN\text{-}C系统\\
TN\text{-}S系统
\end{cases}
$$

第一个字母表示电力（电源）系统对地（工作接地）关系：T 表示电源端中性点直接接地；I 表示电源端所有带电部分不接地或高阻抗接地。

第二个字母表示电气装置外露可导电部分对地（保护接地）关系：T 表示电气装置外露可导电部分直接接地（习惯称为保护接地），此接地点独立于电源端接地点；N 表示电气装置外露可导电部分不直接接地，而是通过保护导体 PE 与电源端接地点直接电气连接（习惯称为保护接零）。

第三个字母表示工作零线（N）与保护线（PE）的组合关系：C 表示 N 线与 PE 线合一的；S 表示 N 线与 PE 线是严格分开的。

低压电气系统接地保护形式如图 3-13 所示。

二、IT 系统保护

IT 系统是指在不接地电网的配电线路中，将电气设备正常情况不带电而故障状态下可能呈现危险对地电压的金属外壳（或构架）和接地装置之间作良好的电气连接。

1. IT 系统的保护原理

在不接地电网供电系统中，电气设备不接地情况下，出现设备电源相与金属外壳相碰，人体接触到带电外壳时，电源故障相经设备外壳、人体到大地，再通过线路与地之间的分布电容等返回电源，构成图 3-14（a）所示的触电回路，故障电流全部通过人体。

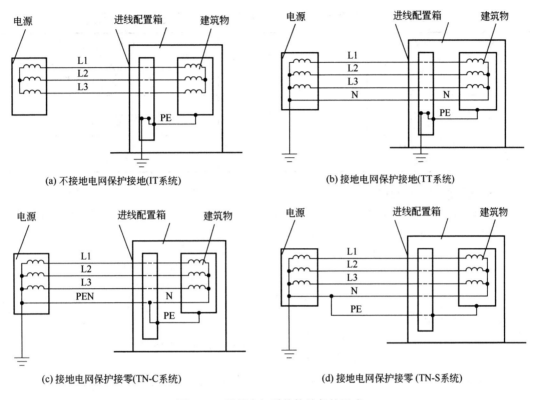

(a) 不接地电网保护接地(IT系统)　　　　　　(b) 接地电网保护接地(TT系统)

(c) 接地电网保护接零(TN-C系统)　　　　　　(d) 接地电网保护接零(TN-S系统)

图 3-13　低压电气系统接地保护形式

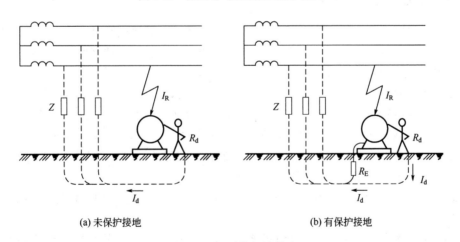

(a) 未保护接地　　　　　　　(b) 有保护接地

图 3-14　IT 系统保护接地

Z—线路与地间绝缘阻抗；R_d—人体电阻；R_E—保护接地电阻

若电气设备实施外壳保护接地，电源相碰壳故障电流将由设备金属外壳通过保护接地电阻到大地，再由线路与地之间的分布电容等返回电源，构成图 3-14（b）所示的故障电流回路。当人体接触到设备带电外壳时，因人体电阻远大于保护接地电阻，仅有很弱的故障电流通过人体。

在电源相线碰壳故障状态下，保护接地前后，电气设备外壳对地接触电压、通过人体的电流可用表 3-6 进行描述。

表 3-6　IT 系统接地故障下对地接触电压、通过人体的电流

相线碰壳故障状态	保护接地前	保护接地后
对地接触电压 U_d	$U_d = \dfrac{3R_d}{\lvert Z + 3R_d \rvert} U_x$	$U_d = \dfrac{3(R_d \parallel R_E)}{\lvert Z + 3(R_d \parallel R_E) \rvert} U_x$
通过人体的电流 I_d	$I_d = \dfrac{3U_x}{\lvert 3R_d + Z \rvert}$	$I_d = \dfrac{3(R_d \parallel R_E)}{\lvert Z + 3(R_d \parallel R_E) \rvert} \times \dfrac{U_x}{R_d}$
若 U_x=220V，Z=0.5MΩ R_d=2kΩ，R_E=4Ω	U_d=2.6V I_d=1.3mA	U_d=5.28mV I_d=2.6μA

IT 系统保护原理：利用远小于电网对地阻抗的保护接地电阻，降低并限制接地故障状态下设备可接触部位的对地接触电压在安全电压范围内，同时通过与人体呈并联状态的低值接地电阻保障仅微小电流通过人体，不对人产生伤害。

接地故障下设备外壳对地接触电压为

$$U_d = \frac{3(R_d \parallel R_E)}{\lvert Z + 3(R_d \parallel R_E) \rvert} U_x \ll 安全电压限值$$

通过人体的电流为

$$I_d = \frac{3(R_d \parallel R_E)}{\lvert Z + 3(R_d \parallel R_E) \rvert} \times \frac{U_x}{R_d} \ll 安全电流限值$$

对地接触电压、通过人体的电流均远小于安全限值，基本不对人体造成伤害。

2. IT 系统的安全实施条件

（1）保持电网系统对地绝缘良好　对于低压 IT 系统，只要电网对地绝缘阻抗得以保证，同时系统中电气设备采用低电阻值保护接地，能保障故障状态下对地接触电压满足安全要求。

当发生第一次接地故障时，故障电流应符合下式的要求：

在交流系统内有　　　　　　　　　　　　　　$R_A I_a \leqslant 50V$

在直流系统内有　　　　　　　　　　　　　　$R_A I_a \leqslant 120V$

式中　R_A——外露可导电部分的接地极和保护导体的电阻之和，Ω；

　　　I_a——电源线和外露可导电部分间第一次接地故障的故障电流（此值应计及泄漏电流和电气装置全部接地阻抗值的影响），A。

因此，严禁 IT 系统中包括中性导体在内的任何带电部分直接接地，保持电源系统对地绝缘状态良好。

（2）设置绝缘监测装置与故障接地报警装置及自动电源保护装置　IT 系统出现单一故障接地时，因故障电流小难以察觉，可能导致长时间故障持续存在，存在出现多故障叠加的危险。

因此，对于 IT 系统应设置绝缘监测装置及第一次接地故障报警或显示装置，以便及时排除故障；同时设置过电流保护装置或漏电保护装置，在叠加第二次接地故障时，能在规定的故障持续时间内人工或自动切断电源（如表 3-7 所示的 IT 系统第二次接地故障自动切断电源规定时间）。

发生第二次接地故障时：

① 若外露可导电部分单独或成组接地，故障回路按 TT 系统自动切断电源的条件及切断时间（见表 3-7 中相应接地形式下规定时间）的要求：

$$R_A I_a \leq 50V$$

式中　R_A——外露可导电部分的接地极和保护导体的电阻之和，Ω；

　　　I_a——在 TT 系统规定的时间内，使保护电器动作的电流，A。

② 若外露可导电部分为共同接地，故障回路按 TN 系统自动切断电源的条件及切断时间（见表 3-7 中相应接地形式下规定时间）的要求：

$$2I_a Z_s \leq U$$

式中　U——线导体之间的标称交流电压或直流电压，V；

　　　Z_s——包括线导体和保护导体的故障回路的阻抗，Ω；

　　　I_a——在 TN 系统规定的时间内，使保护电器动作的电流，A。

表 3-7　IT 系统第二次接地故障自动电源最长切断时间　　　单位：s

IT 系统	$50V < U_0 < 120V$		$120V < U_0 < 230V$		$230V < U_0 < 400V$		$U_0 > 400V$	
电源类型	交流	直流	交流	直流	交流	直流	交流	直流
单独/成组接地	0.8	—	0.4	5	0.2	0.4	0.1	0.1
共同接地	0.3	—	0.2	0.4	0.07	0.2	0.04	0.1

注：U_0 表示交流或直流对地的标称电压。

三、TT 系统保护

IT 系统具有良好的电击防护安全性能，但因 IT 系统无中性平衡点，三相负载不平衡将导致不接地电网中性点电位偏移，引起三相电压不平衡。在低压供配电系统中，电网中性点接地强制平衡三相电压的 TT 系统更具有适用性。

1. TT 系统的保护原理

TT 系统是指在接地电网的配电线路中，将电气设备正常情况不带电而故障状态下可能呈现危险对地电压的金属外壳（或构架）和接地装置之间作良好的直接电气连接。

在电网中性点接地系统中，当电气设备因绝缘损坏产生漏电，或带电部位触碰机壳时，使电气设备本不带电的金属外壳等带电，可能表现出相当于或等于电源电压的对地接触电压。当人体触及带电外壳时，故障相电流通过人体，由大地传导至电源中性接地点返回电源，构成漏电回路，如图 3-15（a）所示。

在 TT 系统保护接地时，当出现故障相碰壳时，故障相电流将由电气设备金属外壳通过保护接地装置到大地，经接地网到电网中性点接地装置返回电源，构成故障电流回路，如图 3-15（b）所示。因保护接地电阻为低值（$R_E \leq 4\Omega$），带电外壳对地接触电压被限制在较低数值上。

在电源相线碰壳或漏电故障状态下，保护接地前后，电气设备外壳对地接触电压、通过人体的电流可用表 3-8 进行描述。

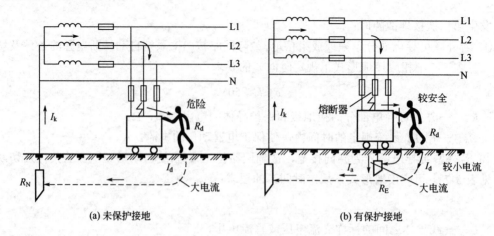

(a) 未保护接地　　　　　　　　(b) 有保护接地

图 3-15　TT 系统保护接地

R_d—人体电阻；R_E—保护接地电阻；R_N—中性点接地电阻

表 3-8　TT 系统接地故障下对地接触电压、通过人体的电流

相线碰壳故障状态	保护接地前	保护接地后
对地接触电压 U_d	$U_d \approx U_x$	$U_d \approx \dfrac{R_E}{R_N + R_E} U_x$
通过人体的电流 I_d	$I_d = \dfrac{U_d}{R_d + R_E} \approx \dfrac{U_x}{R_d}$	$I_d \approx \dfrac{R_E}{R_N + R_E} \times \dfrac{U_x}{R_d}$
若 U_x=220V，R_N=4Ω，R_d=2kΩ，R_E=4Ω	U_d=220V I_d=110mA	U_d=110V I_d=55mA

从表 3-8 可知，对于电网中性点系统，出现相线碰壳等接地故障时，采用接地保护前，产生危险的对地接触电压；采用接地保护后，低值接地电阻降低并限制了故障状态下对地接触电压，同时限制了通过人体的电流在较小的数值上。

表 3-8 同时反映出：在 TT 系统中，虽然电气设备接地电阻为低值，但是电网接地电阻也为低值，故障接地状态下电气设备外露可接触导电部分的对地接触电压一般不能降低在安全范围内，人体接触故障带电部位时仍有危险电流通过人体，会导致严重伤害。

因此，TT 系统必须要有相关安全条件配合才能有效实施电击防护。

2. TT 系统的安全实施条件

（1）在规定的故障持续时间内自动切断故障电源　TT 系统故障接地时，对地接触电压不能降低至安全电压内，人体接触漏电设备带电部位仍相当危险，应设置剩余电流动作保护器或过电流保护装置作为自动电源保护装置，在规定时间内自动切断故障回路电源。

自动电源动作保护器特性应满足以下规定：

① 采用剩余电流动作保护器时，应满足：

$$R_A \, I_{\triangle n} \leqslant 50V$$

式中　R_A——外露可导电部分的接地极和保护导体电阻之和，Ω；

　　　$I_{\triangle n}$——剩余电流动作保护电器的额定剩余动作电流，A。

② 采用过电流保护器时，应满足：

$$Z_s I_a \leqslant U_0$$

式中 Z_s ——接地故障回路的阻抗，（它包括电源、电源至故障点的相导体、外露可导电部分的保护导体、接地导体、电气装置的接地极以及电源的接地极的阻抗），Ω；

     I_a ——按照表 3-8 规定的时间内能使保护电器自动动作的电流，A；

     U_0 ——交流或直流线对地的标称电压，V。

GB/T 16895.21—2020 规定：对于不超过 63A 的插座回路和不超过 32 A 的固定设备的供电回路（终端回路），其最长的切断电源的时间不应超过表 3-9 的规定。

表 3-9　保护接地系统自动电源最长的切断时间　　　　　　单位：s

系统	$50V < U_0 < 120V$		$120V < U_0 \leqslant 230V$		$230V < U_0 \leqslant 400V$		$U_0 > 400V$	
	交流	直流	交流	直流	交流	直流	交流	直流
TN	0.8	—	0.4	5	0.2	0.4	0.1	0.1
TT	0.3	—	0.2	0.4	0.07	0.2	0.04	0.1

注：U_0 表示交流或直流线对地的标称电压。

TT 系统内配电回路超过 I_a 电流限值时，其最长的切断电源的时间不应超过 1s。

（2）维持保护接地电阻低值可靠稳定　　TT 系统发生接地故障时，故障回路阻抗主要包括电网接地电阻与电气设备保护接地电阻，即对地接触电压及故障电流受接地电阻、故障相电压直接影响。应保持低值接地电阻稳定可靠，保障自动电源保护装置稳定动作。

四、保护接地的可靠应用

1. 可靠措施

为了提高保护接地可靠性，主要通过下述三个方面。

① 尽可能降低保护接地电阻值（$R_E \leqslant 4\Omega$）。这有利于降低漏电设备对地接触电压，亦能增大通过接地电阻的故障电流，有利于驱动剩余电流动作保护器、过流保护装置动作。

② 缩短保护切断电源的动作时间。选择动作时间快速的剩余电流动作保护器，一般不采用过电流保护器。对于 TT 系统只能采用剩余电流动作保护器。

③ 增大保护装置的动作灵敏度。在保障系统安全稳定、不影响安全生产前提下，降低保护动作电流设置值或增大接地故障电流，提高保护装置的动作灵敏度。

另外，采用保护接地的各电气设备应各自独立接地，即 PE 保护端应直接与接地系统端子作良好电气连接，不允许多个电气设备串联接地方式。

2. 适用范围

保护接地措施适用于低压接地系统以及不接地系统，分别构成 TT、IT 系统。

IT 系统在供电距离较短时，供电可靠性高、安全性好。一般用于不允许停电的场所或者供电连续性要求高的地方，如应急电源、电力炼钢、医院手术室、地下矿井等。

TT 系统适用场所：等电位联结有效范围外的室外用电场所（如农场、施工场地等）、城市公共用电、高压中性点经低电阻接地的变电所。

第三节 TN 系统保护

一、TN 系统保护原理与安全实施条件

1. TN 系统

在低压配电接地系统中，将电气设备在正常情况下不带电的金属部分用导线（保护联结线）与 TN 系统保护线（PE）或保护零线（PEN）作良好电气连接，称为保护接零（简称接零），如图 3-16 所示。

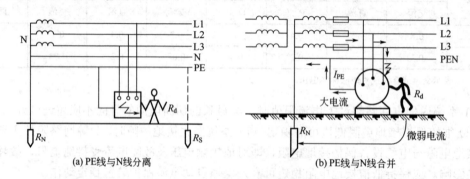

(a) PE线与N线分离   (b) PE线与N线合并

图 3-16　TN 系统保护接零

Z_{PE}—保护线阻抗；Z_L—电源相线阻抗

按 GB 14050—2008《系统接地的型式及安全技术要求》、GB/T 16895 等规定，保护接零（TN 系统）必须在线路电源侧设置自动电源保护装置，主要由过电流保护装置实施自动断电保护。在过电流保护装置不能满足要求时，可以采用等电位连接或设置剩余电流动作保护器来满足要求，并在规定时间内自动切断电源。

2. 保护原理

当电气设备因绝缘损坏等出现某相与设备外壳触碰时，故障相通过外壳与保护联结线、保护零线 PEN（或保护线 PE）返回电源中性点，形成短路回路。

（1）对地接触电压与通过人体的电流　故障设备外壳对地接触电压为：

$$U_E = \frac{Z_{PE}}{Z_{PE} + Z_L} U$$

式中　Z_{PE}——保护线阻抗；

　　　Z_L——电源故障相线阻抗。

只要保护线 PE（或保护零线 PEN）、保护联结线电气连接良好，保护线阻抗 Z_{PE} 足够低，则能有效降低故障时设备外壳对地接触电压。

人体接触漏电外壳，由人体到大地并通过电源接地电阻回到电源，形成人体触电回路。通过人体的触电电流为

$$I_d = \frac{Z_{PE}}{Z_{PE} + Z_L} \times U \times \frac{1}{R_d + R_N}$$

通过人体的电流，取决于对地接触电压、接地电阻及人体电阻。因为对地接触电压被降低，所以通过人体的电流被限制在较低值，降低了触电危险性。即保护接零能降低故障状态下产生的对地接触电压、通过人体的电流。

（2）故障状态下保护短路电流　设备相线碰壳或漏电故障时，故障相经设备外壳由保护线回到电源，构成保护短路回路，产生保护短路电流（保护短路回路阻抗主要包括保护线阻抗、电源故障相线阻抗）：

$$I_{PE} = \frac{1}{Z_{PE} + Z_L} U$$

保护短路电流与接地电阻无关，主要取决于保护线阻抗、电源故障相线阻抗。因为阻抗均很小，所以保护短路电流足够大，能可靠驱动线路电源侧设置的过电流保护装置动作，快速切断故障电源。

TN 保护原理：当发生电源相线碰壳或漏电故障时，降低故障状态下对地接触电压、通过人体的电流，同时保护联结线将"碰壳故障"转变为"单相短路故障"，获得更大保护短路电流，驱动线路过电流保护装置在最短时间内动作，自动切断故障回路电源，保障了人身安全。

3. 安全实施条件

① 按接地规范要求，TN 系统必须在线路电源侧设置动作灵敏可靠的过电流保护装置或剩余电流动作保护器等自动电源保护装置。

自动电源保护装置动作特性应满足：

$$Z_s I_a \leqslant U_0$$

式中　Z_s——接地故障回路的阻抗，Ω；

$\qquad I_a$——在规定时间（表 3-8）内能使保护装置可靠地自动动作的电流，A；

$\qquad U_0$——相导体对地标称电压，V。

TN 系统内配电回路超过 I_a 电流限值时，其最长的切断电源的时间不应超过 5s。

② 必须持续保持 PEN 线或 PE 线与电源中性点的良好电气连续性。在 PE（或 PEN）线中不应插入任何开关或隔离器件。

二、TN 系统的类型

TN 系统能克服 TT 系统保护接地方式的局限性，扩大安全保护的范围，能在更多的情况下保证人身安全，防止触电事故发生。在工程应用中，根据电源中性线与保护线的组合形式，有三种保护接零类型。

1. TN-S 系统

TN-S 系统是指从配电系统接地中性点分别独立引出工作零线（N）与专用保护线（PE），电气设备正常状态下不带电的外露可导电金属外壳（或构架）与保护线（PE）直接电气连接，如图 3-17 所示。

TN-S 系统的优点如下。

① 正常状态下，PE 线无故障电流，不存在对地电位，连接在 PE 线上的电气设备不带电的外露可导电金属外壳（或构架）始终保持对地零电位。

② 正常情况下，PE 线无零序电流，只是当电气设备出现对外壳漏电故障时，才有漏电电流流过，对漏电保护装置零序电流检测无扰动，不影响漏电保护器的正常使用与使用功能。

2. TN-C 系统

TN-C 系统是指从配电系统接地中性点引出 N 线与 PE 线共用的 PEN 线，电气设备正常工作不带电外露可导电金属外壳（或构架）与 PEN 线直接电气连接（习惯称为"三相四线制"），如图 3-18 所示。

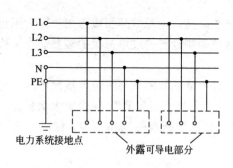

图 3-17　TN-S 系统保护接零

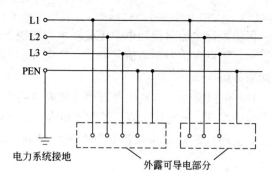

图 3-18　TN-C 系统保护接零

TN-C 系统的优点：节约供电线路成本。

TN-C 系统存在的问题如下。

① 在正常状态下，因为 PEN 线存在正常工作电流回流电源，所以 PEN 线存在电压降，导致正常工作状态下，电气设备金属外壳存在对地电压，不仅具有触电危险性，也可能与不带电设备之间因电位差而产生电火花。对地电压随着 PEN 线路越长或不平衡程度的增加而增加，越靠近配电系统末端，情况越严重。

② 采用漏电保护器实施电击保护时，可能失去漏电保护功能。因 PEN 线存在工作电流及可能漏电电流，漏电保护器无法识别漏电故障，将会导致漏电保护器的使用功能受到限制、误动作。

③ 若配电线路某处 PEN 断线，断点后负荷侧的某台设备出现漏电或相线碰壳故障，甚至在单相用电设备的电源开关处于接通状态时，位于断点后负荷侧方向上的所有用电设备的金属外壳或基座可能对地呈现漏电相电压（图 3-19），触电危险性高；同时无中性线平衡作用，中性点偏移导致各相电压不平衡，损坏设备。

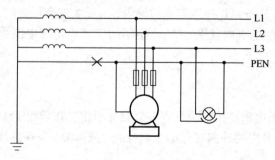

图 3-19　TN-C 系统 PEN 断线危险

3. TN-C-S 系统

配电系统接地中性点 N 线与 PE 线共用 PEN 线，构成 TN-C 局部系统；在 TN-C 系统末端将 PE 线与 N 线分离设置，形成 TN-S 局系统，如图 3-20 所示。

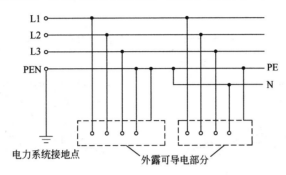

图 3-20　TN-C-S 系统保护接零

TN-C-S 系统特性如下。

① 系统兼有 TN-C 系统（投资少）和 TN-S 系统（比较安全且电磁适应性较强）的特点。

② 正常状态下，共用 PEN 段有工作零线电流产生一定电压，导致分离后 PE 线有对地电压。

③ PEN 线分离节点越靠近电源中性点，就越接近 TN-S 接零保护系统特性；离电源中性点越远，其 TN-C 接零保护系统的特性就越突出。

三、TN 系统的安全应用

1. 重复接地

国家标准 GB 14050—2008《系统接地的型式及安全技术要求》、GB 50053—2013《20kV 及以下变电所设计规范》以及 GB 50303—2015《建筑电气工程施工质量验收规范》、JGJ 46—2005《施工现场临时用电安全技术规范（附条文说明）》等规定，必须保障 PE 线的电气连续性，严禁装设开关或熔断器，并且严禁断线，严禁通过工作电流。

为保障 PE 线的电气连续性，在中性点直接接地电力系统中，除在 PE 线引出点、末端接地外，在中间一处或多处再进行接地，称为重复接地，如图 3-21 所示。

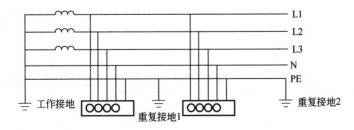

图 3-21　TN 系统重复接地

重复接地的作用如下。

① 在 PE 线某处断线后，仍能保障断点之后的设备漏电故障时构成短路回路，通过自动

电源保护器自动切断电源。

　　如图 3-22（a）所示为未实施 PE 线重复接地，在 PE 断线处之后的电气设备金属外壳与大地之间失去电气联系。若断线处之后设备某相因绝缘损坏碰触到金属外壳，设备外壳及直接相连的 PE 线出现对地相电压，并通过 PE 线传导到后续电气设备外壳均带电，存在极大的触电危险。

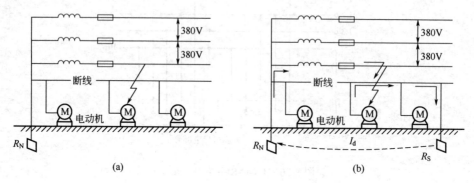

图 3-22　TN 系统重复接地的作用（一）

　　如图 3-22（b）所示为实施 PE 线重复接地，在 PE 断线处之后，电气设备的金属外壳（或构架）仍能通过重复接地与大地相连。若断线处之后设备出现相线对外壳漏电，漏电电流将通过重复接地线流入大地，通过接地网由电源工作接地返回电源，形成故障短路回路。故障短路电流为

$$I_{\mathrm{d}} = \frac{1}{R_{\mathrm{S}} + R_{\mathrm{N}}} U$$

　　在电气接地规范中，工作接地电阻一般不大于 4Ω，重复接地电阻为 10Ω，形成较大的短路电流，足以驱动自动电源保护装置切断电源。

　　② 降低系统中漏电设备的对地接触电压。未实施 PE 线重复接地时，系统中某设备漏电导致正常状态下不带电的金属外壳对地呈现漏电相电压 U，如图 3-23（a）所示；采取重复接地措施后［图 3-23（b）］，漏电设备带电金属外壳通过重复接地与电源工作接地构成回路，漏电相电压被重复接地电阻与工作接地电阻分压，漏电设备金属外壳及 PE 线对地接触电压降低为

$$U_{\mathrm{d}} = \frac{R_{\mathrm{S}}}{R_{\mathrm{S}} + R_{\mathrm{N}}} U < U$$

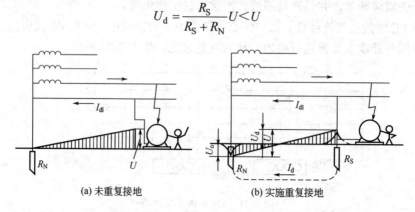

图 3-23　TN 系统重复接地作用（二）

　　③ 增大故障电流，加快自动电源保护装置快速切断电源，缩短故障持续时间。如图 3-23（b）

所示，实施重复接地后，若设备漏电致使外壳带电，除通过 PE 线的故障短路电流外，还存在通过重复接地、大地、工作接地返回电源的故障电流，增大了故障总电流，有利于自动电源保护装置更迅速、可靠地动作。

2. TN系统的适用范围及使用要求

（1）TN 系统的适用范围　保护接零用于中性点直接接地的 220/380V 三相四线制配电网。在这种 TN 系统中，凡因绝缘损坏能呈现危险对地接触电压的金属部分均应保护接零。

TN-C 系统可用于无爆炸危险、火灾危险性不大以及用电设备较少、用电线路简单且安全条件较好的场所。因 TN-C 系统存在明显不足，实际应用越来越少。

TN-S 系统正常工作条件下，外露导电部分和保护导体呈零电位，保护功能完善、保护范围广。TN-S 系统可用于有爆炸危险、火灾危险性较大或安全要求高的场所，宜用于独立附设变电站的车间，也适用于科研院所、计算机中心、通信局站等。

TN-C-S 系统线路成本较 TN-S 系统小，且能提供与 TN-S 系统相当的安全保护功能，系统灵活性较大，应用广泛。TN-C-S 系统宜用于厂内设有总变电站的低压配电场所以及民用楼房。

（2）TN 系统的使用要求

① TN 系统主要依靠增大故障短路电流，自动切断电源实施间接接触电击防护，在系统内必须设置过电流保护装置或剩余电流动作保护器。在不影响正常工作前提下，配置动作灵敏的过电流保护装置，或者采取增加故障电流的措施。

② 同一低压电网中（指同一台配电变压器的供电范围内），在采用 TN 系统保护接零方式后，不允许其中任一设备独立采用 TT 系统方式。否则，当 TT 系统中设备漏电时，将使中性点电位升高，使所有与 PE 线（或 PEN 线）相连接的设备外壳都带有危险电压，增加触电危险，如图 3-24 所示。

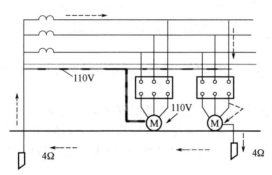

图 3-24　TN 系统接零-接地混用危险

③ 在 TN-S 系统中，同一电气设备保护联结线到 PE 主干线的同时，亦可以直接连接到接地体（附加 TT 连接），相当于 PE 线的多点重复接地，如图 3-25 所示。

④ TN-C-S 系统的实际配置：变配电室采用 TN-C 四线制方式将三相电源引到集中用电区域配电箱，PEN 线连接到与接地母排连接的 PE 端子排，通过 PE 端子排连接工作零线 N 端子排，分别引出 PE 线、N 线，转换为 TN-S 系统，如图 3-26 所示。

⑤ 在 TN 系统中 PE 线或 PEN 线上不得装设开关、熔断器，连接点必须牢固可靠，敷设要求应与相线一样，机械强度、电气特性满足规范要求。电气设备检修后，应检查接地线连

接情况。

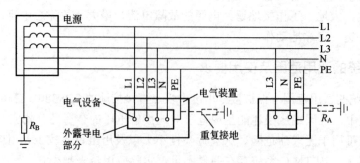

图 3-25　TN 系统附加保护接地

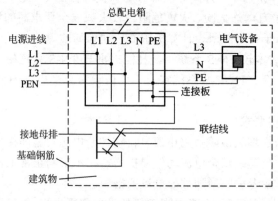

图 3-26　TN-C 系统转换为 TN-S 系统

⑥ 导线截面积必须满足载流量的要求，N 线载流量不小于最大不平衡电流，一般要求其截面积不小于相线 1/2；PE 线满足保护导体规范要求，PEN 线应同时满足 N 线与 PE 线的要求；GB/T 16895.3—2017 规定 PEN 线截面积不得小于 10mm² （铜）。

⑦ 为了稳定 PE 线对地零电位以及防止 PE 线可能断线的影响，可在 PE 线首末端及中间位置作不少于三处的重复接地。

⑧ 所有电气设备的 PE、PEN 保护联结线，应以并联方式各自独立连接到 PE、PEN 干线上，不得串联连接。

⑨ 同一变压器供电范围的 TN 系统内实施接地等电位联结。因在同一 TN 系统内，PE 线（PEN 线）都是连通的，任意一处发生接地故障，其故障电压可沿 PE 线（PEN 线）传导至他处而可能引起危害。凡可能被人体同时接触的外露可导电部分均应接入到同一接地系统中。

⑩ 各类接地良好，接地电阻值应满足功效以及对应场所的安全规范要求。

第四节　自动电源保护装置

前述系统接地防护——保护接地（接零）措施的安全实施条件，均需配置自动电源保护装置，在电气设备及线路系统出现漏电或接地故障时，自动切断故障电源线路。事实上，GB/T 16895、GB 14050—2008 以及 GB/T 17045—2020 等标准规定：自动切断电源作为故障防护的主要电击防护措施，保护接地为自动电源保护装置提供了实施条件，即保护接地与自动切断电源保护是相互配合的。

按工作原理及功能作用，自动电源保护装置可分为过电流保护装置、剩余电流动作保护器（漏电保护器）两大类。

一、过电流保护装置

1. 过电流保护及保护装置

任何电气线路均有额定工作电流，当线路系统中出现短路故障或过载时，线路电流将超过额定电流，导致线路过度发热、连接点或设备温升过高，引发火灾危险或产生机械损害、人员触电危险。

GB/T 16895.6—2014《低压电气装置　第 5-52 部分：电气设备的选择和安装　布线系统》、GB 50054—2011《低压配电设计规范》等标准要求，配电线路应设置过电流保护、过载保护。过电流（过载）保护是供电线路最常用的保护之一。

（1）过电流保护　按 GB/T 16895.5—2012《低压电气装置　第 4-43 部分：安全防护　过电流保护》定义，过电流保护是指在流经回路导体的过电流引起对绝缘、接头、端子或导体周围的物料有损害的热效应或机械效应危险之前，分断任何过电流。即：当电气线路中的电流增加到某一预定最大电流值时，自动断开供电回路，避免引发电气火灾及机械损害。

过电流保护主要包括短路保护和过载保护两种类型。

① 短路保护的特点是动作电流大、瞬时动作。

电气线路发生短路故障时，线路电流远超额定电流，危险亦很大，需要快速切断电源。

② 过载保护的特点是动作电流较小，一般为延时动作保护。

电气线路或设备发生过载会导致电流超过额定允许值，若仍在电气线路可承受范围内，则无须断开电源，只有当过电流持续产生的热聚集超过安全限值可能导致危险时，才断开电源。延时动作保护通常为反时限特性（即切断电源时间随电流增加而缩短）。

（2）过电流保护装置　按 GB/T 16895.5—2012 表述，过电流保护装置就是通过检测运行线路或设备电流情况，在发现电流增大异常时驱使配电回路开关跳闸的装置。

过电流保护装置结构组成一般包括三个环节：电流检测环节、中间环节（放大、比较）、执行机构（动作环节），如图 3-27 所示。

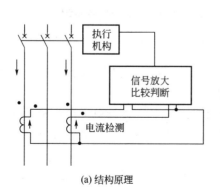

(a) 结构原理　　　　　　(b) 过电流保护器实物(正泰)

图 3-27　过电流保护装置

过电流保护装置主触点串联安装于线路或设备的配电回路中。检测环节检测所在线路电流，并将电流信号送入中间环节。当线路或设备工作正常时，电流信号不会导致过电流保护装置动作，保持回路接通状态；当检测到电流异常到可能导致危险发生时，电流信号经过放大、比较产生一个动作信号，驱动执行机构动作，断开电源。

① 电流速断保护。电流速断保护是一种无时限或具有很短时限动作的电流保护形式，保证在最短时间内迅速切除短路故障点，减少事故持续时间（基本是零延时跳闸），防止事故扩大。

② 有时限电流保护。有时限保护是指当通过过电流保护装置的电流超过设定的动作电流值且持续一定时间后才动作的保护方式。

有时限保护又分为定时限保护和反时限保护两种。定时限保护是过电流持续时间设定为一定值。反时限保护是过电流越大，动作时间（持续时间）越短（动作越快）。

2. 熔断器

（1）熔断器的结构、保护原理

① 熔断器的结构。熔断器（俗称保险器）主要由熔体、外壳和支座三部分组成，如图 3-28 所示。其中，熔体（图 3-29）是控制熔断特性的关键元件；熔管是熔体的外壳，用耐热绝缘材料制成，在熔体熔断时，兼有灭弧作用；支座是熔断器底座，用于固定熔管和连接引线。

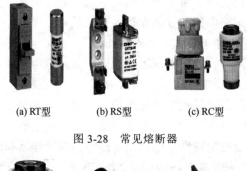

(a) RT型   (b) RS型   (c) RC型

图 3-28 常见熔断器

(a) RL陶瓷熔体   (b) 玻璃壳熔体   (c) RS陶瓷熔体

图 3-29 常用熔体

② 熔断器的保护原理：利用低熔点金属熔体作为导体串联于电路中，当过载或短路电流通过熔体时，因其自身发热而熔断，从而分断电路。

熔断器结构简单，使用方便，广泛用于电力系统、各种电工设备和家用电器中作为保护器件。需要注意的是：熔断器的熔管是可以更换的，这里所指熔断器是指整体配置。

（2）熔断器的性能指标

① 额定电压：在规定条件下，熔断器长期正常工作时所能承受的最高电压，如 250V、500V 等。

② 额定电流：在规定条件下，熔断器长期正常工作时所能承受的最大电流，如 0.25A、0.5A、0.75A、1A、2A、5A、10A 等。

需要注意的是：熔断器额定电流应大于或等于熔体额定电流。考虑熔体的熔化系数（不小于 1.25 倍），熔断器额定电流大于或等于熔体额定电流的 1.25 倍。例如：熔体额定电流为 10A，能通过 12.5A 电流不会熔断。

③ 分断能力：在规定的作用条件下，熔断器能分断的预期电流值。

④ 安秒特性：在规定条件下，通过熔体的电流与熔体熔断时间的关系。熔断器安秒特性一般为反时延特性：通过电流小，熔断时间长；通过电流大，熔断时间短，如图 3-30、表 3-10 所示。熔体的材料、尺寸和形状决定了熔断器安秒特性。

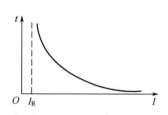

图 3-30 熔断器典型安秒特性曲线

表 3-10 熔断器典型安秒特性

熔断电流	$(1.25\sim1.3)I_N$	$1.6I_N$	$2I_N$	$2.5I_N$	$3I_N$	$4I_N$	$8I_N$	$10I_N$
熔断时间	∞	1h	40s	8s	4.5s	2.5s	1s	0.4s

（3）熔断器的选择　熔断器的选择包括熔断器的类型、额定值选择。

① 熔断器类型选择。熔断器类型的选择主要依据使用环境、负载保护特性要求和短路电流大小综合考虑。

常用的熔断器有管式熔断器 R1 系列、螺旋式熔断器 RL1 系列、填料封闭式熔断器 RT0 系列以及快速熔断器 RS0、RS3 系列等。

对于容量小的电动机和照明支线，常采用熔断器作为过载及短路保护，因而希望熔体的熔化系数适当小些。通常选用铅锡合金熔体的 RQA 系列熔断器。

对于较大容量的电动机和照明干线，则应着重考虑短路保护和分断能力。通常选用具有较高分断能力的 RM10 和 RL1 系列熔断器。

当短路电流很大时，宜采用具有限流作用的 RT0 和 RT12 系列熔断器。

② 熔断器额定值选择。

a. 熔断器额定电压选择：额定电压应等于或大于线路额定电压。

b. 熔断器额定电流选择要求如下。

保护无启动过程的平稳负载（如照明线路、电阻、电炉等）时，熔断器额定电流应略大于或等于负荷电路中的额定电流，即

$$I_{RN} \geqslant \Sigma I_N$$

保护单台长期工作的电动机时，熔断器额定电流可按最大启动电流选取，也可按下式选取：

不经常启动　$I_{RN} \geqslant (1.5\sim2.5)I_N$

频繁启动　$I_{RN} \geqslant (3\sim3.5)I_N$

式中　I_{RN}——熔断器额定电流；

I_N——电动机额定电流。

保护多台长期工作的电动机（或供电干线）时，熔断器额定电流按下式选取：

$$I_{RN} \geqslant （1.5 \sim 2.5）I_{Nmax} + \Sigma I_N$$

式中　I_{Nmax}——容量最大的单台电动机的额定电流；

　　　ΣI_N——其余电动机额定电流之和。

在 TN 系统中，采用熔断器作短路保护时，熔断额定电流应小于单相短路电流的 1/4。

为防止发生越级熔断、扩大事故范围，上、下级（即供电干、支线）线路的熔断器间应有良好配合。选用时，应使上级（供电干线）熔断器的熔体额定电流比下级（供电支线）大 1~2 个级差。

维护检查熔断器时，应按安全规范要求切断电源，不允许带电摘取熔管。

3. 低压断路器

低压断路器是指能够接通、承载和分断正常回路条件下电流并能在规定的时间内接通、承载和分断异常回路条件下电流的开关装置，如图 3-31 所示。

(a) 三相断路器　(b) 单相断路器

图 3-31　低压断路器（正泰）

低压断路器串接于被保护线路中，可用来分配、控制电能，对电源线路及电动机等进行保护。当它们发生严重的过载或者短路及欠电压等故障时，低压断路器能自动切断电路。

低压断路器是低压配电网络和电力拖动系统中非常重要的自动电源装置，集控制和多种保护功能于一体。除能完成接通和分断电路外，还能对电路或电气设备发生的短路、严重过载及欠电压等进行保护，同时也可以用于不频繁地启动电动机。部分低压断路器还带有漏电保护功能。

图 3-32（a）所示为三相断路器结构原理示意图。熔断器的脱扣机构是一套连杆装置，包括带锁钩的主杠杆、过电流脱扣器、热脱扣器、欠电压脱扣器。

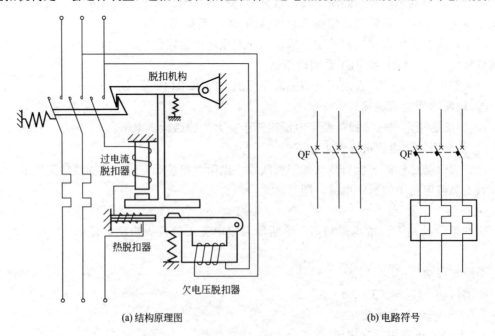

(a) 结构原理图　　　　　　　　　　　(b) 电路符号

图 3-32　三相断路器

当主触点通过操作机构闭合后，就被锁钩锁在合闸的位置。

如果电路中发生故障，则相应的脱扣器动作使脱扣机构中的锁钩脱开，于是主触点在释放弹簧的作用下迅速分断。

（1）低压断路器的三重保护功能

① 过载保护（热脱扣）。当线路发生一般性过载时，过载电流虽不能使电磁脱扣器动作，但能使热元件产生一定热量，促使双金属片受热向上弯曲；随着过电流持续，双金属片持续弯曲，推动杠杆使锁钩与锁扣脱开，将主触点分断，切断电源。

② 短路保护（过电流脱扣）。当线路发生短路或严重过载电流时，短路电流超过瞬时脱扣整定电流值，电磁脱扣器产生足够大的吸力，将衔铁吸合并撞击杠杆，使锁钩绕转轴座向上转动与锁扣脱开，锁扣在反力弹簧的作用下将三副主触点分断，切断电源。

③ 失电压保护（欠电压脱扣）。在电压正常时，电磁吸力吸住衔铁。一旦电压严重下降或断电时，衔铁就被释放，上推杠杆使锁扣脱开，将主触点断开。当电源电压恢复正常时，必须重新合闸后断路器才能工作，实现了失电压保护。

当电源电压下降（甚至缓慢下降）到欠电压脱扣器额定工作电压以下某设定比例（如70%以下）范围内时，欠电压脱扣器应动作。

电源电压低于欠电压脱扣器的额定工作电压一定比例（如35%）时，欠电压脱扣器应能防止断路器闭合。

电源电压等于或大于欠电压脱扣器的额定工作电压一定比例（如85%）时，在热态条件下，应能保证断路器可靠闭合。

使用时，欠电压脱扣器线圈接在断路器电源侧，欠电压脱扣器通电后，断路器才能合闸，否则断路器合不上闸。

（2）低压断路器的特性参数

① 额定电压 U_e。额定电压是指断路器的标称电压，在规定的正常使用和性能条件下，断路器能够连续运行的电压。断路器能在系统最高工作电压下保持绝缘，并能按规定的条件进行接通与分断。

我国规定在 220kV 及以下电压等级，系统额定电压的 1.15 倍作为最高电压；在 330kV 及以上电压等级，以额定电压的 1.1 倍作为最高工作电压。

② 额定电流 I_n。额定电流是指环境温度在 40℃ 以下，脱扣器能长期通过的电流，也就是脱扣器额定电流。对可调式脱扣器的断路器则为脱扣器可长期通过的最大电流。

特别注意：断路器的额定电流是与温度相关的。当在环境温度高于 40℃（但不高于 60℃）下使用时，在符合标准规定的最高允许温度下，允许降低负荷长期工作。

③ 短路保护脱扣电流 I_m。短路保护脱扣电流是指过电流脱扣器动作的电流设定值（$I_m > I_n$，可设置速断整定范围）。当电路短路或负载严重超载，负载电流大于短路保护脱扣电流时，断路器主触点迅速（瞬时或短延时）分断。

④ 过载保护脱扣电流 I_r。过载保护脱扣电流是指断路器不跳闸时所能承受的最大电流，其值由热脱扣器决定。电流超过载保护脱扣电流整定值 I_r 时，断路器延时跳闸（反时限或定时限）。该值必须大于最大负载电流 I_B，但应小于电路所允许的最大电流 I_z。

对于配有不可调热脱扣的断路器，$I_r = I_n$；对于配置可调热脱扣的断路器，I_r 可在（0.4～1.0）I_n 范围内调整。

低压断路器的额定电流、短路保护脱扣电流与过载保护脱扣电流之间的关系可参见

表 3-11。

表 3-11 低压断路器的脱扣电流参数

断路器类型	保护器类型	过载保护	短路保护		
家用型断路器	热磁式	$I_r=I_n$	低整定值 $3I_n \leqslant I_m \leqslant 5I_n$	标准整定值 $5I_n \leqslant I_m \leqslant 10I_n$	高整定值 $10I_n \leqslant I_m \leqslant 20I_n$
工业用模块化断路器	热磁式	$I_r=I_n$	低整定值 $3.2I_n \leqslant I_m \leqslant 4.8I_n$	标准整定值 $7I_n \leqslant I_m \leqslant 10I_n$	高整定值 $10I_n \leqslant I_m \leqslant 14I_n$
工业用断路器	热磁式	$I_r=I_n$	固定值：$I_m=(7 \sim 10)I_n$		
		可调式 $0.7I_n \leqslant I_r \leqslant I_n$	可调范围：$I_m=(2 \sim 5)I_n$ 标准整定值：$I_m=(5 \sim 10)I_n$		
	电子式	长延时 $0.4I_n \leqslant I_r \leqslant I_n$	短延时：$1.5I_n \leqslant I_m \leqslant 10I_n$ 瞬时固定值：$I_m=(12 \sim 15)I_n$		

⑤ 额定分断能力 I_{cu}、I_{cs}。额定极限短路分断能力 I_{cu}（分断能力极限参数），即分断几次短路故障后，分断能力将有所下降。

额定运行短路分断能力 I_{cs}，即分断几次短路故障后，还能保证其正常工作。

（3）动作电流整定原则

① 电流速断保护。无时限电流保护只保护最危险的故障，即保护对象以距本线路电源近的短路故障或变压器与高压侧相关的短路故障为主体。离电源越近，短路电流越大，危险也越大。本线路末端短路故障不在速断范围内。

电流速断保护的整定原则：保护的动作电流大于被保护本线路末端发生的三相金属性短路的短路电流。对变压器而言，整定电流大于被保护的变压器二次侧三相金属性短路的短路电流。

靠近本线路末端或变压器二次侧发生过电流故障时，可能未超过动作电流值，电流速断保护不可能动作。因此，GB/T 16895.5—2012 中规定：凡装有电流速断保护装置的线路（设备），必须同时配备带时限的过电流保护装置。

② 有时限电流保护 有时限电保护整定包括动作电流整定与动作时限整定两项内容。

动作电流整定原则：动作电流必须大于本线路最大负荷电流，即在最大负荷电流时保护装置不动作。若本线路存在下级线路，则本级动作电流应大于下级动作电流。

动作时限的设定原则：以不发生危险事故为前提，视本线路结构体系、负荷特性确定。若有上下级线路结构，则本级动作时间应大于下级动作时间——阶梯原则，以获得保护选择性。

根据上述特点，有时限电流保护通常用于线路（设备）过载保护；无时限电流保护也可整定为某具体设备的短路保护。

目前市面上的过电流保护装置通常同时具有速断保护（短路保护）、有时限保护（过载保护）、欠电压保护功能，同时还具有报警功能。

有关过电流保护的配置与技术要求，可查阅 GB/T 16895.6—2014 等标准以及过电流保护装置产品技术说明书。

二、剩余电流动作保护器

1. 剩余电流及漏电保护器

（1）剩余电流 所谓剩余电流（IEC 称为 RC），是指低压配电线路中各相（含中性线）

电流矢量和不为零的电流。

图 3-33 所示的低压配电系统中，按节点电流定律可知，正常状态下，进出任一电路系统的电流矢量和应等于零，即 $\sum i = 0$。

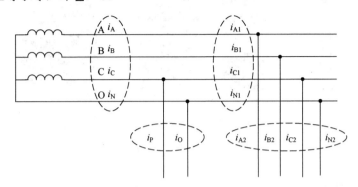

图 3-33　封闭节点电流关系

若电气线路中出现了剩余电流，即 $\sum i \neq 0$。表明电气设备或系统中有电流通过其他途径返回了电源，即可能有漏电、触电事故或存在故障状态对地回路（如故障接地等）。

电气设备或系统绝缘介质受酸碱盐、潮湿、高温环境影响，过负荷导致发热、使用年久失修等因素，其绝缘介质老化破损、机械损伤绝缘层、灰尘水汽污染电气间隙等，致使电气设备或系统绝缘能力降低均会导致漏电发生。

若电气系统因故障导致带电导体与大地、接地的金属外壳或与地有联系的构件之间发生接触，构成对地故障回路，出现对地故障电流。

通常情况下，剩余电流值相对较小，不能驱动过电流保护装置迅速切断电源，故障不会自动消除而持续存在，对人身安全及防火防爆构成严重威胁。所以，需要高灵敏度的剩余电流动作保护器实施剩余电流探测与动作保护。

（2）剩余电流动作保护器的作用（漏电保护器的作用）　剩余电流动作保护器（IEC 称为 RCD）习惯称为漏电保护器。GB/T 6829—2017《剩余电流动作保护器（RCD）的一般要求》定义 RCD：在正常运行条件下能接通、承载和分断电流，以及在规定故障条件下当剩余电流达到规定值时能使触点断开的机械开关电器或组合电器。

剩余电流动作保护器能检测电路系统剩余电流并进行限制值比较，判断其超限值时自动分断被保护电路。它主要用来对危险的并且可能致命的直接或间接接触电击提供防护，以及对持续接地故障电流引起的火灾危险和电气设备损坏事故提供防护。

（3）RCD 类型　RCD 按电流分量的动作特性分为 AC 型、A 型、B 型。AC 型能对突然施加或缓慢上升的正弦交流剩余电流确保脱扣；A 型能对突然施加或缓慢上升的正弦交流剩余电流、脉动直流剩余电流确保脱扣；B 型能对突然施加或缓慢上升的正弦交流剩余电流、脉动直流剩余电流以及部分整流电路产生的平滑剩余电流确保脱扣。

剩余电流动作保护器按检测参数，分为电压动作型和电流动作型两大类（因电压动作型存在抗干扰及稳定性问题，主流产品为电流动作型）；按漏电动作电流值大小（灵敏度），分为高灵敏度型、中灵敏度型和低灵敏度型三种；按动作速度（分断时间），分为快速型、延时型和反时限型三种。内部电气环节，分为电磁式、电子式两种；按电流回路数和极数，分为单相单极式、单相两极式、三相三极式、三相四极式等，如图 3-34 所示。

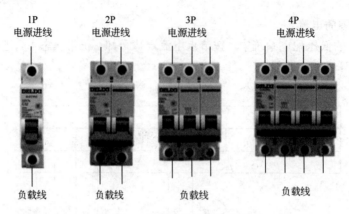

图 3-34　剩余电流动作保护器

2．RCD 的组成和原理

（1）基本组成　图 3-35 所示为剩余电流动作保护器组成环节。它主要由四个基本环节组成，即检测环节、信号处理环节（或称中间环节，包括放大与比较）、执行环节、试验装置。

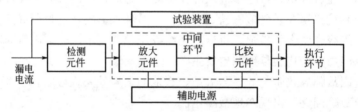

图 3-35　剩余电流动作保护器组成环节

　　检测环节用于检测电气线路系统剩余电流，获取相应的异常信号；信号处理环节将获得异常信号进行放大-变换-比较等处理后产生动作指令（以及报警指令）；执行环节接受操作指令实施分断动作，断开故障线路与电源连接；试验装置是设置电流旁路模拟发生剩余电流，检测剩余电流动作保护器是否可靠、有效。另外，若为电子式漏电保护器，还需要设置辅助电源。

　　（2）动作原理　图 3-36 所示为电磁式剩余电流动作保护器的结构示意图。检测环节为零

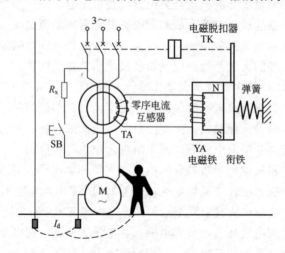

图 3-36　电磁式剩余电流动作保护器结构示意图

序电流互感器 TA；信号处理环节为电磁铁 YA（放大）、衔铁、弹簧（比较）；脱扣机构 TK
及断路器为执行环节；按钮 SB 与限流电阻线路构成试验环节。

当被保护电器与线路正常时，除了工作电流外没有漏电流发生，流过零序电流互感器的
电流总和为零，互感器铁芯中交变磁通为零，二次绕组无感应电压，电磁铁不动作，自动开
关保持在接通状态。

当被保护电器与线路有漏电发生或有人触电时，出现了接地故障电流，零序互感器磁
环内电流矢量之和不为零（即出现了剩余电流），互感器铁芯中出现剩余交变磁通，二次
绕组有感应电流产生；感应电流通过电磁铁产生电磁力克服弹簧设定弹力（对应动作电流
设定），吸合衔铁驱动脱扣器动作，推动自动开关跳闸，断开故障电路电源，达到漏电保
护的目的。

3. RCD 的图形符号与技术参数

（1）图形符号 剩余电流动作保护器的图形符号如图 3-37 所示。

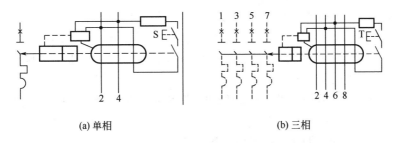

(a) 单相　　　　　　　　　　　　　　(b) 三相

图 3-37　剩余电流动作保护器图形符号

（2）技术参数

① 额定电流：制造厂规定的剩余电流动作保护器在规定的不间断工作制下主回路能够
承载的电流。额定电流的优先值为 6A、10A、16A、20A、25A、32A、40A、50A、63A、80A、
100A、125A、160A、200A 等。

② 额定接通分断电流：带短路保护的剩余电流动作保护器驱动主回路接通与分断功能
时所能承载的电流。若执行断路器功能，应符合 GB/T 10963 系列标准规定；若执行继电器
驱动低压断路器功能，应符合 GB/T 14048 系列标准规定。

③ 额定电压：制造厂规定的与剩余电流动作保护器特性（特别是短路特性）有关的电
压值。额定电压的优先值为 220V、380V 等。

④ 额定剩余动作电流：剩余电流动作保护器在规定的条件下必须动作的剩余电流值。
该值反映了剩余电流动作保护器的灵敏度。

额定剩余动作电流的优先值为 0.006A、0.01A、0.03A、0.05A、0.1A、0.3A、0.5A、1A、
3A、5A、10A、20A 等。

⑤ 分断时间：发生剩余电流动作值开始，到剩余电流动作保护器主回路可分离触点完
全分离，电弧熄灭为止的时间。

额定剩余动作电流和分断时间是剩余电流动作保护器最重要的技术参数，合并称作"动
作特性"。

对于 AC 型，用于间接或直接接触保护时，最大分断时间要求如表 3-12 所示。

表 3-12　AC 型剩余电流动作保护器最大分断时间规定

$I_{\Delta n}$/A	I_n/A	最大分断时间/s	
		$I_{\Delta n}$	0.25A
≤0.03	任何值	0.1	0.04

对于延时型剩余电流动作保护器的延时时间优先值为 0.2s、0.4s、0.8s、1s、1.5s、2s 等。延时型只适用于剩余动作电流值大于 0.03A 的间接接触保护，其动作时间应满足表 3-13 规定。

表 3-13　延时型剩余电流动作保护器最大分断时间规定

$I_{\Delta n}$/A	I_n/A	最大分断时间/s		
		$I_{\Delta n}$	$2I_{\Delta n}$	$5I_{\Delta n}$
≥0.03	任何值	0.2	0.1	0.04
	只适用于≥40	0.2	—	0.15

⑥ 额定剩余不动作电流：制造厂规定的剩余电流动作保护器在规定的条件下必须不动作的剩余电流值。当等于或小于该电流值时，剩余电流动作保护器不动作。

额定剩余不动作电流优先值为额定剩余动作电流值的 1/2。如果采用其他值，应大于额定剩余动作电流值的 1/2。

⑦ 额定电压：额定电压分为额定绝缘电压和额定工作电压，一般指额定工作电压，如标注 400V。

⑧ 额定频率：工作电源频率，我国一般为 50Hz。

4．剩余电流动作保护器的应用与管理

（1）RCD 应用

① 对直接接触电击事故的防护。GB/T 13955—2017《剩余电流动作保护装置安装和运行》、GB/T 16895.21—2020《低压电气装置　第 4-41 部分：安全防护　电击防护》等规定，剩余电流动作保护器可作为直接接触电击事故的基本防护措施的补充保护措施。当其他直接接触电击防护措施失效，因使用者疏忽而导致人体与带电体发生直接接触电击事故时，剩余电流动作保护器能迅速动作，切断电源，避免对人体造成严重的伤害。

GB/T 13955—2017 强调"用于直接接触电击事故的防护时，应选用一般型剩余电流动作保护器。其额定剩余动作电流不超过 30mA"，分断时间等于或小于 0.1s。

手持式电动工具、移动式电气设备、家用电器等应优先选用额定剩余动作电流不大于 30mA、一般型（无延时）剩余电流动作保护器作为直接接触电击防护的补充防护措施。

② 间接接触电击事故的防护。GB/T 16895、GB 14050—2008 以及 GB/T 17045—2020 等标准指出，在电气设备及线路系统出现漏电或接地故障时，自动切断电源是故障状态下的主要电击防护措施，特别是在要求动作更灵敏的场所，应设置剩余电流动作保护器。

作为故障状态下的电击防护措施，一般选择 30~500mA 以内的剩余电流动作保护器。其动作电流和动作时间应按被保护线路和设备的具体情况及其泄漏电流值确定。

对于单台电气机械设备，可根据其容量大小选用额定剩余动作电流 30mA 以上、100mA 及以下、一般型（无延时）剩余电流动作保护器。

③ 电气火灾危险防护。当电路系统漏电或接地故障电流小于过电流保护装置的动作电流时，接地故障电流持续存在，可能产生危险升温或火花，引发电气火灾及爆炸事故。

GB/T 16895.2—2017 中规定：在有火灾危险场所，应在电气线路或多台电气设备（或多住户）的电源端安装剩余电流动作值为 100～300mA 的剩余电流动作保护器，可以在出现引燃火灾所需的能量前，就发出警报或及时切断故障电源线路，消除引燃源，防止火灾危险。其动作电流和动作时间应根据相关专业标准、被保护线路和设备的具体情况及其泄漏电流值确定。

应该注意：剩余电流动作保护器只能对带电体与大地之间的人体触电、漏电、故障接地等对地泄漏电流类故障提供保护，不能对相线与相线之间、相线与中性线之间的该类故障提供保护。

（2）RCD 的配置场所 GB/T 13955—2017《剩余电流动作保护装置安装和运行》规定以下设备和场所必须安装 RCD。

① 末端保护场所：属于Ⅰ类的移动式电气设备及手持式电动工具；工业生产用的电气设备及安装在室外的电气装置；施工工地的电气机械设备；临时用电的电气设备；机关、学校、宾馆、饭店、企事业单位和住宅等除壁挂式空调电源插座外的其他电源插座和插座回路；游泳池、喷水池、浴室（池）电气设备；安装在水中的供电线路和设备；医院中可能直接接触人体的医用电气设备；农业生产用的电气设备；水产品加工用电；其他需要安装剩余电流动作保护器的场所。

② 线路保护：低压配电线路根据具体情况采用二级或三级保护时，在电源端、负载群首端或线路末端（农业设备的电源配电箱）安装 RCD。

值得注意的是：根据剩余电流动作保护器的保护原理，RCD 适用于电源中性点直接接地或经过电阻、电抗接地的低压配电系统。对于电源中性点不接地的系统，则不宜采用剩余电流动作保护器。

（3）RCD 的分级保护 在低压供用电系统中，为了缩小发生人身电击事故和接地故障切断电源时引起的停电范围，剩余电流动作保护器应采用分级保护。

分级保护方式的选择应根据用电负荷和线路具体情况的需要，一般可分为两级或三级保护。分级保护应以末端保护为基础，上一级保护应根据负荷分布的具体情况确定其保护范围。

在采用分级保护方式时，各级剩余电流动作保护器的动作特性应协调配合，实现具有选择性的分级保护。各级的额定剩余动作电流与分断时间的配合可参考表 3-14，上下级剩余电流动作保护器的动作时间差不得小于 0.2s。

表 3-14 RCD 分级保护分断时间配置关系

分级	额定剩余动作电流/mA	分断时间/s	备注
总保	300～500	<0.5	无重合闸
中级保	100～300	<0.3	有重合闸
末级保	30	<0.1	$5I_{\Delta n}<0.04s$

GB/T 13955—2017 规定，各级剩余电流动作保护器的额定剩余不动作电流，应不小于被保护电气线路和设备正常运行时泄漏电流最大值的 2 倍。

（4）RCD 配线要求 RCD 需要排除干扰电流，有效识别、准确检测剩余电流，必须满足相关的安装与接线技术规范，才能保证动作可靠、灵敏、有效。

① 剩余电流动作保护器安装在被保护线路或用电设备负荷线的首端处。目的在于对用电设备进行保护的同时，也对其负荷线路进行保护，防止由于线路绝缘损坏等造成的电气事故。

② 安装剩余电流动作保护器时，必须严格区分 N 线和 PE 线。除三极三线剩余电流动作保护器外，N 线应接入剩余电流动作保护器。经过剩余电流动作保护器的 N 线不得作为 PE 线、不得重复接地。在任何情况下，PE 线不得接入 RCD 内。

对于 TN 系统，应将 TN-C 系统改造为 TN-C-S、TN-S 系统或局部 TT 系统（保护接地线独立接地）后，才可安装 RCD；在 TN-C-S 系统中 RCD 只允许使用在 N 线与 PE 线分开部分。

对于 TT 系统，电气线路或电气设备均应安装 RCD 作为防电击事故的保护措施，可以安装总保护或单台设备的剩余电流动作保护。

如表 3-15 所示为 RCD 配线情况，具体安装与接线规范可参见 GB/T 13955—2017 标准规定。

表 3-15　剩余电流动作保护器（RCD）接线规范

保护接地形式	极数	
	三相三线三极	三相四线三极或四极
TN-S 系统	L1 L2 L3 N PE RCD	L1 L2 L3 N PE RCD
TN-C-S 系统	L1 L2 L3 PEN PE N RCD	L1 L2 L3 PEN PE N RCD
TT 系统	L1 L2 L3 N PE RCD	L1 L2 L3 N PE RCD

（5）RCD 的运行管理　为使剩余电流动作保护器正常工作和保持良好状态从而起到保护作用，必须做好以下几项工作。

① 安装完毕后，应操作试验按钮检验剩余电流动作保护器的工作特性，确认可以正常工作后才允许投入使用。使用过程中也应定期用试验按钮试验其可靠性，为了防止烧坏试验按钮，不宜过于频繁地试验。

② 运行中的剩余电流动作保护器外壳各部及其上部件、连接端子应保持清洁和完好无损，连接应牢固，端子不应变色，操作手柄应灵活、可靠。

③ 运行中剩余电流动作保护器的外壳胶木件最高温度不得超过 65℃，外壳金属件最高温度不得超过 55℃，一次电路各部件绝缘电阻不得低于 2MΩ。

④ 剩余电流动作保护器动作后，经检查未发现事故原因时，允许试送电一次；如果再次动作，应查明原因找出故障，必要时对其进行动作特性试验，不得连续强行送电，除经检查确认为剩余电流动作保护器本身发生故障外,严禁私自拆除剩余电流动作保护器强行送电。

⑤ 在剩余电流动作保护器的保护范围内发生电击伤人事故，应检查剩余电流动作保护器的动作情况，分析未能起到保护作用原因，并应保护好现场，不得拆动剩余电流动作保护器。

⑥ 定期分析剩余电流动作保护器运行情况，及时更换有故障的剩余电流动作保护器。

⑦ 剩余电流动作保护器的检修应由专业人员进行，运行中遇有异常现象时应找专职电工处理，以免扩大事故范围。

⑧ 剩余电流动作保护器投入运行后，使用单位应建立运行记录和相应的管理制度。

第五节　等电位联结与电气隔离

建筑物内电气系统中通常有多种不同性能的设备同时工作，发生故障时，不同的设备外露金属部分可能有不同的电位；同时，建筑物内也存在各种金属管线（或构架），也会意外带电（如设备漏电、静电、雷电、电磁感应等）而具有不同电位。当人体接触这些设备时，会产生一定的接触电压，从而造成触电事故，而且不同电位的带电体间存在火花放电的危险，导致火灾、爆炸事故。此外，非正常电位或电位差将干扰电气电子设备的正常工作。

一、等电位联结

按照 GB/T 16895.3—2017、GB/T 16895.21—2020、GB/T 17045—2020、GB 50054—2011、GB/T 21714 以及静电防护等标准规范要求，防止上述危险状态发生需要实施等电位联结，当采用自动切断电源防止间接接触电击措施时，等电位联结也是不可缺少的。

1. 等电位联结及其作用

（1）等电位联结　将区域内各电气装置和其他装置外露的正常非带电导体、人工接地体或自然接地体用导体连接起来，使整体处于电气连通状态，保持电位基本相等的电气连接，称为等电位联结，如图 3-38 所示。用于连接的导体称为保护联结导体。

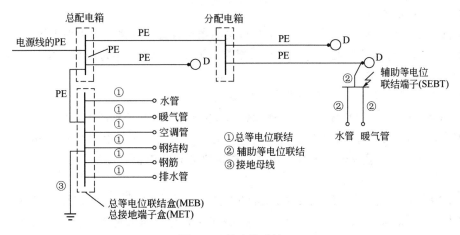

图 3-38　等电位联结

　　需要说明的是：等电位联结并非一定与大地实施等电位联结。例如，航空航天设备的等电位联结是与设备结构整体作等电位联结。

　　（2）等电位联结作用　等电位联结的目的是使保护范围内外露可导电金属部位间的电位近似相等，从而避免产生危险电位差导致人身电击、电气火灾和爆炸等电气灾害。

　　① 触电保护。当电气设备发生短路、漏电以及外界雷电等原因，导致保护范围内外露金属导体带电时，因等电位联结使故障带电体与周围环境（各类装置外露可导电体、楼板、墙壁等）处于同一故障电位，避免产生危险电压差，消除电击危险。

　　② 雷电保护。在 IEC 标准中，等电位联结是内部防雷措施的一部分。等电位联结将建筑物本层柱内主筋、建筑物的金属构架、金属装置、电气装置、电信装置等连接起来，形成一个等电位联结网络。当雷击建筑物时，可有效降低不同金属部件间的电位差、分流雷电流，避免火灾、爆炸、生命危险和设备损坏。

　　③ 静电防护。在静电防护区域内实施等电位联结，可避免出现孤立的可导电金属部件，消除各导电体之间的电位差，避免静电放电火花，并通过等电位联结线收集并传送静电到接地网，消除和防止静电危害。

　　④ 电磁干扰防护。在供电系统故障或雷击过程中，强大的脉冲电流对周围的导线或金属物形成电磁感应，敏感信息设备受其影响，可能导致数据丢失、系统崩溃等。在信息系统分界面做等电位联结，保障所有屏蔽和设备外壳之间实现良好的电气连线，最大限度地减小电位差，避免外部电流侵入系统，有效防护电磁干扰。

　　等电位联结是一种不需增加保护电器，只要增加一些连接导线，就可以均衡电位和降低接触电压，消除因电位差而引起电击危险的措施。它既经济又能有效地防止电击和电气火灾爆炸事故。

2. 等电位联结的类别

　　（1）按作用功能分类

　　① 保护等电位联结：为了人身和家畜的安全而设置的等电位联结，其主要作用是降低电路故障和雷击等过电压作用时产生的接触电压。

　　② 功能等电位联结：保证配电系统正常运行而设置的等电位联结，如电子设备、数据传输电缆等是为抗电磁干扰而设置的。

　　（2）按与接地的联系分类

　　① 接地的等电位联结：等电位联结与总接地端子有直接联系，以大地为等电位基准。

　　② 不接地的等电位联结：以结构体（组合体）整体为基准电位实施等电位联结，如航空航天设备的等电位联结。

　　（3）按等电位联结作用范围分类

　　① 总等电位联结（MEB）。总等电位联结是将电气系统及装置的 PE 线或 PEN 线与建筑物内的所有金属管道构件（例如接地干线、水管、煤气管、采暖管和空调管路等，如果可能也包括建筑物的钢筋及金属构件）在进入建筑物处和等电位联结端子板（即接地端子板）连接。

　　图 3-39 所示为《等电位联结安装》15D502 图集中的 MEB 连接示意图。在建筑物的每一电源进线处，一般设有总等电位联结端子板（MEB），通过进线配电箱近旁的总等电位联结端子板（接地母排）将进线配电箱的 PE 母排、公用设施的金属管道（如上下水管、热力管、

煤气管、暖气管等）、空调管路、电缆槽道等互相连通。如果可能，应包括建筑物金属结构、接地装置的接地导体。

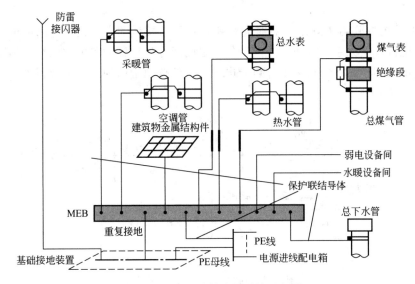

图 3-39 MEB 总等电位联结示意图

总等电位联结作用于全建筑物，使建筑物内正常情况下不带电的所有外露可导电部分之间电位近似相等，消除或降低建筑物内的间接接触电压和不同金属部件间的电位差，并消除进入建筑物的电气线路和各种金属管道引入的危险故障电压，避免导致人身电击或电气火灾事故。

② 局部等电位联结（LEB）。局部等电位联结是对离 MEB 较远的局部场所各装置的外露可导电部分与邻近的水暖管道、建筑物金属构件等以及电源进线的 PE 母线用导线再实施等电位联结，形成局部等电位联结网络。

如图 3-40 所示为《等电位联结安装》15D502 图集中建筑物内浴室（卫生间）局部等电位联结（LEB）示意图。

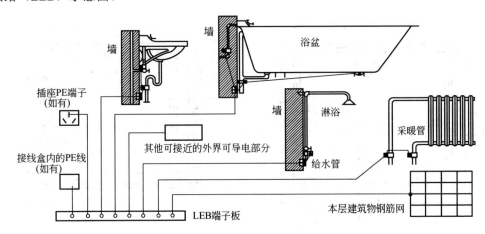

图 3-40 （浴室）局部等电位联结（LEB）示意图

一般局部等电位联结也都有一个端子板或者连成环形，也可从配电箱内 PE 干线上引出。若局部等电位联结范围内没有 PE 线，则不必从该范围外专门引入 PE 线。

　　局部等电位联结一般作为总等电位联结的补充，主要用于触电危险大或火灾、爆炸危险性大的场所，或为满足信息系统抗干扰的要求，需要进一步消除或降低电位差或间接接触电压的场所。

　　③ 辅助等电位联结（SEB）。在伸臂范围内可同时接触的电气设备之间或电气设备与装置外露可导电部分（如金属管道、金属构件）之间用导体作辅助等电位联结，消除可能出现的危险接触电压。图 3-41 中将装置外可导电部位与伸臂范围内的虚线框位置外露可导电部位实施辅助等电位联结。

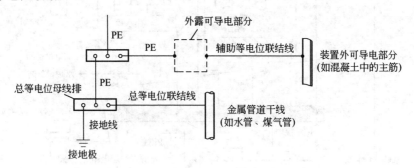

图 3-41　辅助等电位联结（SEB）

　　一般在电气装置的某部分接地故障保护不能满足切断回路的时间要求时，作辅助等电位联结，消除或降低两导体间的接触电压，以消除或降低触电的危险性。

3. 等电位联结的要求

（1）等电位设置要求

　　① 按 GB 50054—2011、GB/T 16895 等规定，来自建筑物外面的可导电体，应在建筑物内尽量靠近入口之处与等电位联结导体连接。每一电源进线都应作总等电位联结，各个总等电位联结端子板应通过环形导体互相连通，如图 3-42 所示。

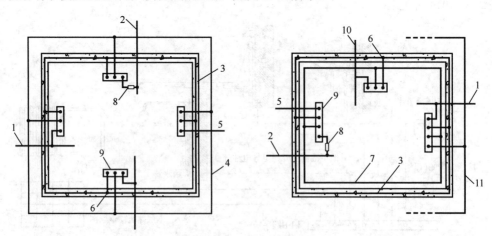

图 3-42　等电位联结环路

1—外界可导电部分（如金属水管等）；2—电源或通信线路；3—外墙或地基钢筋；4—外部环形导体（埋地）；

5—附加接地体；6—与结构钢筋的联结点；7—内部环形导体；8—SPD；9—等电位联结端子板；

10—其他接地体；11—室外接地体（如有）

② 下列情况还应设置局部等电位联结（LEB）或辅助等电位联结（SEB）。

a. 故障时不能保证在规定时间内切断电源，或者由于施工原因、产品质量或运行中设备、电线、电缆老化等因素导致不能按规定时间切断电源者，应增设 SEB，以保证故障时接触电压降低到安全电压以内。

b. 在电击危险比较大的特殊场所（如住宅浴室、宾馆洗浴间、游泳池）、爆炸危险环境、火灾危险场所、活动受限制的可导电场所（如金属罐槽内、锅炉炉膛内等）以及动物饲养房等，应增加 SEB，以降低故障接触电压。

③ 在满足保护性等电位联结功能外，还应兼顾功能性等电位联结，为电子信息设备建立统一基准的参考电位，防电压、电磁干扰，保障各类电气系统正常运作。

GB/T 16895.10—2021《低压电气装置 第 4-44 部分：安全防护 电压骚扰和电磁骚扰防护》要求：进入建筑物的各类供应管线、金属管道（如水、煤气或集中供热）和引入电力和信号电缆宜在同一点进入建筑物,金属管道和电缆铠装应采用低阻抗导体与总接地端子联结。

（2）等电位联结工艺要求 电气装置（包括防电击类别为 I 类的配电箱、配电盘和用电设备）的外露可导电部分，通过 PE 线的正确连接，即已经实施等电位联结，不需要另外增加联结线，如图 3-38 所示。

设置 MEB 可把建筑物内所有外露可导电部分连接到一起，并通过配电箱的 PE 母排与 MEB 的接地母排或接地端子相连接，实现了全部可导电部分的"联结"，如图 3-38、图 3-39 所示。

等电位联结体内各联结导体间的联结可采用焊接，也可采用熔接；在腐蚀性场所应采取防腐措施，如镀锌或加大导线截面等。

等电位联结端子板应采取螺栓连接，以便于拆解进行定期检测；连接用螺栓、螺母、垫圈等应进行热镀锌处理。

等电位联结线及端子板宜采用铜质材料，其导电性和强度比较好；若采用钢材焊接，应采用搭接焊，并满足相关标准要求。

等电位联结线应有黄绿相间色标，在等电位联结端子板上应刷黄色底漆并标以黑色记号。

（3）等电位联结导体 总等电位联结线的截面积不应小于装置内最大保护接地导体 PE（PEN）的 1/2，且最小应不小于 $6mm^2$（铜），一般不超过 $25mm^2$（铜）。

局部等电位联结导体不小于保护区域内最大保护接地导体 PE（PEN）的 1/2，且最小应不小于 $2.5mm^2$（铜，有机械保护）或 $4mm^2$（铜，无机械保护）。

辅助保护联结导体，用于电气设备之间的连接线，截面积不应小于其中较小的 PE（PEN）线截面积。用于电气设备与水暖管道、建筑物金属构件间的连接线的截面积不应小于该设备 PE 线截面积的 1/2。

防雷等电位联结，作总等电位联结时，联结导体不应小于 $16mm^2$（铜）、$50mm^2$（钢）；作局部等电位联结时，联结导体不应小于 $6mm^2$（铜）、$16mm^2$（钢）。

等电位联结应按系统接地、电击防护、等电位联结、雷电防护、静电防护、电磁防护等相关技术标准要求实施。具体联结可参考《等电位联结安装》15D502 图集。

二、电气隔离

电气隔离是将被隔离电路系统与其他电路系统在电气上（直接电联系）完全断开，使被隔离电路电位处于悬浮状态，避免与接触者形成危险电位差。

1. 电气隔离的原理

电气隔离方法：用绝缘材料将电路系统中危险带电部分与外露可导电部分之间实现电气隔离；用隔离变压器将被隔离电路与其他电路以及和大地之间实现电气隔离；利用光耦合等措施实现被隔离电路与其他电路以及和大地之间的电气隔离。

如图 3-43 所示为采用隔离变压器实现电气隔离。变压器一次、二次侧之间均有加强绝缘，二次侧仅通过磁与一次侧联系；被隔离电路接于隔离变压器的二次侧，二次侧与大地及其他电气回路无电气连接，仅通过分布电容有电气关联（较高绝缘阻抗 Z）。被隔离电路成为一个完全独立、悬浮状态的电路。

当人体接触二次侧带电体（人体电阻 $R_r \approx 1 \sim 2k\Omega$）时，二次侧电源、人体、分布电容（绝缘电阻 $Z \geqslant 2M\Omega$）构成故障回路，如图 3-44 所示。

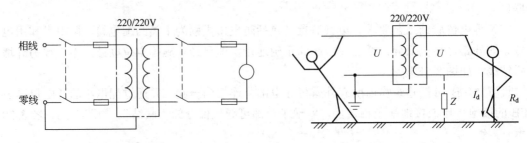

图 3-43　电气隔离原理图　　　　图 3-44　电气隔离条件下触电回路

若二次电压为 220V，那么人体承受电压与通过人体电流为

$$U_d = \frac{R_d}{R_d + Z}U \leqslant \frac{1.5k\Omega}{2000k\Omega} \times 220V = 0.165V$$

$$I_d = \frac{U}{R_d + Z} \leqslant \frac{220V}{2000k\Omega} = 0.11mA$$

由此可知，采取电气隔离措施后，人体接触到被隔离电路带电部分时，不会导致触电伤害。

电气隔离本质上，就是通过电气隔离将被隔离电路转换为不接地系统，使被隔离电路在电气上处于"悬浮"状态，人体接触带电体时，带电体电位与人体保持相等，不至于出现电位差，避免触电危险。

2. 电气隔离的条件

GB/T 17045—2020《电击防护　装置和设备通用部分》、GB/T 19212.9—19212.10、GB/T 7251.1—2013《低压成套开关设备和控制设备　第 1 部分　总则》等标准：实施电气隔离保护措施时，应满足相应的安全条件。

基本防护是由被隔离回路的危险带电部分与外露可导电部分之间的基本绝缘提供的。

故障防护应区别供电系统仅针对单一设备，还是同时对多台设备供电，采用下列故障防护条件。

（1）通用条件

① 电气上隔离的回路，其电压不得超过 500V 交流有效值。

② 电气上隔离的回路必须由隔离的电源供电。使用隔离变压器供电时，隔离变压器必须具有加强绝缘的结构，其温升和绝缘电阻要求与安全隔离变压器相同。其最大容量对于单相变压器不得超过 25kV·A，对于三相变压器不得超过 40kV·A。

③ 被隔离回路的带电部分应保持独立，严禁与其他电气回路、保护导体或大地有任何电气连接。应有防止被隔离回路发生故障接地以及窜入其他电气回路的措施。

④ 软电线、电缆中易受机械损伤的部分，其全长均应是可见的。

⑤ 被隔离回路应尽量采用独立的布线系统。

⑥ 隔离变压器二次侧的线路电压过高或线路过长都会降低回路对地的绝缘水平，增大故障接地的危险。因此，必须限制二次侧线路电压和二次侧线路长度。按照规定，电压与长度的乘积不应超过 100000V·m，同时布线长度不应超过 200m。

（2）对单一电气设备隔离的补充要求　当对单一电气设备电气隔离时，设备的外露可导电部分严禁与系统或装置中的保护导体或其他回路的外露可导电部分连接，以防止从隔离回路以外引入故障电压。若形成接触，则触电防护就不应再仅仅依赖于电气隔离，而必须采取电击防护措施，如实施以外露可导电部分接地为条件的自动切断电源的防护。

（3）对多台电气设备隔离的补充要求

① 被隔离回路为多台电气设备时，必须用绝缘和不接地的等电位联结导体相互连接。必须注意，这里的等电位联结导体严禁与其他回路的保护导体、外露可导电部分或任何可导电部分连接。

② 回路中所有插座必须带有供等电位联结用的专用插孔。

③ 除为Ⅱ类设备供电的软电缆外，所有软电缆都必须包含一根用于等电位联结的保护芯线。

④ 设置自动切断供电的保护装置，用于在隔离回路中两台设备发生不同相线的碰壳故障时，按规定的时间自动切断故障回路的供电。

思考题

1. 何为接地？接地存在哪几种类型及各自有何作用？

2. 基础接地装置包括哪几个环节？各有何作用？

3. 什么是等电位联结？等电位联结的目的是什么？如何实现等电位联结？

4. 什么是接地导体、保护联结导体、保护接地导体？

5. 何为保护接地、保护接零？

6. 何为 IT、TT 系统触电保护？IT、TT 系统保护实施条件是什么？

7. IT、TT 系统保护的适用范围是什么？

8. 如何保障 IT、TT 系统保护的有效性？

9. 何为电气隔离保护？

10. 何为 TN 系统保护？TN-C/TN-S 有何区别？

11. TN 系统保护原理是什么？实现 TN 保护必备条件是什么？

12. 何为 TN 系统的重复接地？有何作用？

13. 何为漏电保护？零序电流检测原理是什么？

14. 剩余电流动作保护器额定剩余电流动作值是指什么？分级保护中应如何规定？

15. 熔断器主要起什么作用？熔断器额定电流表示？

16. 断路器具有哪些主要功能？

17. 断路器过载保护热脱扣电流值有何设置规定？

18. 剩余电流动作保护器主要应用有哪些？各自应用中剩余电流动作设定值范围是多少？

第四章

静电、雷电与电磁辐射危害防护

静电是物体表面上相对静止的电荷聚集。静电虽然能量不大，但可形成高电压强电场，击穿绝缘或放电火花，也会吸附微小异物，给人们生产生活带来不利以及引发火灾爆炸。

雷电是大气雷云的自然放电现象，能量巨大，因热效应、电效应、机械效应，在其放电路径及周围空间产生机械作用、高温火花、浪涌电流电压，以及雷电感应与电磁波辐射，产生巨大的破坏作用。

随着科技发展，人类研究并广泛应用电磁技术，制造了电磁环境，同时电磁环境污染也在加剧。电磁辐射不仅干扰电子信息系统的正常工作，也对人体造成累积性伤害。

人类对静电、雷电、电磁辐射危害防护的研究与实践中，形成了有效的安全防护措施与技术标准。如 GB 12158—2006《防止静电事故通用导则》GB 13348—2009《液体石油产品静电安全规程》GB 50813—2012《石油化工粉体料仓防静电燃爆设计规范》，以及 GB/T 21714《雷电防护》GB 50057—2010《建筑物防雷设计规范》GB 8702—2014《电磁环境控制限值》等标准，指导静电、雷电、电磁辐射危害防护工作。

本章学习目标

（1）认识静电特点及危害，了解静电产生原因及影响因素，具备应用相关静电防护技术规范积极消减静电及其危害的能力。

（2）认识雷电特点与危害，了解雷电危害作用途径及防护措施，构建雷电危害综合防护的认识观及技术体系思想观。

（3）理解电磁辐射及危害，了解电磁辐射防护措施与方法，具备应用屏蔽（接地）与滤波消减电磁辐射危害的认识能力。

第一节　静电危害及防护

静电现象是一种常见的自然现象，如图 4-1 所示。在干燥的季节梳头发时，头发会随着梳子"飘"起来；夜晚脱衣服时，可以看见蓝色的小火花；开关屋门或车门时，手碰到金属部位会有噼啪声并有刺痛感；玻璃棒、塑料棒吸附小纸屑等，这些都是生活中的静电放电与静电吸附现象。

图 4-1　静电现象

一、静电及其危害

1. 静电及静电场

静电是一种相对静止状态（或者说不流动状态）的、处于物体表面过剩或不足的电荷。

当电荷聚集在某个物体上时就形成了静电。当正电荷聚集在某个物体上时就形成了正静电，当负电荷聚集在某个物体上时就形成了负静电。

物理知识告诉我们，电荷将在周围空间建立电场，静电荷在其周围空间建立静电场，如图 4-2 所示。

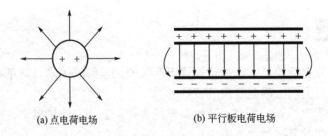

(a) 点电荷电场　　　　　　(b) 平行板电荷电场

图 4-2　静电电场

静电场内存在电压差且场能会影响一定距离内的其他物体，使之感应带电，影响强弱与其电量及间距有关。

2. 静电现象

静电现象：因静电而导致的静电感应、静电放电、静电吸附等现象。

静电感应：不带电导体靠近带电导体时，由于电荷间的相互作用，会使导体内部的电荷重新分布，异种电荷被吸引到带电体附近，而同种电荷被排斥到远离带电导体的另一端，导致不带电导体表面出现局部电荷聚集带电现象。

静电吸附（ESA）：微小的不带静电的物体靠近带静电的物体时，由于静电感应，靠近带静电物体的一端感应出与带静电物体相反的极性，而被吸引贴附于带静电物体上的现象。如图 4-1 中梳子吸附轻小物体的现象。

静电放电（ESD）：具有不同静电电位的物体互相靠近或直接接触引起的电荷转移现象。这个电量在传送过程中，将产生具有潜在破坏作用的电压、电流以及电磁场，严重时会将物体击毁。如图 4-1 中衣服放电、手触摸车门时放电，以及图 4-3 所示放电现象。

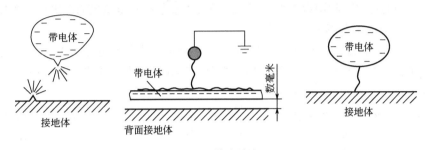

图 4-3　静电放电

3. 静电的特点

从整体上来说，静电特点是电量小、能量低、电压高、静电场强等，具体如下：

① 静电的电量小，一般电量只有微库或毫库级；静电的能量不大，一般不大于毫焦级。

② 静电电压高、电场强。一般带电体的电容量很小，则电压很高。如橡胶行业的静电电压高达几万伏甚至十几万伏，人体静电压可高达几万伏。静电建立的静电场强度高，易击穿其间的绝缘介质。

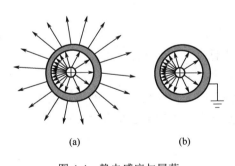

图 4-4　静电感应与屏蔽

③ 静电放电火花。静电高电压、强电场易导致人体或金属导体尖端放电，产生危险火花，特别是在爆炸和火灾危险场所。

④ 静电感应突出。局部正负电荷不平衡，近场感应出危险电压，如图 4-4（a）所示；同时静电瞬间释放产生强烈的电磁辐射，形成静电放电电磁脉冲。

⑤ 静电可以屏蔽。通常桶形或空腔的导体的内部有电荷时，必定在外壳感应出电荷，但当外表面接地时，外部的电荷为零，且不影响内部的电荷，如图 4-4（b）所示。

⑥ 静电消失与泄漏慢。静电由电荷聚集形成，主要发生在绝缘体上或与地绝缘的独立导体上，静电释放困难，静电消失或泄漏很慢，易形成更多电荷聚集，加剧危险性。

4. 静电危害

静电危害起因于静电力和静电火花，在电子、炼油、有机化工、橡胶、造纸、印刷、粉末加工、机械打磨、航空航天、危化品储运等行业较多。最严重的危害是静电放电引起火灾和爆炸，可造成相当严重的后果和损失。通常静电的危害有以下三种：

（1）电击 由于静电造成的电击，可能发生在人体接近带电物体的时候，也可能发生在带静电电荷的人体接近接地体的时候。一般情况下，静电的能量较小，静电电击不会直接使人致命，但因电击突发易引起坠落、摔倒等二次事故，同时还引起人员紧张，影响工作。

（2）火灾和爆炸 火灾和爆炸是静电的最大危害。静电的能量虽不大，但因其电压很高且易放电，出现静电火花、电磁辐射感应。在易燃易爆的危险场所，静电火花可能引起火灾或爆炸。如石化生产行业，液氨、油类、烃类等物质在管道中流动时，在管壁上产生并积聚静电；在精细化学品生产时，有机溶剂与反应釜器壁摩擦会产生静电。若防范措施稍有疏漏，就有可能造成不可挽回的损失。我国近年来在石化企业发生多起因静电造成的严重火灾爆炸事故。

（3）给生产造成不利影响

① 在电子信息行业，静电积聚、感应导致电子元器件参数劣化，失去原有功能；静电感应、放电电磁干扰可能引起电子设备中元器件误动作，引发二次事故；静电高压还可能击穿集成电路的绝缘，导致元器件损坏等。

② 在纺织行业及有纤维加工的行业，特别是随着涤纶、腈纶、锦纶等合成纤维材料的应用，静电问题变得十分突出。例如，在抽丝过程中，会使丝飘动、黏合、纠结等而妨碍工作。在纺纱、织布过程中，因摩擦及其他原因产生静电，可能导致乱纱、挂条、缠花、断头等而妨碍工作。在织造、印染过程中，由于静电电场力的作用，可能吸附灰尘等而降低产品质量等。

③ 在粉体加工行业，静电除带来火灾和爆炸危险外，还会降低生产效率，影响产品质量。例如，粉体筛分时，由于静电电场力的作用吸附细微的粉末，使筛目变小而降低生产效率；计量时，由于计量器具吸附粉体，还会造成误差；粉体装袋时，由于静电斥力的作用，粉体四散飞扬，既损失粉体，又污染环境等。

④ 在塑料和橡胶行业，除火灾和爆炸危险外，由于制品的挤压和拉伸、制品与轴的摩擦等产生较多静电，塑料薄膜也会因静电而缠卷不紧等。由于静电不能迅速消散，会吸附大量灰尘，而为了清扫灰尘要花费很多时间。

⑤ 在印刷行业，纸张上的静电可能导致纸张不能分开，粘在传动带上，使套印不准，收纸不齐；在印花或绘画的情况下，静电力使油墨移动而大大降低产品质量。

当然，静电也能为工农业生产与科研服务，如工业生产中的静电印花、静电植绒、静电喷涂、静电除尘、静电分离等就是静电技术的应用实例。图 4-5 反映了利用静电除尘的工艺过程。离子发生器让尘埃带上静电，然后利用静电吸附作用，将带电尘埃吸附在吸尘盘上，获得洁净空气。

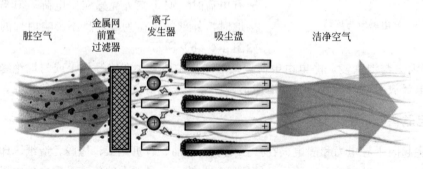

图 4-5 静电除尘

二、静电的产生及其影响因素

1. 静电的产生

静电是由于电子在外力的作用下，从一个物体转移到另一个物体或者受外界磁场影响而产生的极化现象。

（1）静电产生的内因　静电产生的主要内因有电子的溢出功、电阻率和介电常数。

逸出功不同的固体物质，在接触界面上会产生电子转移。逸出功较小的一方失去电子带正电，而另一方就获得电子带负电，于是在接触界面上形成了双电层。如图 4-6 左侧所示双电层现象。

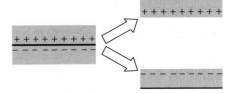

图 4-6　双电层与静电分离

由高电阻率物质制成的物体，其导电性能差，带电层中的电子移动比较困难，形成了静电荷积聚的条件。若此两物体或其中之一由于导电性能较差，物体分离后就有一部分电子回不到原来的物体上去，因而两物体均出现带电性，如图 4-6 右侧所示。

介电常数反映的是电介质在电场中储存静电的能力，介电常数与电阻率共同决定了静电的消散速度。介电常数越小，静电累积越显著，消散速度越慢。

（2）静电产生的外因　静电产生的外因主要有物体间的接触-分离起电、感应起电、附着带电、电荷迁移起电等。

① 接触-分离起电。带电序列中位置不同的物体之间相互接触至其间距离小于 2.5nm 时，在接触界面上会产生电子转移。逸出功较小的一方失去电子带正电，另一方获得电子带负电，于是在接触界面上出现异性电荷分离，形成了双电层。如果相互接触的物体快速分离，转移电荷来不及复位而在分离物上出现同种电荷积聚，形成静电。图 4-6 反映了接触-分离起电过程。

带电序列位置相距越远，接触-分离产生的静电越多。

固体物质带电序列 1：（+）玻璃—头发—尼龙—羊毛—人造纤维—绸—醋酸人造丝—奥纶—纸—黑橡胶—维尼纶—沙纶—聚酯纤维—电石—聚乙烯—可耐可龙—赛璐珞—玻璃纸—聚氯乙烯—聚四氟乙烯（-）。

固体物质带电序列 2：（+）石棉—玻璃—云母—羊毛—毛皮—铅—镉—锌—铝—铁—铜—镍—银—金—铂（-）。

接触-分离形式有多种，如摩擦、破断（粉碎）、撕裂、剥离、撞击、搅拌、拉伸挤压、过滤（分离）、流动、喷出等形式。

摩擦起电是紧密接触和迅速分离反复进行的一种形式，从而促使静电的产生。例如，紧密接触的固体物质间相对移动、管道中流动物质与管道壁及流体分子间运动摩擦以及传送带与驱动转轴间接触分离等，均属于摩擦起电。

粉体、液体和气体从截面很小的开口处喷出时，这些流动物体与喷口激烈摩擦，同时流体本身分子之间又互相碰撞，会产生大量的静电。喷在空间的液体，由于扩展飞散和分离，出现许多小滴组成的新液面，也会产生静电。

② 感应起电。任何带电体周围都有电场，电场中的导体能改变周围电场的分布。同时，置入电场中的可导电体在电场作用下，会出现正负电荷在其表面不同部位分布的现象，称为

感应起电。如图 4-7 所示为可导电体在带电体附近感应起电。

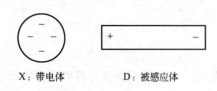

X：带电体　　　　D：被感应体

图 4-7　静电感应起电

在工业生产中，带电的物体能使附近不相连的导体，如金属管道、零件表面的不同部位出现带有电荷的现象，这就是静电感应起电。若物体处于电磁辐射场中，则会出现电磁辐射感应。

③ 附着起电。某种极性的离子或带电微粒附着到与地绝缘的固体或粉体上，能使该物体带上静电或改变其带电状况。物体获得电荷量，取决于物体对地电容及周围条件，如空气湿度、物体形状等。

附着起电的情况多见于纺织、矿石粉碎、冶金、面粉加工的等多粉尘的行业。人在有带电微粒的场合活动后，由于带电微粒吸附于人体，人体也会带电。

④ 电荷迁移起电。当一个带电体与一个非带电体相接触时，电荷将按各自电导率所允许的程度在它们之间分配，而使非带电体带电，这就是电荷迁移。

当带电雾滴或粉尘撞击在固体上（如静电除尘）时，会产生电荷迁移。当气体离子流射在初始不带电的物体上时，也会出现类似的电荷迁移。

除上述静电起电方式外，还有极化起电、压电起电等方式。需要指出的是，产生静电的方式往往不是孤立单一的，而是几种方式共同作用的结果。

2．静电的类型

不仅固体、粉尘和液体能起静电，人体也能起静电。

（1）固体静电　固体起电通常包括接触-分离（摩擦）起电、附着起电、感应起电等形式。物质表面往往因杂质吸附、腐蚀、氧化等，形成了具有电子转移能力的薄层。当生产中出现摩擦、挤压、破断、粉碎等形式时，两种物体带电序列位置不同，在一种物体上积聚正电荷，另一种物体上则积聚负电荷，在各物体上产生静电。

固体静电在电子、塑料、橡胶、合成纤维、皮带传动等的生产工序中比较常见。

（2）液体静电　液体在流动、搅拌、沉降、过滤、摇晃、喷射、飞溅、冲刷、灌注等过程中都可能产生静电。

流体与管道内壁发生摩擦，在接触面形成移动双电层，如图 4-8 所示。流动层的带电粒子随液体流动形成流动电流，异性带电粒子留在管道中，如管道接地则流入大地。

液体静电在流程生产领域（特别是石油化工行业）非常普遍，在具有火灾、爆炸危险场所应特别注意静电危害防护。

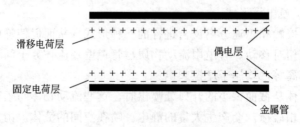

图 4-8　流体流动双电层现象

（3）粉体静电　粉体是指由固体物质分散而成的细小颗粒。例如在粉碎、研磨、筛选、过滤等工序中，粉尘与粉尘、粉尘与管壁之间的互相摩擦经常有静电产生。

塑料粉、药粉、面粉、麻粉、煤粉和金属粉等粉体都可能产生静电。粉体静电电压可高达数万伏。轻则使操作人员遭到电击影响生产，重则引起重大爆炸事故。

（4）人体静电　人体带电的主要原因有摩擦带电、感应带电和吸附带电等。如作业人员穿普通工作服与工作台面、工作椅摩擦时，可产生 $0.2\sim10\mu C$ 的电荷量使人体带静电，在服装表面能产生 6000V 以上的静电电压；作业人员穿橡胶或塑料工作鞋时，其绝缘电阻高达 $10^{13}\Omega$ 以上，当与地面摩擦时产生静电荷使人体和所穿衣服带静电。

3．影响静电的因素

静电产生受物质材质、杂质、表面状态、接触特征、分离速度、环境条件等因素的影响。

（1）材质和杂质的影响　材料的电阻率（包括固体材料的表面电阻率）对静电泄漏有很大影响。由高电阻率物质制成的物体，其导电性能差，带电层中的电子移动比较困难，构成了静电荷积聚的条件。实践证明，容易得失电子且电阻率很高的材料，容易产生和积累静电。电阻率对静电的影响如图 4-9 所示。

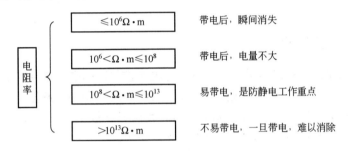

图 4-9　电阻率对静电的影响

对于固体材料，电阻率较小时，不容易积累静电；电阻率较大时，容易积累静电。带电序列中相对位置较远的物体间接触产生静电较强，带电序列中相对位置较近的物体间接触产生静电较弱。

对于液体，电阻率较小时，静电随着电阻率的增加而增加；电阻率较大时，静电随着电阻率的增加而减少。生产中常见的乙烯、丙烷、丁烷、原油、汽油、轻油、苯、甲苯、二甲苯、硫酸、橡胶、塑料等都比较容易产生和积累静电。

杂质对静电有很大的影响。一般情况下，杂质有增加静电的趋势；但如果杂质能降低原有材料的电阻率，则加入杂质有利于静电的泄漏。液体内含有高分子材料（如橡胶、沥青）的杂质时，易产生静电。

液体内含有水分时，在流动、搅拌或喷射过程中会产生附加静电；液体宏观运动停止后，液体内水珠的沉降过程中会产生静电。如果油管或油槽底部积水，经搅动后容易引起静电事故。

（2）工艺设备和工艺参数的影响　接触面积越大，双电层正负电荷越多，产生静电越多。接触压力越大或摩擦越强烈，会增加电荷的分离，以致产生较多的静电。管道内壁越粗糙，接触面积越大，冲击和分离的机会也越多，流动电流就越大。

设备的几何形状也对静电有影响。例如，采用离心方式过滤液体，可能使静电电压增加几十倍；物料在设备内加工历程越长，静电越严重；平带与带轮之间的滑动位移比三角带与带轮之间的滑动位移大，平带产生的静电更多。

接触-分离速度越高，产生静电越多；液体流速对液体静电影响很大，流速越高，产生静电越多；液体流动状态由层流变为湍流时，其带电量会有显著的增加。

对于粉体，当管道、料槽材料与粉体材料相同时，不易产生静电；当管道、料槽材料与粉体材料不同时，则主要取决于粉体性质，并且颗粒越小，一定量粉体的表面积越大，产生静电越多。

（3）环境条件的影响　潮湿程度影响材料的导电性和保持静电荷的能力。材料表面电阻率随空气湿度增加而降低，相对湿度越高，材料表面电荷密度越低。由于空气湿度受环境温度的影响，以致环境温度的变化可能加剧静电的产生。但当相对湿度在40%以下时，材料表面静电电荷密度几乎不受相对湿度的影响而保持为某一最大值。

周围导体布置对静电电压也有很大的影响，带静电体周围导体的面积、距离、方位都影响其间电容，从而影响其间静电电压。例如，油料在管道内流动时电压不很高，但当注入油罐（特别是注入大容积油罐）时，油面中部因电容较小使静电电压升高。又如，粉体经管道输送时，在管道出口处由于电容减小，静电电压升高，容易产生较大火花引起爆炸事故。

三、静电危害防护

根据静电产生原因、特点与影响因素以及静电防护国际标准，结合我国生产实践，制定有 GB 12158—2006《防止静电事故通用导则》、GB 13348—2009《液体石油产品静电安全规程》、GB 50813—2012《石油化工粉体料仓防静电燃爆设计规范》、GB 50611—2010《电子工程防静电设计规范》等相关标准，指导静电危害的防护。

静电防护目标是：采取措施减少静电产生、限制静电积聚、控制静电泄放，将静电效应控制在安全范围内。防护措施主要涉及五个方面：工艺法控制、静电泄漏导走、静电中和、控制环境危险程度和人体静电防护，同时实施科学有效的防静电操作规程。

1. 工艺法控制

工艺法控制是从设备构造、材料与介质选择、工艺流程及操作管理等方面采取措施，限制静电产生或控制静电的积累，使之控制在安全范围之内。

（1）设备结构　在设计和制作工艺装置或装备时，应尽量做到接触面积和压力较小，接触次数较少，缩短产生静电的历程，控制运动和分离速度，避免物料的高速剥离，避免粉体的不正常滞留、堆积和飞扬；同时配置必要的密闭、清扫和排放装置。

在结构设计上应避免存在静电放电的条件。在容器、料仓内避免出现细长的导电性突出物等，严禁有与地绝缘的金属构件或金属突出物。

（2）材料选用　工艺设备应采用静电导体（体电阻率小于 $10^6\Omega\cdot m$）或静电亚导体（表面电阻率介于 $10^7\sim10^{10}\Omega\cdot m$），特别在遇到分层或套叠的结构时，避免使用静电非导体材料。

在存在摩擦且容易产生静电的场合，生产设备宜配备与生产物料相同的材料。另外，还可以考虑采用位于静电序列中位置邻近的金属材料制成生产设备，以减轻静电危害。

管道系统不宜选用非金属材料，选用非金属软连接件时宜选用防静电材料。

粉体处理系统与料仓中不宜采用非金属材料，接触可燃性粉体或粉尘的非金属零部件宜选用防静电材料，并作接地处理。

（3）减少摩擦，控制物料输送速度　在生产工艺的操作上，应控制易产生静电物料流速处于安全流速范围内。

按 GB 12158—2006《防止静电事故通用导则》、GB 13348—2009《液体石油产品静电安全规程》规定：对罐车等大型容器灌装烃类液体时，宜从底部进油。灌装油罐时，注油口未浸没之前，初始速度不应大于 1m/s；浸没之后可以逐步增速，但不得超过 7m/s。灌装铁路罐车时，$VD \leqslant 0.8$（其中，V—流速，m/s；D—管直径，m），但速度不得超过 5m/s。灌装汽车罐车时，$VD \leqslant 0.5$。

在输送工艺过程中，在管道末端加装一个直径较大的松弛容器，可大大降低液体在管道内流动时积累的静电。

（4）使用抗静电添加剂　抗静电添加剂具有良好的导电性或较强的吸湿性。在容易产生静电的高绝缘材料中加入抗静电添加剂，可降低材料电阻；以加速静电泄漏，消除静电危险。

对于固体，将其体电阻率降低至 $10^7\Omega \cdot m$ 以下，或将其表面电阻率降低至 $10^8\Omega \cdot m$ 以下；对于液体，将其体电阻率降低至 $10^8\Omega \cdot m$ 以下，即可消除静电的危险。

使用抗静电添加剂应不影响产品的理化特性，注意防止某些抗静电添加剂的毒性和腐蚀性造成的危害。另外，还应从工艺状况、生产成本和产品使用条件等方面考虑使用抗静电添加剂的合理性。

在橡胶行业，为提高橡胶制品的抗静电性能，可采用炭黑、金属粉等抗静电添加剂。

在石油行业，可采用油酸盐、环烷酸盐、铬盐、合成脂肪酸盐等作为抗静电添加剂，以提高石油制品的导电性。

在有粉体作业的行业，也可采用不同类型的抗静电添加剂。如水泥磨粉过程中加入 2,3-乙二醇胺，可避免由静电引起的抱球现象发生，以提高生产效率。

（5）消除附加静电　通过合理设计物料投放顺序、操作规程以及降低物料杂质等，减少或消除附加静电产生。

在烃类液体灌装时，为了防止搅动罐底积水或污物产生附加静电，灌装油前应将罐底的积水或污物清除掉。

不得不从顶部灌装烃类液体时，应防止液体的飞散喷溅，应使注油管头（鹤管头）接近罐底，减轻从油罐顶部注油时的冲击。注油管末端应设计成不易使液体飞散的倒 T 形等形状或另加导流板；或在上部灌装时，使液体沿侧壁缓慢下流。

采用蒸汽吹扫和清洗时，受蒸汽喷击的管线、导电物体应与油罐或设备进行接地连接。

不使用汽油、苯类等易燃溶剂对设备、器具吹扫和清洗，不使用压缩空气对汽油、炼油、苯、轻柴油等产品管线进行清扫。

（6）静置时间　易出现静电集聚的物质，在对其操作（如搅拌、输送、灌装、研磨等）结束之初，是静电最严重的时段，此时若外界操作介入，特别容易导致静电放电火花。因此，在操作结束之时，通常需要静置一段时间，使静电得到足够的消散或松弛。

静置时间：带电体所带静电泄漏至某一安全范围以内所需要的时间。

按 GB 12158—2006《防止静电事故通用导则》等规定：在液体灌装、循环或搅拌过程中不得进行取样、检测或测温等现场操作。在设备停止工作后，应静置一定时间才允许进行上述操作。静置时间（单位：s）如表 4-1 规定。

表 4-1　液体灌装、循环或搅拌过程后的静置时间规定　　　　单位：s

液体电导率/（S/m）	液体容积/m³			
	<10	10～50（不含）	50～5000（不含）	>5000
$>10^{-8}$	1	1	1	2
$10^{-12}\sim10^{-8}$	2	3	20	30
$10^{-14}\sim10^{-12}$	4	5	60	120
$<10^{-14}$	10	15	120	240

注：若容器内设有专用量槽，则按液体容积<10m³取值。

2. 静电泄漏导走

静电泄漏导走是给静电设置安全泄漏通道，将静电荷引导入大地。具体措施主要是静电接地、增湿等。

（1）静电接地　静电接地是把可能产生静电的设备通过直接接地、间接接地、静电跨接等方式与接地干线连接，提供静电泄流通道，加快静电消散。

静电接地范围：在存在静电危险的场所，所有静电导体、静电亚导体均应实施静电接地，静电非导体也应考虑静电接地。在生产现场使用静电导体制作的操作工具、检测设备等均应接地。

静电接地（跨接）一般要求如下。

① 直接接地。对于金属设备及部件导体应直接接地——使用金属导体将金属设备及部件与接地极直接连接。为防止相邻设备或部件间出现电位差，以及避免出现静电感应，通过跨接方式将区域内所有设备及部件作等电位联结，并实施静电接地。

静电接地连接是接地措施中重要的一环，SH/T 3079—2017《石油化工静电接地设计规范》提供静电接地模型如图 4-10 所示。

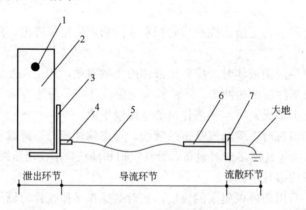

图 4-10　静电接地

1—带电区；2—带电体的泄漏通道；3—设备支架；4—接地端子；5—接地支线；6—接地干线；7—接地体

根据相关标准要求，在生产过程中，以下工艺设备应采取接地措施。

a. 凡用来加工、储存、运输各种易燃液体、易燃气体和粉体的设备都必须接地。如果袋形过滤器由纺织品或类似物品制成，建议用金属丝穿缝并予以接地；如果管道由不导电材料制成，应在管外或管内绕以金属丝，并将金属丝接地。

b．存在易燃易爆物质的燃爆危险场所，应通过等电位联结手段将所有可导电部件连接为一个整体，并良好接地，避免出现孤立导电体。

可能产生静电的管道两端和每隔200～300m处均应接地；金属管道之间、管道与管件之间以及管道与设备之间，应进行等电位联结（静电跨接）；平行管道相距10cm以内时，每隔20m应用连接线互相连接起来，如图4-11所示。管道与管道或管道与其他金属构件交叉或接近，其间距离小于10cm时，也应互相连接起来。

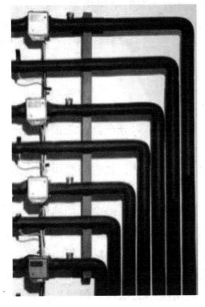

图4-11　平行燃气管道静电跨接

(a) 法兰静电跨接实物

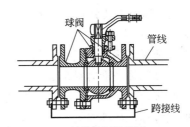

(b) 法兰静电跨接结构

图4-12　法兰静电跨接

图4-12所示为法兰静电跨接。当管道连接采用金属法兰、金属螺栓或卡件紧固时，在非腐蚀性环境中，可不另设连接线。在腐蚀性环境中，采用金属法兰、金属垫片，若金属连接螺栓少于5颗，需要静电跨接；若为非金属垫片，均应实施静电跨接。

对金属管路中间的非导体管路段，除需采取屏蔽保护外，非导体管路段上的金属件应静电跨接并接地。

c．汽车槽车、铁路槽车在装卸油之前，使用专用静电接地装置与储油设备跨接并接地；装卸完毕先拆除油管，后拆除跨接线和接地线。

d．在含可燃气体、蒸汽和粉尘场所的排风系统，应设置导除静电接地装置，减少因静电引发爆炸的可能性。

② 间接接地。对于非金属静电导体、静电亚导体设备及部件采用间接接地——使用金属以外的静电导体或静电亚导体进行静电接地，将其表面局部或全部与接地体紧密连接。

油槽车行驶时，由于油槽车轮胎与路面有摩擦，油槽车底盘上可能产生危险的静电。为了导走静电电荷，油槽车应带有导电橡胶条或金属链条（在碰撞火花可能导致危险的场合，不得使用金属链条），其一端与油槽车底盘相连，另一端与大地接触。

对于静电非导体设备及部件除进行间接接地外，还应配合必要的静置时间，以及考虑采取屏蔽接地等措施。

③ 静电屏蔽。对于某些特殊带电体，可利用各种形式的金属网罩进行局部或全部静电屏蔽，减少静电感应与静电积聚。同时屏蔽体或金属网应可靠接地，消除感应静电。

④ 静电接地电阻。因静电泄漏电流小，仅用于消散静电积聚时，静电接地总泄漏电阻通常不大于 $10^6\Omega$。

直接接地针对金属导体，静电接地电阻值一般不应大于 100Ω；在山区等土壤电阻率较高的地区，其接地电阻值也不应大于 1000Ω。

间接接地针对非金属静电导体、静电亚导体，本身静电难泄漏，降低接地电阻也没效果。因此对于间接接地，静电接地电阻一般不超过 $10^6\Omega$ 或稍大一些的电阻接地。

在某些特殊情况下，为了限制静电导体对地的放电电流，允许人为地将其泄漏电阻值提高到 $10^6\Omega\sim10^8\Omega$，但最大不得超过 $10^9\Omega$。

通过静电跨接实施等电位联结时，应确保相连部件间的过渡电阻不大于 0.03Ω。静电跨接线采用截面积不小于 $6mm^2$ 的铜芯线或软铜编织线。

防静电接地线不得与电源零线、防直击雷地线共用。

（2）增湿　增湿即增加静电防护区空气湿度，促使空气中水分在物体表面形成一定厚度的水膜，利用水分中所含杂质和溶解物，增强物体表面导电性，加快表面静电的泄漏与消散速度。因此，增湿主要针对非金属物体（绝缘体）。对于金属物体，其表面导电性与湿度没有明显关系。

增湿主要是增强静电沿绝缘体表面水膜的泄漏，而不是增加通过空气的泄漏。

若非金属物体表面容易形成水膜，即容易被水润湿的绝缘体，如醋酸纤维、硝酸纤维素、纸张、橡胶等，增湿对消除静电是有效的；若非金属物体表面不能形成水膜，即表面不能被水润湿的绝缘体，如纯涤纶、聚四氟乙烯，增湿对消除静电是无效的。

对于孤立的带静电绝缘体，空气增湿以后，虽其表面能形成水膜，但没有泄漏的途径，增湿对消除静电无效。另外，在高温环境、表面水分蒸发极快的绝缘体，增温对静电消散无增强效果。

在增温可以降低静电的情况下，当相对湿度低于30%时，静电产生比较强烈，相对湿度应在50%以上，可明显降低静电；若湿度提升到65%～70%，能显著降低静电。若控制目标在于消除静电危害，应保持相对湿度在70%以上较为适宜；对于吸湿性很强的聚合材料，相对湿度应提高到80%～90%。

3. 静电中和

静电中和分为物质匹配法与静电中和器法。

物质匹配法：对产生正负电荷的物料加以适当组合，使最终达到起电最小。

静电中和器法：对于高带电的物料，宜在接近排放口前的适当位置装设静电中和器，通过静电中和器分离出的相反极性离子与物质静电中和，消除物质静电。

静电中和器产生数千伏高压电施加于放电极，通过电晕放电将空气电离产生大量正负电荷，并用风机将正负电荷吹出，形成一股正负电荷的气流，将物体表面所带的电荷中和掉。当物体表面带负电荷时，它会吸引气流中的正电荷；当物体表面带正电荷时，它会吸引气流中的负电荷，从而使物体表面上的静电被中和，以达到消除静电的目的，如图4-13所示。静电中和器主要有自感应式、外接电源式、放射线式、离子流式和组合式等，可根据生产需要选择适合的静电中和器。

静电中和器法已经被广泛应用于薄膜、纸、布匹等生产行业。但是，若应用不当或失误，会使消除静电的效果减弱，甚至会导致事故发生。

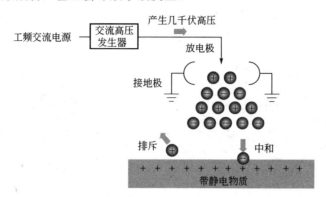

图 4-13 静电中和示意图

4．控制环境危险程度

静电引起火灾和爆炸的条件之一是有爆炸性混合物存在。为了防止静电的危害，应采取控制措施降低所在环境的火灾爆炸危险性。

在不影响生产工艺过程、产品质量和经济合理的前提下，用不可燃介质代替易燃介质。如用三氯乙烯、四氯化碳、苛性钠或苛性钾代替汽油、煤油作洗涤剂有良好的防爆效果。

在爆炸和火灾危险环境，采用通风装置或抽气装置及时排出爆炸性混合物，降低爆炸性混合物的浓度。

在某些装置中充填氮、二氧化碳或其他不活泼的气体，减少气体、蒸气或粉尘爆炸性混合物中氧的含量不超过 8%时，即不会引起燃烧爆炸。

5．人体静电防护

人体是静电体，其静电大小与人体活动及穿戴关系紧密。在静电防护区域内作业时，人体静电危险性极大，人体静电防护应高度重视。图 4-14 为常见人体静电释放警示。

图 4-14 常见人体静电释放警示

（1）防静电穿戴 在静电防护区活动及操作静电防护对象时，相关静电防护个人用品应符合 GB 12014—2019《防护服装 防静电服》等标准要求。

在爆炸危险 0 区、1 区作业活动时，应按规范要求穿戴防静电服、防静电鞋，且穿戴各部间应存在电气连接性。防静电鞋为静电导体，不能使用一般绝缘鞋。还应注意：在有静电危险的场所，工作人员不应佩戴孤立的金属物件。

在人体直接操作静电敏感器件时，应按规范要求佩戴防静电腕带、防静电手套。腕带与人体皮肤应有良好接触，人体通过防静电腕带和挠性金属连接线予以接地，如图 4-15 所示。

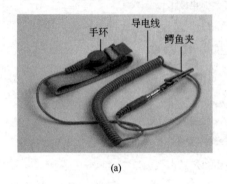
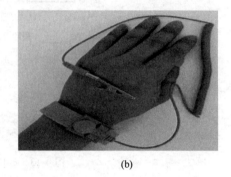

(a)　　　　　　　　　　　(b)

图 4-15　防静电腕带

（2）人体静电释放　按 GB 13348—2009《液体石油产品静电安全规程》等标准，在静电防护作业区入口合适位置设置人体静电消除装置。人员进入静电防护区前，须用手接触人体静电消除器，释放所带静电后才允许进入防护区进行相关活动。

人体静电消除器（图 4-16）。由触摸球、状态指示器、蜂鸣器、立杆、接地线组成。人体接触触摸球、状态指示灯以及蜂鸣器提示携带静电情况，并通过立杆、接地极将人体静电释放到大地。

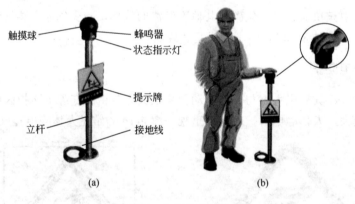

(a)　　　　　　　　　　　(b)

图 4-16　人体静电消除器

第二节　雷电危害及防护

雷电是大气雷云的自然放电现象，能量巨大，因热效应、电效应、机械效应，在其放电路径及周围空间产生机械作用、高温火花、浪涌电流电压，以及雷电感应与电磁波辐射，产生巨大的破坏作用。为应对雷电危害，GB/T 21714《雷电防护》、GB 50057—2010《建筑物防雷设计规范》等标准规范，提供了相应的雷电防护措施。

一、雷电的种类及特点

1. 雷电与闪击

雷电是一种自然现象，是不同极性带电的云层之间，或者带电的云层对大地之间迅猛地放电，如图4-17所示。这种迅猛的放电过程产生强烈的闪电并伴随巨大的声音。

雷云中的电荷分布很不均匀，往往形成多个电荷密集中心。每个电荷密集中心的电荷为0.1～10C，而一大块雷云同极性的总电荷则可达数百库仑。因此，在带有大量不同极性或不同数量电荷的雷云之间，或雷云和大地之间就形成了强大的电场。一旦空间电场强度超过大气游离放电的临界电场强度（大气中的电场强度约为30kV/cm，有水滴存在时约为10kV/cm）时，就会发生云间或对地的火花

图4-17　雷电现象

放电，产生强烈的光和热，使空气急剧膨胀震动，发生霹雳轰鸣。人们将这种闪电伴随雷鸣叫作雷电。

GB 50057—2010《建筑物防雷设计规范》定义：雷击是雷云对地闪击中的一次放电；对地闪击是指雷击与大地（含地上的突出物）之间的一次或多次放电。

2. 雷电特点

① 雷电放电猛烈，雷电流巨大，幅值高达数十千安至数百千安。

② 雷电流陡度大、冲击性很强，具有高频特征。雷电流陡度是指雷电流随时间上升的速度。波头陡度高达50kA/s，雷电流放电时间极短，只有50～100μs，属高频冲击波。

③ 雷电冲击过电压高。由雷电直接对地面物体放电或雷电感应而引起的过电压统称为雷电过电压。直击雷冲击过电压高达兆伏级，雷电感应所产生的电压可高达300～500kV。

④ 雷电放电火花温度高，放电时产生的温度达2000K。

3. 雷电类型

（1）直击雷　带电的积云与地面目标之间发生迅猛的放电现象称为直击雷。按GB 50057—2010《建筑物防雷设计规范》定义为：闪击直接击于建（构）筑物、其他物体、大地或外部防雷装置上，产生电效应、热效应和机械力者。

在直击雷作用下，被击物产生很高的电位而引起过电压，同时强大的雷电流（达几十千安甚至几百千安）通过地面目标导入大地［图4-18（a）］，产生破坏性很大的热效应和机械效应，极易使设备或建筑物损坏，并引起火灾或爆炸事故。当击中人畜时造成人畜死亡。

当雷击于对地绝缘的架空线路、金属管道时，产生高压冲击波（可高达几千千伏），沿线路或管道的两个方向迅速传播，以波动的形式迅速地向变电所、发电厂或建筑物内传播［图4-18（b）］，不仅会引起线路发生短路事故，还引起沿线安装的电气设备绝缘击穿、起火等严重后果。

（2）雷电感应　雷电感应又称感应雷或间接雷，是指强大带电积云或雷电流对导电体形成的静电感应或电磁感应产生危险的过电压的现象，如图4-19所示。雷电感应分为静电感应

和电磁感应。

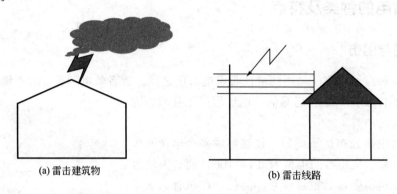

(a) 雷击建筑物　　　　　　　　(b) 雷击线路

图 4-18　直击雷作用

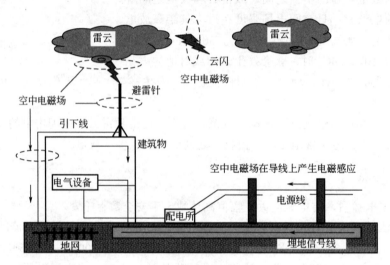

图 4-19　雷电感应

　　静电感应形成是由于雷云接近地面时，在地面凸出物顶部感应出大量异性电荷所致。在带电积云通过其他渠道放电后失去束缚，以大电流、高电压冲击波形式，沿电气线路或导电体极快传播。

　　电磁感应形成主要是直击雷放电过程中，强大的脉冲电流在周围空间产生瞬变电磁场，对周围的导电体产生电磁感应，感应出高电压引起雷电闪击。如导电体系开口环状导体，开口处可能由此引起火花放电；如系闭合导体环路，环路内将产生很大的冲击电流；如闭合导体环路某处接触不良，出现局部发热，导致危险温度。

　　感应雷虽没有直击雷猛烈，但其发生的概率比直击雷高得多。可能在较大范围内的多个小局部同时产生感应雷过电压现象，并通过电力线、信号线路、金属管道传输很远，导致火灾及爆炸、设备及系统损坏、人员伤亡。

　　（3）云闪　云闪是空中两片雷云之间或一片雷云的两边发生异种电荷间放电。如图 4-19 所示为上部雷云之间的放电效应。它不直接作用于地面建筑物、设备或人体，对建筑物、设备及人的直接伤害较小，但云闪放电会引起雷电感应，若带电雷云离地面越近，云闪引起的雷电感应越强，对地面目标影响越显著。

　　（4）球形雷　球形雷简称球雷。通常认为它是一个炽热的等离子体，温度极高并发出紫色或红色（也有带黄色、绿色、蓝色或紫色）的发光球体，直径一般在几厘米至几十厘米。球形雷通常沿水平方向以 1～2m/s 的速度上下滚动，有时距地面 0.5～1m，有时升起 2～3m。它在空中飘游的时间可由几秒到几分钟，一旦遇到物体或电气设备时会产生燃烧或爆炸而消失。球形雷主要沿建筑物的孔洞、烟囱或开着的门窗进入室内，有时也通过不接地的门窗铁丝网进入室内。

二、雷电的危害

由于雷电具有过电流大、过电压高、冲击性强等特点，产生多方面的破坏作用，且破坏力很大。雷电效应就其破坏因素看，主要来自于雷电的热效应、机械效应、电效应三方面以及雷电引发的电磁作用。

1. 热效应

一是雷击放电产生的高温电弧，一般在 6000～20000℃，甚至高达数万摄氏度，可直接引燃邻近的可燃物；二是雷电流通过导体时，在极短时间内产生大量的热能，会引起绝缘材料起火、导线烧断、设备烧坏，引发火灾及爆炸事故。

2. 机械效应

雷电对被击目标放电时，强大的电流通过产生高温，当它通过树木或建筑物时，其内部水分受热急剧汽化或分解出气体剧烈膨胀，产生强大的机械力，导致被击物损坏或炸裂甚至击毁，以致伤害人畜。

3. 电效应

雷击及雷电感应（电磁感应或静电感应）产生过电压过电流，可使电力线路和设备绝缘击穿，毁坏发电机、电力变压器、断路器等；可能导致高压窜入低压，致使开关异常掉闸，线路停电引起后续事故；或者产生危险接触电压、跨步电压，在大范围内带来触电危险；或者间隙过压放电与短路火花，引起火灾或爆炸事故。

4. 雷电波侵入

雷电浪涌产生脉冲电磁波辐射（也称雷电波侵入），在一定空间范围内使区域内线路、电子设备出现高频电磁干扰，破坏数据信息，导致电子电气系统失效，危及信息系统安全。

雷电浪涌产生瞬变电磁场，使其附近的设施及线路、管线等产生感应电压电流，并沿电力线路、信号线路、金属管道侵入建（构）筑物内系统（电力装置、电气系统、电子系统等），损坏设备及干扰系统运行，导致信息和数据异常。

综上所述，雷击危害主要体现在三个方面：产生危险接触电压和跨步电压，导致人及动物触电重大伤亡事故；高温及火花，导致火灾和爆炸事故；雷电综合效应，损毁建筑物及设备、破坏数据与信息系统。

三、雷电防护装置

人类长期防雷实践与科学研究，针对直击雷及雷电感应、雷电波侵入特性与危害方式，研发应用了针对性的防雷措施，以消除或减少雷电危害。

1．外部防护——直击雷防护装置（LPS）

直击雷防护装置（俗称避雷针）主要针对建筑物外部空间雷云，利用避雷装置实施先导截雷，将雷电流通过自身引向大地中泄放，防范直击雷对建筑物结构的直接破坏。直击雷防护也称外部防护。

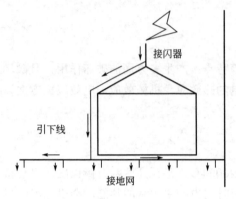

图4-20　直击雷防护装置

（1）直击雷防护装置组成、原理　一套完整的外部防雷装置包括接闪器、引下线和接地装置，如图4-20所示。

防护原理：利用高于建筑物顶部的接闪器，引导雷电向接闪器先导放电，然后经良好接地的引下线迅速而安全地把绝大部分雷电能量直接导入大地，有效抵御雷电对建筑物结构的直接闪击。

① 接闪器。接闪器安装于被保护建筑物最高处之上，利用其高出被保护物的突出地位，引导雷电向接闪器先导放电，使雷电流流散到大地中去，防范雷电直击被保护的建筑物。

接闪器主要有避雷针、避雷网、避雷带、金属构件等，建筑物的金属屋面可作为不使用或储存大量爆炸危险物质的建筑物的接闪器。

a．避雷针主要用于保护高耸孤立的建筑物或构筑物及周围的设施，也常用来保护室外的装置设备，如图4-21所示。避雷针有多种变形结构，相关性能特性亦有不同。

图4-21　避雷针

b．避雷带装于建筑物易遭雷击部位的外部，如屋脊、屋檐、屋角、女儿墙和山墙等条形长带，如图4-22所示。

图4-22　避雷带

c. 避雷网是纵横交错的避雷带叠加在一起，形成多个网孔。它既是接闪器，又兼有防雷电感应的作用，是接近全保护的方法。根据 GB/T 21714《雷电防护》、GB 50057—2010《建筑物防雷设计规范》等规定，避雷网规格要求如表 4-2 所示。

表 4-2 不同建筑物防雷类别避雷网规格要求

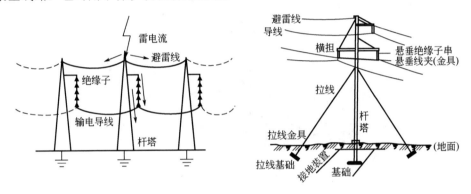

建筑物防雷类别	避雷网格尺寸/m×m
第一类防雷建筑物	≤5×5 或 ≤6×4
第二类防雷建筑物	≤10×10 或 ≤12×8
第三类防雷建筑物	≤20×20 或 ≤24×6

d. 避雷线（图 4-23）常与架空线路同杆架设，敷设于塔杆的最高层。避雷线主要用于保护架空线路，也可用于保护狭长场站区域。

图 4-23 避雷线

② 引下线。引下线是导引雷电流从接闪器传导到接地装置的导体，为雷电流泄放到大地提供通道。引下线应有良好的电气连续性，并满足机械强度、耐腐蚀的要求。

应尽可能多地并联布放引下线构成雷电流分流通道，引下线最好围绕建筑物周边等间距设置，尽可能沿建筑物暴露在外的墙角设置，如图 4-24 所示的引下线分布。引下线应与可燃物质保持一定距离，同时远离建筑物内部电路和未连接金属部件。

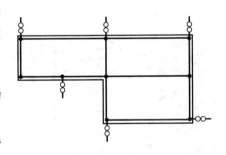

图 4-24 直击雷引下线分布

各类防雷建筑引下线间的典型距离如表 4-3 所示，其具体数量、间隔及点位分布应考虑流散进大地时对地位的影响来确定。

表 4-3 建筑物防雷类别与引下线分布间距关系

建筑物防雷类别	引下线间典型距离/m
第一类防雷建筑物	10
第二类防雷建筑物	15
第三类防雷建筑物	20

　　对于较高建筑物，引下线很长。发生雷击时，雷电流的电感压降将达到很大数值，需要在每隔不大于 12m 的高度处，用环形导体（均压环）将各条引下线在同一高度等间隔相连（图 4-25），并接到同一高度的室内金属物体、等电位端子，保持同一建筑层面的等电位，以减小其间的电位差，减少危险火花产生的概率，避免发生雷电反击，也有利于建筑物内部防护（屏蔽）构建。

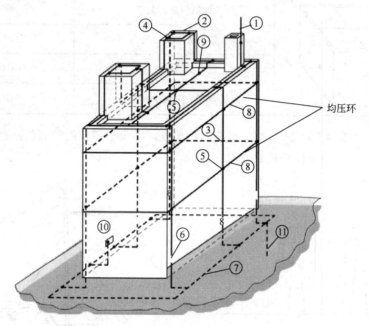

图 4-25　引下线连接均压环

　　另外，还可利用建筑物金属框架结构、混凝土内钢筋、钢柱以及外墙各类金属构件等作自然引下线（图 4-26），但要保证这类自然引下线与接闪器及接地体之间持续良好的电气连续性，否则需要独立设置引下线。

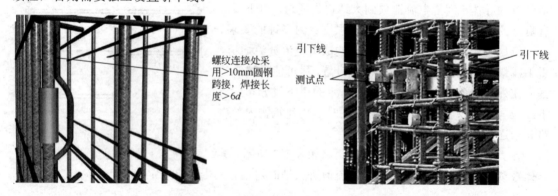

图 4-26　利用建筑物钢筋作自然引下线

　　为便于测量接地电阻以及检查引下线、接地线连接状况，应在各引下线距地面 0.3～1.8m 之间设置断接卡（或测试接头），如图 4-27 所示。断接卡应持续保持接通状态，测试时可以用工具打开。

　　在易受机械损伤之处，地面上 1.7m 至地面下 0.3m 的一段接地线应采用暗敷或采用镀锌角钢或改性塑料管或橡胶管等加以保护。

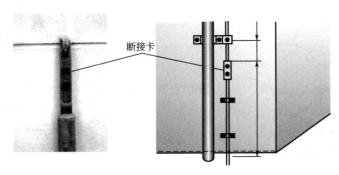

图 4-27　引下线设置断接卡

③ 接地装置。接地装置是防雷装置的重要组成部分，包括接地线、接地体。它用于传导雷电流均匀流散到大地。

A 型接地装置由连接到引下线的水平接地体或垂直接地体构成，适用于使用杆状、线状接闪器或独立 LPS 的接地装置。

B 型接地装置由一个环形接地体或建筑物地基中的互连钢筋或其他地下金属结构作为基础接地体构成，适用于网状接闪器和具有若干引下线的 LPS 系统。它能在引下线之间建立等电位联结及对地电位控制。

防雷接地装置与一般接地装置一样，应实施等电位联结。对于广阔区域的雷电防护，可以将多个建筑物的地进行互连，构成网状接地装置。

有关接地装置的其他要求可参见第三章第一节接地装置相关内容。防雷接地装置的整体接地电阻应小于 10Ω。

值得注意的是：

防雷装置必须持续具有电气连续性、良好导电性，一旦有一处连接不好或断开，断口以上与断口以下将会在雷云或雷击效应下形成电位差放电，或者阻碍雷电流泄放通路而被迫通过建筑物，这样不但不能避雷，反而招来雷祸。

对于高度大于或等于 60m 的高层建筑物，可能发生侧击（闪络），特别是建筑物的角、点及边缘处。一般要求在建筑物高度的上部 20%且超过 60m 的部分及建筑物上的设备应安装接闪器。建筑物侧面接闪器可以用外部金属材料来满足，也可以用 LPS 的垂直边缘上的引下线来满足。

（2）接闪器保护范围　接闪器的保护范围与接闪器安装高度有关。一般情况下，接闪器高度越高，其保护范围越大。具体保护范围可按 GB/T 21714《雷电防护》提供的保护角法、滚球法、网络法等进行计算。

GB 50057—2010《建筑物防雷设计规范》推荐滚球法。滚球法计算原理：以某一规定半径的球体，在装有接闪器的建筑物上滚过，如图 4-28 所示。滚球体由于受建筑物上所安装的接闪器的阻挡而无法触及某些范围，被认为是接闪器的保护范围。

单支杆式接闪器的保护范围如图 4-29 所示的由滚球法作出的圆弧锥体罩住区域。

显然，同样参数的接闪器，滚球半径越大，保护区域越宽，但保护概率会相对降低。

GB 50057—2010 及 GB/T 21714 针对建筑物防雷类别不同要求，推荐滚球半径如表 4-4 所示。

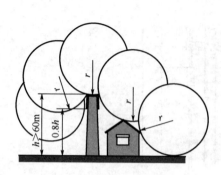

图 4-28　滚球法计算保护范围

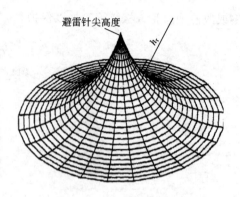

避雷针尖高度

图 4-29　滚球法保护范围

表 4-4　雷电防护滚球半径

建筑物防雷类别	滚球半径/m
第一类防雷建筑物	30
第二类防雷建筑物	45
第三类防雷建筑物	60

　　凡安装在建筑物上的接闪杆、接闪线、接闪带，不管建筑物的高度如何，都可采用滚球法来确定保护范围。若达不到保护要求，可通过增加杆高，或者附加接闪器等方式满足。

2. 内部防护（SPM）——等电位系统与屏蔽

　　实践与研究表明，内部防护（SPM）是雷电感应防护的关键技术。基本措施包括接地系统与等电位联结、屏蔽及布线、隔离界面等。

　　（1）接地与连接网络（等电位系统）　　接地系统与等电位联结的功能是将雷电流传导并均匀地泄放到大地，并通过连接网络最大程度地降低电位差，减少电磁场危害。

　　建筑物周围或者钢筋混凝土地基内的环形接地体，与建筑物钢筋混凝土地基内网络型连接的钢筋相结合，以及建筑物地下室钢筋混凝土内钢筋构成相互良好的接地网络，网络典型宽度 5m。

　　网络型连接网络可以由建筑物的导电部件或者内部系统的部件构成，并且每个防护区的边界所有金属部件或导电装置直接或通过 SPD 进行等电位联结。

　　也可布置成三维的网络状结构，将建筑物内部及构筑物上的金属部件（如混凝土钢筋、电梯导轨、吊架、金属屋顶、门窗的金属框架、金属地板框架、管道或线槽）进行多重相互连接，以及对连接排、磁屏蔽层等进行类似连接。

　　在 IEC 标准中，等电位联结是内部防雷措施的一部分。等电位联结将建筑物本层柱内主筋、建筑物的金属构架、金属装置、电气装置、电信装置等连接起来，形成一个等电位联结网络，如图 4-30 所示。

　　雷电侵袭的瞬间（纳秒级），接地系统起到了泄流和等电位的作用，为保证雷击时雷电流能迅速泄入大地和不产生电位差，因此接地电阻和等电位联结一定要良好，并以最短线路连到最近的等电位联结带或其他已作等电位联结的金属物上，且各导电物之间得尽量附加多次相互连接，避免人员伤亡和击坏设备。

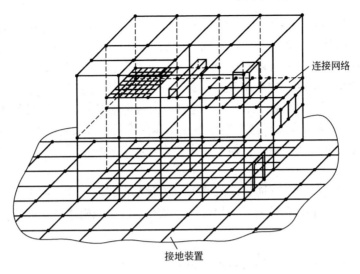

图 4-30 防雷电等电位联结网络

（2）屏蔽 屏蔽能很大程度衰减雷击防护区内的电磁场，从而减少内部发生的感应。

① 空间屏蔽。空间屏蔽规定的防护区，可以是整个建筑物、部分建筑物、单个房间或者仅仅是设备的机壳，可以由网络或者连续的金属屏蔽层构成。

现代高层建筑防雷设计多采用笼式避雷网（简称避雷笼，如图 4-31 所示）。避雷笼把整个建筑物梁、柱、板、基础等主要结构钢筋，以及建筑物顶部的接闪网、接闪线、接闪杆等，按 LPS 各结构的技术要求连成一体，构为一个笼式结构。柱内钢筋与基础接地极相连作为引下线，结构圈梁钢筋与引下线钢筋焊接作为均压环，它对雷电起到均压和屏蔽的作用。

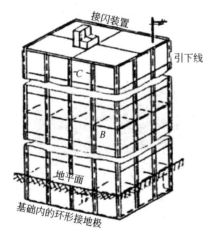

图 4-31 建筑物法拉第避雷笼

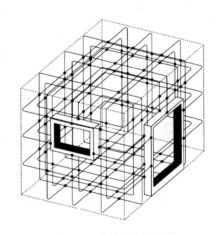

图 4-32 建筑物空间屏蔽

在需要防护空间，用连接导线或过电压保护器，将防护空间处的防雷装置、电气设备、金属门窗、电梯导轨、电缆桥架、各种金属管线以及弱电系统的金属部件（如箱体、壳体、机架），与建筑物内钢筋等相互焊接或连接起来，构成统一的空间格栅式导电系统，形成建筑物的法拉第笼，实现空间屏蔽，如图 4-32 所示。通常要求网络宽度典型值小于 5m。

在实际工程中，可根据空间区域雷电防护等级，构建多层空间屏蔽格栅，以满足不同区域、设备对雷电感应防护的要求。

② 线路屏蔽。线路屏蔽可以采用金属屏蔽电缆、密闭的金属电缆管道以及金属设备壳体。外部线路屏蔽针对进入防护区的线路，内部线路屏蔽局限于被保护系统的设备和线路。

当采用屏蔽电缆时，其屏蔽层应至少在两端并在防雷区交界处作等电位联结。当系统要求只在一端等电位联结时，应采用两层屏蔽，外层屏蔽按上述要求处理。

③ 合理布线与界面隔离。合理布线能够最大限度地减小感应回路所包围的面积，从而减少内部感应。将电缆放在靠近建筑物自然接地体部件的位置或将信号线与电力线邻近布线，可以将感应回路的面积减至最小。但要注意电力线和非屏蔽信号线的间距与隔离，避免电力线干扰。

界面隔离主要是针对不同防护区线路入口的联系方式。主要措施有采用绕组间屏蔽层接地的隔离变压器、无金属光缆或光电耦合器，能有效减少或隔离通过线路传导到另一防护区的浪涌。

3. 过电压防护——避雷器或电涌保护器（SPD）

在雷电事故中，70%以上为雷电过电压过电流通过管线侵入设备、系统，导致设备损坏、系统崩溃、火灾爆炸、人员伤亡等。由此产生了避雷器或电涌保护器（SPD）。

按 GB/T 21714 定义，避雷器是一种通过分流冲击电流入地，把窜入电力线、信号传输线的瞬时过电压限制在设备或系统所能承受的电压范围内，且能返回到初始性能的保护装置，其功能具有可重复性。

避雷器是一种过电压保护设备，保护电力系统、电气系统、电子系统和设备不因雷电过电压或内部冲击电压而损坏。

（1）避雷器的类型

① 按保护对象特点及要求。避雷器可分为电力避雷器、电源避雷器（交流、直流）、网络信号避雷器等，如图 4-33 所示。

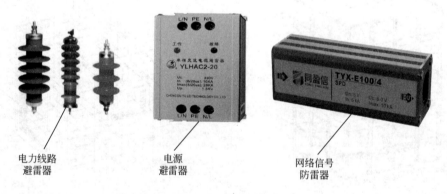

图 4-33　避雷器

电力避雷器安装于电力系统线路中，避免电力线路中雷电浪涌及其他过电压对变配电设备产生冲击而损坏，如图 4-34 所示。

电源避雷器安装于电子电气设备电源入口，防止雷电浪涌及其他过电压通过电源线路对相关设备造成危害。为避免高电压经过避雷器对地泄放后的残压过大，或更大雷电流在击毁避雷器后继续毁坏后续设备，以及防止线缆遭受二次感应，应采取分级保护、逐级泄流原则，如图 4-35 所示。

图 4-34　线路装设电力避雷器

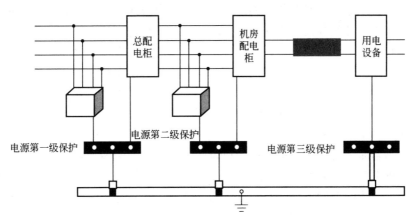

图 4-35　电源避雷器分级保护

　　信号避雷器用于弱信号线路的过电压保护。它安装于弱电设备信号线入口，防止雷电波冲击设备信号入口遭受过电压而损坏、失灵等事故的发生。

　　② 按避雷器动作方式。按避雷器动作方式分为开关型、限压型、组合型（开关与限压组合）。

　　开关型工作原理：在无电涌出现时为高阻抗，当出现过电压电涌时变为低阻抗。

　　限压型工作原理：在无电涌出现时为高阻抗，随电涌电流和电压的增加，其阻抗会不断减小，增大对地泄放电流，限制电压幅值。

　　③ 按避雷器核心元件。电力避雷器主要有保护间隙、管型避雷器、阀型避雷器、氧化锌避雷器等种类。目前应用产品以阀型避雷器、氧化锌避雷器为主。

　　电源避雷器及信号避雷器分为开关型避雷器和阻压型避雷器。其中，开关型通常采用放电间隙、充气放电管、整流管和三端双向晶闸管元件作为组件。

　　限压型通常采用氧化锌、压敏电阻、抑制二极管、雪崩二极管等作为组件，其电流电压特性为非线性。

　　（2）避雷器的结构、原理　避雷器的核心结构是通过并联放电间隙或非线性电阻的分流作用，对雷电入侵波或系统内部过电压进行泄压、削幅，降低被保护设备所受过电压值。

　　避雷器在正常系统工作电压下，呈现高电阻状态（相当于开路、绝缘状态）；在过电压大电流作用下，便呈现低电阻（相当于通路、导通状态），如图 4-36 所示。

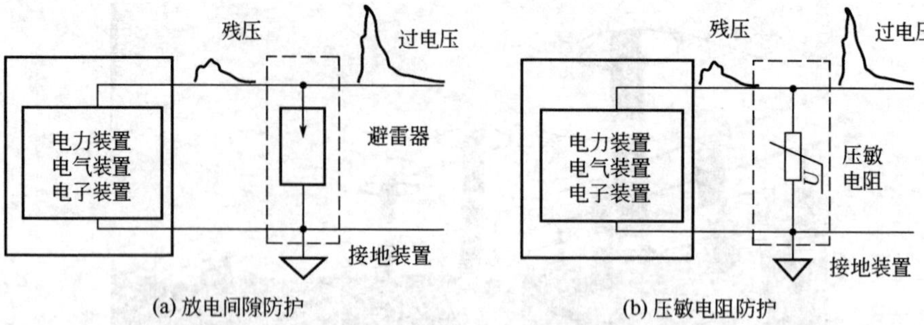

图 4-36　避雷器防护原理

避雷器并联在被保护设备或设施的进线端上，线路中无过电压过电流时，非线性元件两端呈高阻（开路）状态，不影响线路的正常工作；雷电波入侵或其他原因导致线路过电压达到规定保护限值时，非线性元件迅速转为低阻状态，为过电压提供释放泄压通道，限制过电压幅值；过电压终止后，避雷器非线性元件迅速恢复高阻状态，恢复线路正常工作。

阀型避雷器由火花间隙及阀片电阻组成，阀片电阻的制作材料是特种碳化硅。当有雷电高电压时，火花间隙被击穿，阀片电阻的电阻值下降，将雷电流引入大地，这就保护了线缆或电气设备免受雷电流的危害。在正常的情况下，火花间隙是不会被击穿的，阀片电阻的电阻值较高，不会影响线路的正常工作。

氧化锌避雷器是一种保护性能优越、质量轻、耐污秽、性能稳定的避雷设备。它主要利用氧化锌良好的非线性伏安特性，在正常工作电压时流过避雷器的电流极小（微安或毫安级）。当过电压作用时，电阻急剧下降，泄放过电压的能量，起到分流限压保护的效果；当电压恢复正常状态时，又自动恢复高阻状态。

四、雷电防护体系

雷电产生的破坏极大，雷电危害防护对保护生命、生产、财产安全都具有重要意义。人类长期防雷实践与科学研究，构建了现代防雷体系。

GB/T 21714—2015《雷电防护》、GB 50057—2010《建筑物防雷设计规范》、GB 50343—2012《建筑物电子信息系统防雷技术规范》、GB 15599—2009《石油与石油设施雷电安全规范》等规范体现了现代雷电防护体系在我国的实践应用。

1. 雷电防护的类、级、区

（1）建筑物防雷类别　根据建筑物的重要性、使用性质以及发生雷电事故的可能性和后果，GB 50057—2010《建筑物防雷设计规范》将建筑物按防雷等级分为以下三类。

① 第一类防雷的建筑物。凡制造、使用或储存火炸药及其制品因电火花会引起爆炸、爆轰，造成巨大破坏和人员伤亡的危险建筑物；具有 0 区或 20 区爆炸危险场所的建筑物；具有 1 区或 21 区爆炸危险场所因电火花引起爆炸造成巨大破坏和人身伤亡的建筑物。

② 第二类防雷的建筑物。在可能发生对地闪击的地区：具有特别重要用途的建筑物，对国民经济有重要意义的建筑物；制造、使用或储存爆炸物质，具有 1 区或 21 区爆炸危险场所，且电火花不易引起爆炸或不致造成巨大破坏和人身伤亡的建筑物；重要或人员密集的公共建筑物以及火灾危险场所，雷击次数大于 0.25 次/a 的住宅、办公楼等一般性民用建筑物或一般性工业建筑物等。

③ 第三类防雷建筑物。在可能发生对地闪击的地区：预计雷击次数小于或等于 0.05 次/a 的部、省级办公建筑物和其他重要或人员密集的公共建筑物，以及火灾危险场所；预计雷击次数在 0.05～0.25 次/a 的住宅、办公楼等一般性民用建筑物或一般性工业建筑物；在平均雷暴日大于 15d/a 的地区，高度在 15m 及以上的烟囱、水塔等孤立的高耸建筑物；在平均雷暴日小于或等于 15 d/a 的地区，高度在 20m 及以上的烟囱、水塔等孤立的高耸建筑物。

（2）雷电防护等级　根据 GB 50343—2012 规定，建筑物内电子信息系统的雷电防护等级按防雷装置的拦截效率划分为 A、B、C、D 四级。

A 级：大型计算中心、大型通信枢纽、国家金融中心、银行、机场、大型港口、火车枢纽站；国家级文物、档案库的视频安防监控系统和报警系统。

B 级：中型计算中心、中型通信枢纽、移动通信基站、大型体育场（馆）监控系统、证券中心；省级文物、档案库的视频安防监控系统和报警系统、雷达站、微波站、高速公路监控收费系统；中型电子医疗设备；四星级宾馆。

C 级：小型通信枢纽、大中型有线电视系统、三星级以下宾馆。

D 级：除上述 A、B、C 级以外一般用途的电子信息系统设备。

对建筑物电子信息系统进行风险评估，并根据建筑物电子信息系统的重要性、使用性质和价值确定雷电防护等级。

（3）雷电防护区（LPZ）　按 GB/T 21714《雷电防护》、GB 50057—2010《建筑物防雷设计规范》定义：雷电防护区（LPZ）是指由所采取的雷电防护措施（如 LPS、SPM、SPD 等）实现规定雷电电磁环境的空间区域。规定电磁环境的要求不同对 LPZ 实施分级。LPZ 分级描述如表 4-5 所示。

表 4-5　雷电防护区 LPZ 分级

保护区		保护描述
外部区域 LPZ0	LPZ0$_A$	威胁来自于直击雷和全部雷电电磁，内部系统可能受到全部或部分雷击电磁场的冲击作用
	LPZ0$_B$	对直击雷进行了防护，但受到全部雷电电磁场威胁。内部系统可能受到部分雷电浪涌电流
内部区域	LPZ1	不可能遭到直击雷，在 LPZ0$_B$ 防护基础上通过边界上实施的分流、界面隔离和/或 SPD、屏蔽等措施，雷电浪涌、雷击电磁场得到限制与衰减
	LPZ2	在 LPZ1 防护基础上，进一步在边界上实施分流、界面隔离和/或 SPD、屏蔽等措施，雷电浪涌、雷击电磁场得到进一步限制与衰减
	LPZ3…n	进一步采取措施减小流入的电涌电流和雷击电磁场强度时，增设的后续防雷区应划分为 LPZ3…n 后续防雷区

建筑物防雷类别不同，内部系统对雷电防护等级要求不同（主要是电磁环境的要求、耐受水平也有区别），需要防护措施不一样。从经济合理的角度考虑，将被保护系统空间划分为若干个分层保护区 LPZ（图 4-37），便于各防护区采取的雷电防护措施和该空间内部系统所需要的耐受水平相匹配。

2. 雷电防护系统

雷电能量大、危害侵入形式与途径复杂，任何单一的防护措施，其效果都是有限的。防止或减少雷电危害的技术措施与手段需要综合、系统性考虑。

（1）综合防护　雷电防护系统主要包括两部分（三环节），即外部防护（LPS）、内部防护（包括 SPM、过电压防护 SPD），如图 4-38 所示。

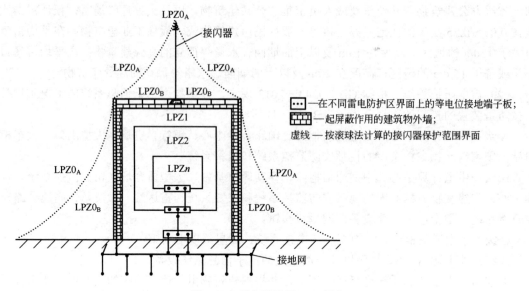

图 4-37 雷电防护区 LPZ 划分

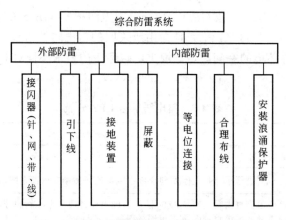

图 4-38 雷电综合防护体系

综合采用五项技术——雷电拦截、屏蔽、均压、分流和接地（等电位）以及合理布局。因此，如图 4-39 所示为多种措施相互配合，可针对性地防护相应雷电危害。

外部防护 LPS 构建建筑物外部防护层 LPZ0$_B$，通过接闪截雷、引下线与接地网络分流、泄放，防止雷电直击损毁建筑物及附属设备，避免或减少人员伤亡，避免雷电火灾与爆炸。

内部防护 SPM 构建建筑物内部系统电磁防护区 LPZ1、LPZ2…，通过设置边界屏蔽、等电位网络、界面隔离、间距布局等措施，衰减雷电电磁场强度以及电磁感应，避免内部系统因过强电磁作用导致工作异常与失效。

过电压防护 SPD 构建防护区界面贯通环节，通过避雷器、过电压防护装置等，限制或衰减穿过不同防护区的线路上雷电电涌，避免内部系统线路入口出现过电压失效。

（2）系统配合　理想的建筑物雷电防护措施应是把需要保护的建筑物置于接地良好、有足够厚度、电气贯通良好的屏蔽体内，并在连接到建筑物的线路进入屏蔽体的入口作适当的等电位联结。然而，这种防护手段既不可能实现，也不经济合理。

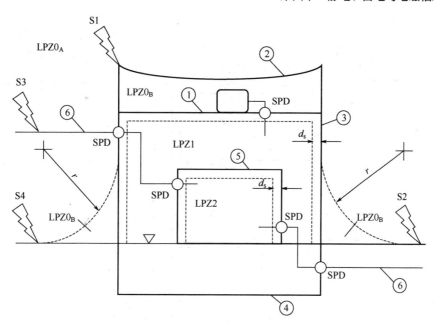

图 4-39　雷电防护措施配合

①—建筑物（LPZ1 屏蔽体）；②—接闪器（LPS 防护）；③—引下线；④—接地体；⑤—房间（LPZ2 屏蔽体）；⑥—连接到建筑物的线路；S1—雷击建筑物；S2—雷击建筑物附近；S3—雷击连接建筑物的线路；S4—雷击连接到建筑物的线路附近；r—滚球半径；d_s—防过高磁场的安全距离；○—采用 SPD 的雷电等电位联结

雷电防护系统配合原则（一般规则）：应将被保护对象置于电磁特性与该对象耐受能力相兼容的雷电防护区 LPZ 内，使损害（物理损害、过电压使电气电子系统失效）减少。也就是说，雷电防护系统构建应基于对被保护对象的雷电防护类别与耐受雷电效应的水平。

具体实施应根据被保护设备的数量、类型和耐受电磁环境水平，规定适当的 LPZ，包括小的局部区域（如设备机箱）或者大的完整区域（如完整的建筑物空间），考虑不同防护措施的技术条件与经济合理性以及风险评估结果来综合选择相应防护措施，构建安全可靠、经济合理的雷电防护系统。

如图 4-40 所示为某办公楼的雷电防护系统。建筑物整体置于屋顶金属部件、接闪网、接地网络构建的 LPZ0B 防护区内，同时屋顶放置无需采用 SPM 防护设备，监控摄像头也无需附加 SPM 防护，安装于大楼金属侧立面外侧。

20kV 电力线通过金属电缆管道构建扩展 LPZ0B，引入地下室内钢筋扩展 LPZ0B 区，达到对变配电设备的 LPS 防护。

建筑物接地网与建筑物基础接地极相连，共同构成等电位接地网络，外来的金属线与等电位系统相连构成整体接地系统，避免金属管线引入雷电电涌危害。

同时接地网络与大楼内部建筑钢筋和建筑物金属立面通过等电位联结网络组成外层屏蔽层，构建 LPZ1 防护区。只需一般 SPM 防护的设备置于大楼相关场所，敏感的内部系统放置在 LPZ2 屏蔽机柜内。为了安置窄距网络的连接系统，每个房间均提供了数个连接端子。

低压线路、通信线路、信号线路以及不同层级防护区界面均对入口线路实施 SPD 防护，各防护层 SPD 分别接入所在 LPZ 等电位联结端子，避免线路引入雷电电涌及过电压。如图 4-41 所示为信息系统防雷等电位联结方式。

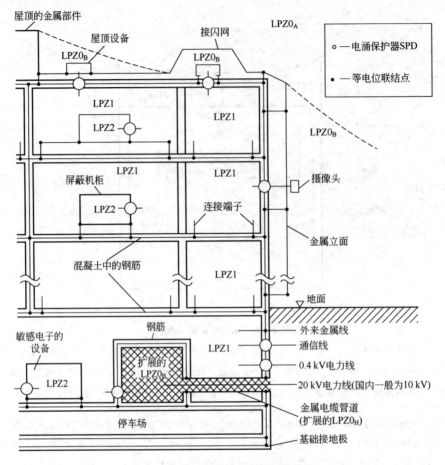

图 4-40 某办公楼雷电防护系统实例

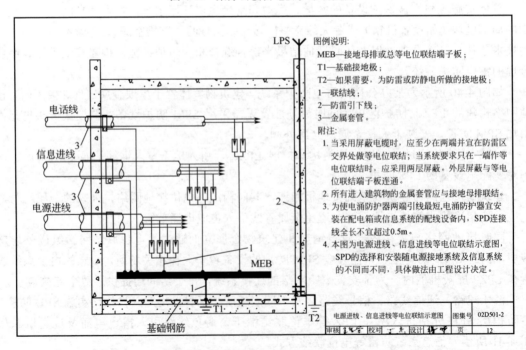

图 4-41 信息系统防雷等电位联结方式

总之，雷电防护具有系统性、综合性，更需要各防护措施间的配合与协调。针对不同防雷类别及防护区的具体技术要求，可按 GB 50057—2010《建筑物防雷设计规范》以及相关行业雷电防护规范实施。

第三节　电磁辐射危害及防护

人类对电磁辐射的利用始于 1831 年英国科学家法拉第发现的电磁感应现象。时至今日，越来越多的电子、电气设备投入使用使得各种频率的不同能量的电磁波充斥着地球的每个角落乃至更加广阔的宇宙空间，电磁辐射已经深入到人类生产、生活的各个方面。电磁辐射已成为继水污染、大气污染、噪声污染之后当今社会的第四大污染。

一、电磁辐射与电磁辐射污染

1. 电磁辐射

电磁辐射是指能量以电场和磁场的交互变化产生的电磁波向空中发射或汇聚的现象。电磁环境是指存在电磁辐射的空间范围。

电磁辐射可按其波长、频率排列成若干频率段，形成电磁波谱。频率越高，该辐射的量子能量越大，其生物学作用也越强。

2. 电磁辐射污染

电磁辐射的大规模应用，也带来了严重的电磁污染。在人们的生活与工作中，总是与各类电磁装备打交道，人体暴露在电磁环境中，承受电磁辐射的照射。因电磁辐射无色、无味、无形，缓慢而间接地影响人们的身体健康，也正因为如此，它的危害性很容易被人们所忽略。人们日常生活中的电磁辐射环境如图 4-42（a）所示。

(a) 电磁危害环境

(b) 电磁危害标识

图 4-42　电磁辐射危害

电磁辐射污染是指产生电磁辐射的器具泄漏的电磁能量传播到室内外空间，其量超出环境本底值，且其性质、频率、强度和持续时间等综合影响引起周围人群不适或超过仪器设备所容许的限度，并使人体健康和生态环境受到损害的现象。

3. 电磁辐射污染源

电磁辐射污染源分为自然电磁场源与人工电磁场源。

自然电磁场源主要有三方面：大气与空气污染方面，如自然界的火花放电、雷电、台风等；太阳电磁场源方面，如太阳黑子活动与黑体放电等；宇宙电磁场源方面，如银河系恒星爆发、宇宙间电子移动等。

人工电磁场源主要包括脉冲放电、工频感应、射频辐射、家用电器、移动通信设备、建筑物反射等。

脉冲放电本质上与雷电相同，只是影响区域较小，如切断大电流电路时产生的火花放电会产生很强的电磁干扰。

工频感应主体是在交变电源作用下工作的各类电气装置，其交变电磁场向外辐射电磁波，且对附近有严重的电磁干扰。比如大功率电动机、变压器、高压输电线以及电气化铁路、城市轨道交通、有轨无轨电车等，均会在周围形成电磁场以及可能形成电磁辐射。

射频辐射主要来源于无线电广播、电视、微波通信、短波发射台，微波通信站、地面卫星通信站、移动通信站等各种射频设备发射的电磁波，频率范围宽广，影响区域较大，能危害近场区的人员。

同时，在工业、科研、医疗上大量使用高频设备，如高频炉、塑料热合机、高频加热机、高频理疗机、超短波理疗机、紫外线理疗机、电子加速器以及各种超声波装置等，也会产生射频辐射。

计算机、显示器、电视机、微波炉、电磁灶、电吹风、移动电话、空调、电热毯等家用电器是电磁辐射的主要来源。

二、电磁辐射危害

电磁波在给人类带来巨大福利的同时也产生了不可忽视的危害。电磁辐射危害主要表现在对人体危害、对电子电气设备危害以及引发火灾爆炸等。

1. 电磁辐射对人体危害

人体在电磁辐射照射下会产生相应的生物效应。电磁辐射生物效应通常表现在微波频段（300～300000MHz）、射频段（0.1～300MHz）的电磁波辐射和电力频段（50Hz 或 60Hz）高压输电线路周围环境电磁场对生物体所产生的各种生理影响。

这些作用按其机理可分为热效应、非热效应和累积效应。

（1）热效应　组成人体细胞和体液的分子大都是极性分子（如胶体颗粒、水），在高频电场作用下，使原来无规则排列的分子沿电场方向排列起来，由于高频电场方向变化很快，极性分子在改变取向时与四周粒子发生碰撞，引起机体升温，从而影响到人体的正常工作。

热效应对中枢神经系统的影响是心悸、头胀、失眠、神经衰弱等；对心血管系统的影响是心动过缓、心脏搏血量减少等；对免疫功能的影响是细胞病变、白细胞减少、免疫功能下降等；对视觉系统的影响是视力下降、引起白内障等；对生育系统的影响是性功能下降、男子精子质量降低、女性经期紊乱等。

（2）非热效应　人体的器官和组织都存在微弱的电磁场，它们是稳定和有序的（图 4-43），一旦受到外界电磁场的干扰，打破人体原有的微弱电磁平衡系统，引起人体细胞膜的共振，干扰人体生物电，尤其会对脑和心电产生干扰，机体也会遭受损伤。

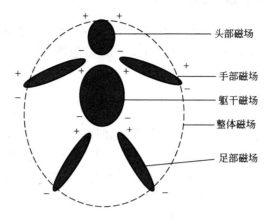

图 4-43　人体各部分磁场分布情况

人体受到电磁辐射干扰，可能导致血液、淋巴和血细胞发生改变，诱发白血病和肿瘤以及导致遗传基因突变。

电磁辐射作用于神经系统，影响新陈代谢及脑电流，使人的行为及相关器官发生变化，继而影响人体的循环系统、免疫系统以及生殖和代谢功能，严重的甚至诱发癌症。

（3）累积效应　热效应和非热效应作用于人体后，对人体的伤害尚未来得及自我修复之前，如再次受到电磁波辐射，其伤害程度就会发生累积，久而久之会成为永久性病态，危及生命。

对于长期接触电磁波辐射的群体，即使功率很小、频率很低，也可能会诱发想不到的病变。累积效应显现为体力减退、白内障、白血病、脑肿瘤、心血管疾病、大脑机能障碍以及免疫能力低下等。

（4）电磁辐射对人体的危害特点

① 电磁辐射对人体的伤害具有滞后性和累积性，伤害是逐渐加重的、病情是逐渐发展的，一般没有突变过程。

② 电磁辐射对人体产生功能性改变的症状一般在脱离接触后数周之内可消失。但在高强度、长时间作用下，症状不易消除或不能恢复，并可能通过遗传因子影响到后代。

③ 电磁辐射对人体的损伤还与电磁波的频率有很大的关系，微波频段的电磁波辐射比射频段的电磁波辐射具有较强的生物作用。

2. 电磁辐射对电子装置的危害

电子电气设备的工作主要依赖电路与电磁原理。环境电磁辐射将可能改变设备系统内部正常电磁关系，导致设备性能下降及不能正常工作。

电磁辐射能量直接作用或感应作用于系统内元器件，可能产生高电压、大电流，导致元器件内接点、部件或回路间的电击穿，损坏元器件或瞬时失效，引发电路及设备功能失效或不能工作。

电磁辐射通过线路及元器件干扰信号，引起信号失真，降低信号质量与设备性能；较为严重的电磁辐射干扰导致数据错误，影响信息与数据安全，引发电路与设备误动作，造成严重安全危害。

3. 电磁辐射导致火灾爆炸事故

在火灾及爆炸危险环境中，电磁辐射在线路及设备上产生电磁感应，产生高电压击穿绝缘，产生短路火花或形成电位差产生放电火花，构成危险能量源引起燃烧、爆炸，产生严重后果。

三、电磁辐射限值

由生态环境部、国家卫生健康委员会联合制定的国家标准 GB 8702—2014《电磁环境控制限值》（替代原 GB 8702—1988、GB 9175—1988），规定了电磁环境中控制公众暴露的电场、磁场、电磁场（1Hz～300GHz）的场量限值、评价方法和相关设施（设备）的豁免范围。

公众暴露控制限值：公众所受的全部电场、磁场、电磁场照射时，任意连续 6min 内允许承受场量均方根的最高限制值，如表 4-6 所列数值。

表 4-6　电磁环境公众暴露控制限值（6min 内允许承受值）

频率范围 /Hz	电场强度 $E/(V/m)$	磁场强度 $H/(A/m)$	磁感应强度 $B/\mu T$	等效平面波功率密度 $S_{eq}/(W/m^2)$
1～8	8000	$32000/f^2$	$4000/f^2$	—
8～25	8000	$4000/f$	$5000/f$	—
0.025k～1.2k	$200/f$	$4/f$	$5/f$	—
1.2k～2.9k	$200/f$	3.3	4.1	—
2.9k～57k	70	$10/f$	$12/f$	—
57k～100k	$4000/f$	$10/f$	$12/f$	—
0.1M～3M	40	0.1	0.12	4
3M～30M	$67/f^{1/2}$	$0.17/f^{1/2}$	$0.21/f^{1/2}$	$12/f$
30M～3000M	12	0.032	0.04	0.4
3000M～15000M	$0.22f^{1/2}$	$0.00059f^{1/2}$	$0.00074/f^{1/2}$	$f/7500$
15G～300G	27	0.073	0.092	2

GB 8702—2014 还指出：架空输电线路下的耕地、园地、牧草场、畜禽饲养地、养殖水面、道路等场所，其频率 50Hz 的电场强度控制限值为 10kV/m，且应给出警示和防护指示标志。

另外，从电磁环境管理角度，100kV 以下电压等级的交流输变电设施，以及向没有屏蔽空间发射 0.1MHz～300GHz 电磁场的，其等效辐射功率小于表 4-7 中数值的设施（设备）可豁免。

表 4-7　100kV 以下电压等级交流输变电设施等效辐射功率限值

频率范围/MHz	等效辐射功率/W
0.1～3	300
>3～300000	100

四、电磁辐射的防护

电磁环境已经与人们的生活、工作密不可分。有效实施电磁辐射危害防护，对保障人体健康、保证设备安全可靠工作以及保障信息与数据安全至关重要。

从电磁辐射的产生与辐射特性出发，电磁辐射危害防护的基本途径有以下两种。

① 控制与限制电磁辐射源泄漏——主动防护。减少电力电磁设备及装置的电磁泄漏场和电磁泄漏量，使泄漏到空间的电磁场强度或功率密度降低到最低程度。

② 阻碍及降低电磁辐射承受量——被动防护。在作业层面，采取措施增加电磁辐射在传播介质的衰减，使到达人体或被保护设备的场强和能量降低到防护标准以下。

根据电磁理论及应用实践，电磁辐射危害防护基本措施为电磁屏蔽、屏蔽接地、电磁吸收防护及其他措施。

1. 电磁屏蔽

电磁屏蔽，就是对两个空间区域之间进行金属的隔离，以控制电场、磁场和电磁波由一个区域对另一个区域的感应和辐射。目的是将电磁辐射的作用与影响局限在一个特定的区域内。电磁屏蔽是电磁辐射危害防护的基本与主要手段。

电磁屏蔽机理：利用导电性能和导磁性能良好的金属板或金属网，通过反射效应（即将电磁波屏蔽掉，反射、折射回去）和吸收效应（即将电磁波的电磁能量通过材料本身吸收掉），阻隔电磁波的传播。

（1）主动场屏蔽 利用屏蔽体将元器件、电路、组合件、电缆或整个系统的干扰源包围起来，这样电磁辐射源将不会影响周围其他物体，这种防护也称内场屏蔽。通常手法是设置屏蔽室，屏蔽网由金属（片、网）构成，多用于大型机械组或控制室的主动场屏蔽。

如图4-44所示，大型医疗检测设备置于屏蔽室内，将电磁射线屏蔽在检测室内部。家用微波炉亦是通过外壳及磁屏蔽门实现主动场屏蔽的。

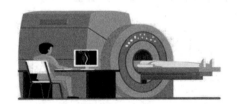 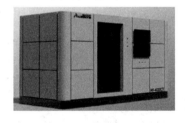

图4-44 人体射线扫描检查

特点：场源位于屏蔽体之内，所要屏蔽的电磁辐射强，屏蔽结构设计要严谨，屏蔽体要妥善进行符合技术要求的接地处理。

（2）被动场屏蔽 就是用屏蔽体将接收电路、设备或系统包围起来，使其免受外界电磁场的影响，这种防护也称外场屏蔽。

通常方法是给被保护设备安装蔽罩。例如，用屏蔽外壳罩住电子设备内电磁敏感元件以及同轴电缆、控制电缆的屏蔽层等。被动场屏蔽是小型仪器常见的屏蔽方法，屏蔽所用材料一般要求是电阻率小的导电材料，如铜、铝等。

特点：场源位于屏蔽体之外，屏蔽体与场源间距大，所要屏蔽的电磁辐射较弱，屏蔽体可以不接地。

（3）实施屏蔽的要点　由于各类屏蔽材料对不同频段的电磁辐射屏蔽机理与屏蔽效果不同，因此，在实施电磁辐射屏蔽时，应注意以下几点。

① 对于高频电磁辐射的屏蔽，屏蔽材料应使用铜、铝和铁等良好导体，以得到最高的反射损耗。

② 对于低频电磁辐射的屏蔽，屏蔽材料应使用铁和镍等金属磁性材料，以得到最高的贯穿（吸收）损耗。

③ 任何一种屏蔽材料，只要其厚度足以稳固地支撑自身，一般情况下就能足以屏蔽电场。

④ 采用薄膜屏蔽层时，在材料厚度低于 $\lambda/4$ 的情况下，屏蔽效果恒定；超过此厚度，则屏蔽效果显著增加。

⑤ 多层屏蔽不但能提供较好的屏蔽效果，而且还能拓宽屏蔽的频率范围。

2. 屏蔽接地

屏蔽接地，是将设备屏蔽体和大地之间，或者可以视为公共点的某些接地构件之间，采用低电阻导体连接起来，形成电流通路，使屏蔽系统与大地之间形成一个等电位系统。

屏蔽接地目的是，将在屏蔽体内由于感应生成的射频电流导入大地，使屏蔽体与大地成为等电位体，防止形成二次辐射源。

屏蔽接地主要针对主动场屏蔽，是屏蔽技术的辅助措施。

屏蔽接地系统（图 4-45）包括屏蔽罩、接地线、接地极。接地线将射频设备的屏蔽罩与大地的接地极作良好的电气连接。

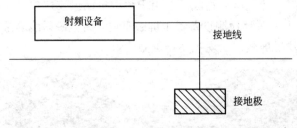

图 4-45　屏蔽接地系统

屏蔽接地要求如下。

① 屏蔽接地线与接地极一般采用铜材，屏蔽接地系统表面积应足够大，宜用宽为 10cm 的铜带作为屏蔽接地线；接地线与接地极作良好电气连接，屏蔽接地电阻要小；接地极一般埋设在接地井内。

② 处于屏蔽罩内的设备应有独立的接地连接，不能与屏蔽接地线共用汇流排，避免引起干扰的耦合效应。

3. 电磁吸收防护

使用电磁波吸收材料，把电磁能转化为其他形式的能量，消耗电磁波。电磁波吸收材料的作用是吸收入射的电磁波，并将电磁能转换成热能损耗掉。

目前耗损电磁能的手段有以下两种。

① 借助介电物或微粒分子在电磁作用下趋于运动，同时受限定电导率限制而将电磁能转变成热能损耗掉。

② 借助磁化物或粒子内部偶极子在磁能作用下运动，同时受限定磁导率影响而将电磁能转变为热能损耗掉。

图 4-46　军用防电磁干扰帐篷

典型应用：微波炉的炉门与炉体结合处电磁吸收封条；军用防电磁干扰帐篷吸收敌方侦察电磁波（如图 4-46 所示，防电子侦察，防电磁干扰辐射，防电磁轰炸，保持棚内电子设施在战时畅通无阻）等。

4. 距离防护与自动化作业

由电磁辐射理论可知，感应电磁场强度与辐射源到被照射物体之间距离的平方成反比，辐射电磁场与辐射源到被照物体之间的距离成反比。因此，适当地加大辐射源与被照物体之间的距离可较大幅度地衰减电磁辐射强度，减小被照物体受电磁辐射的影响。在某些实际条件允许的情况下，这是一项简单可行的防护方法。

另外，也可采用机械自动化作业，减少作业人员直接进入强电磁辐射区的次数或工作时间。

5. 个体防护用品

个体防护主要针对在强电磁辐射区作业人员，采用个体防护用品保障作业人员身体健康。

个体防护用品主要有屏蔽服、屏蔽头盔和屏蔽眼镜等。这些防护用品一般用金属丝布、金属膜布、金属网等制作。外界电磁辐射作用在这些防护用品上，防护用品内金属纤维构成环路产生感生电流，由感生电流产生反向电磁场进行屏蔽。

选用个体防护产品时，应首先确定电磁辐射的衰减度，然后参照各种产品说明中电磁波衰减参数，确定使用何种形式的防护用品。

另外，在人们生活环境与工作环境中，不宜把家用电器、办公设备摆放得过于集中；不要长时间操作各种家用电器、办公设备；使用电器时，应保持一定的安全距离；经常擦拭电器，清除灰尘；多吃含维生素 A、C、E 和增强机体抗病能力的食物；加强锻炼，提高免疫力。

思考题

1. 雷电有几种类型？雷电具有什么特性？
2. 简述雷电危害形式、雷电事故类型。
3. 简述建筑物防雷装置结构组成、防雷原理。
4. 简述避雷器的防雷原理。
5. 简述针对直击雷、感应雷、雷电波侵入危害的防护措施。
6. 雷电防护系统主要包括哪几个环节？可采取哪些技术措施？
7. 什么是静电、静电现象？静电有哪些特点？
8. 静电的产生主要机理是什么？
9. 静电危害表现在哪几个方面？

10. 消减静电危害的主要措施有哪些？

11. 静电中和器的主要原理是什么？

12. 什么是电磁环境、电磁辐射？

13. 什么电磁辐射污染？

14. 预防电磁辐射危害的主要方法与措施有哪些？

15. 电磁辐射危害主要表现在哪些方面？

16. 电磁辐射屏蔽原理及实施要点是什么？

第五章 防爆电气配置与管理

因物质特性，某些物质与空气混合构成爆炸性混合物，若遇到足够引燃的能量将会导致爆炸，产生严重的危害事故。其中，电气系统成为主要引燃源。

爆炸危险场所使用的电气设备，在正常状态与故障状态下运行过程中，必须具备不引燃周围爆炸性混合物的性能，即要求应具有与爆炸危险场所相适应的防爆性能。具有防爆性能的电气设备，称为防爆电气设备。

国家标准 GB/T 3836《爆炸性环境》系列标准，对爆炸性环境危险性实施分区、分级管理，规定了适用的电气防爆等级体系、技术标准体系，用以指导电气设备及系统的设计、选型、应用，以及采取其他必要的安全技术和管理措施。

防爆电气设备不同于普通电气设备，须严格按照 GB/T 3836《爆炸性环境》系列标准、GB 50058—2014《爆炸危险场所电力装置设计规范》、AQ 3009—2007《危险场所电气防爆安全规范》等有关防爆规程实施。合理配置防爆电气设备及线路，构建完整的防爆电气系统，规范安装与良好维护，是保障防爆电气系统防爆性能整体完整性的必然要求。

本章学习目标

（1）理解爆炸产生的条件，了解电气防爆标准体系，熟悉爆炸危险场所（环境）、物质分类，具有对爆炸危险区域、爆炸性物质完整体系的认识能力。

（2）掌握电气防爆原理，熟悉防爆结构类型及安全技术措施、类型标识、适用环境区域，具备解读防爆标志及其操作维护要求的能力。

（3）掌握防爆电气设备选型配置原则，了解防爆电气设备选型与布线系统配置要求以及技术规范，具备整体防爆思想与方法能力。

（4）了解防爆电气安装与布线系统敷设的基本要求及要点，具备实施防爆电气安装技术规范的能力。

（5）了解防爆电气设备的运行维护要求，掌握维护检查的主要项目，具备全生命周期管理的技术思想。

第一节　爆炸危险环境与电气防爆体系

为满足国际间技术与产品交流的需求，我国遵循 ATEX 防爆指令编制了等同或等效于 IEC 60079—0:2017 标准的 GB/T 3836《爆炸性环境》系列标准，形成了我国爆炸性气体、粉尘环境用防爆电气标准体系，以爆炸危险场所分区、分级为基础，构建了我国电气防爆等级体系。

一、爆炸及爆炸性环境、区域

1. 爆炸、爆炸极限与引燃能量

（1）爆炸　爆炸是指爆炸性混合物在环境中急剧燃烧，温度急速上升，导致燃烧生成物和周围空气激烈膨胀，形成巨大的爆破力和冲击波并发出强光和声响的过程。它是燃烧的加速反应。

爆炸产生基础要素：爆炸性物质、引燃源、助燃物（空气），也称"爆炸三要素"。

爆炸性物质（又称爆炸危险物质）：与空气混合能形成爆炸性混合物的可燃性物质。

爆炸性混合物：可燃性物质以气体、蒸气、薄雾、粉尘、纤维或飞絮等形式与空气混合，且可燃性物质浓度在爆炸极限内的混合物。形成爆炸性混合物也是爆炸产生的充分条件。

引燃源：凡是能引起物质燃烧的点燃能源，统称为引燃源。引燃源主要包括各类明火、机械火花、电弧及电火花（包括电气设备正常与非正常状态的电弧与电火花、静电火花等）、雷击、高温、自燃等。

（2）爆炸极限与引燃能量

① 爆炸极限。爆炸极限是指可燃性物质与空气形成爆炸性混合物的可燃性物质的浓度范围，最低浓度要求为爆炸下限，最高浓度要求为爆炸上限。

爆炸性混合物中可燃性物质浓度若低于下限，燃烧产生的能量积聚缓慢；若高于上限，助燃物不足以支撑持续燃烧。因此，可燃性物质浓度在爆炸极限内才会引发爆炸。

不同可燃性物质的爆炸极限不同。爆炸下限越低、上限越高，爆炸极限越宽，爆炸危险性越大。

② 引燃能量。引燃能量是指引燃爆炸性混合物所需的电火花能量或温度。不同爆炸性物质的电火花和点燃特性各不相同。引燃能量越低，危险性越大；点燃温度越低，危险性越大。

表 5-1 反映了丙烷、乙烯、氢气的爆炸极限、引燃能量与温度。由表 5-1 可知，氢气的爆炸极限很宽、引爆所需能量特低，氢气的爆炸危险特别高。三类物质中，乙烯引燃温度更低，高温引燃危险性更大。

表 5-1　丙烷、乙烯、氢气爆炸混合物的爆炸极限、引燃能量与温度

爆炸极限与引燃特性		丙烷	乙烯	氢气
爆炸极限	爆炸下限/%	2.0	2.7	4.0
	爆炸上限/%	9.5	3.4	75.6

续表

爆炸极限与引燃特性		丙烷	乙烯	氢气
引燃特性	电火花（MIE）/μJ	180	60	20
	温度（AIT）/℃	466（T1）	425（T2）	560（T1）

2. 爆炸性环境

（1）爆炸性环境的定义　在大气条件下，可燃性物质以气体、蒸气、薄雾、粉尘、纤维或飞絮等形式与空气形成的混合物被点燃后，能够保持燃烧自行传播的环境。

以气体或蒸气的形式与空气形成混合物的，称为爆炸性气体环境；以粉尘、纤维或飞絮的形式与空气形成混合物的，称为爆炸性粉尘环境。

（2）爆炸性环境类别

按爆炸性物质形态将爆炸性环境具体划分为以下三类。

Ⅰ类：矿井（井下）爆炸性环境，主要涉及甲烷、煤粉尘与空气的混合物。

Ⅱ类：工厂爆炸性气体环境，针对可燃性气体、蒸气（含薄雾）与空气形成的爆炸性气体混合物。

Ⅲ类：工厂爆炸性粉尘环境，针对可燃性粉尘、纤维与空气形成粉尘云的爆炸性粉尘混合物。

对石油化工类、制药、工贸等涉及危化产品企业，爆炸性环境类别主要是Ⅱ类、Ⅲ类。

3. 爆炸危险区域

根据易燃易爆物质在生产、储存、输送和使用过程中的出现方式、涉及范围、存在概率和持续时间等差异，对爆炸危险场所实行分区、分级。

（1）爆炸危险区域的定义　爆炸危险区域是指爆炸性混合物出现的或预期可能出现的数量达到足以要求对电气设备的结构、安装和使用采取预防措施的区域。非爆炸危险区域是指爆炸性混合物出现的数量不足以要求对电气设备的结构、安装和使用采取预防措施的区域。

（2）爆炸危险区域划分　对于Ⅰ类，主要指矿井瓦斯（甲烷）与空气形成爆炸性气体的环境。一般不再划分区域。对于Ⅱ类、Ⅲ类，分别划分为0区、1区、2区爆炸性气体环境，20区、21区、22区爆炸性粉尘环境，如表5-2所示。

表 5-2　爆炸危险环境区域划分

爆炸性气体环境危险区域	0区	正常运行时，连续出现或长期出现爆炸性环境的区域
	1区	在正常运行时，可能出现爆炸性环境的区域
	2区	在正常运行时，不大可能出现爆炸性环境，或即使出现，也仅是短时存在形成爆炸性环境的区域
爆炸性粉尘环境危险区域	20区	空气中可燃性粉尘云持续地、长期地或频繁地出现形成爆炸性环境的区域
	21区	正常运行时，空气中可燃性粉尘云很可能偶尔出现形成爆炸性环境的区域
	22区	正常运行时，空气中的可燃性粉尘云不可能出现，或即使出现，也是短暂存在形成爆炸性环境的区域

注：1. "正常运行"：是指正常启动、运转、操作和停止的一种工作状态或过程，当然也包括产品从设备中取出和对设备开闭盖子、投料、除杂质以及对安全阀、排污阀等的正常操作。

2. "不正常情况"：是指因容器、管路装置的破损故障、设备故障和错误操作等，引起爆炸性混合物的泄漏和积聚，以致有产生爆炸危险的可能性。

针对Ⅲ类爆炸性粉尘环境，也可参照表 5-3 所示的爆炸性粉尘环境分区标准进行区域范围划分。

表 5-3　爆炸性粉尘环境分区标准

粉尘源等级	粉尘云	厚度可控的粉尘层	
		经常受干扰	极少受干扰
持续的	20 区	21 区	22 区
主要的	21 区	21 区	22 区
次要的	22 区	21 区	22 区

4. 非爆炸危险区域的判断

判断是否为非爆炸危险场所，必须首先查清场所中是否存在正常工作与非正常工作下的释放源，评估场所是否有被危险物质侵入的危险。

非爆炸危险区域应符合下列条件之一。

① 正常或非正常情况下没有释放源并且不可能有易燃物质侵入的区域。

② 易燃物质可能出现的最高浓度不超过爆炸下限的 10%的区域。

③ 在生产装置区外，露天或敞开安装的输送爆炸性物质的架空管道地带（阀门、接管处视具体情况确定）。

应当注意：这种非爆炸危险场所并不一定是绝对安全的，还须注意研究有无可能出现其他微量爆炸性粉尘所产生的爆炸危险性的叠加效应，必须考虑到有可能产生的各种因素，充分分析，慎重研究其存在的可能性。

二、爆炸性物质危险等级

爆炸性环境中，不同的爆炸性混合物的爆炸极限、传爆能力、引燃温度和最小点燃电流不同，其爆炸危险性不同。国标 GB 3836.14—2014《爆炸性环境　第 14 部分：场所分类　爆炸性气体环境》、GB/T 3836.35—2021《爆炸性环境　第 35 部分：场所分类　爆炸性粉尘环境》与 IEC（国际电工委员会）等效的方法，按环境中爆炸性物质的引爆特性实施爆炸危险性分级、分组。

1. 爆炸性物质危险级别

（1）矿井（井下）（Ⅰ类环境）　矿井（井下）主要涉及甲烷与空气的混合物，不再分级分组。

（2）爆炸性气体、蒸气（含薄雾）（Ⅱ类环境）　Ⅱ类爆炸性气体、蒸气（含薄雾）。按最大试验安全间隙（MESG）和最小点燃电流比（MICR）由大到小分为 A、B、C 三级，即Ⅱ A、Ⅱ B、Ⅱ C 三级，如表 5-4 所示。按 A→B→C 顺序，危险性增大。

表 5-4　Ⅱ类爆炸性物质危险等级划分

级别	最大试验安全间隙（MESG）/mm	最小点燃电流比（MICR）
Ⅱ A	≥0.9	>0.8

级别	最大试验安全间隙（MESG）/mm	最小点燃电流比（MICR）
ⅡB	0.5＜MESG＜0.9	0.45≤MICR≤0.8
ⅡC	≤0.5	＜0.45

注：1. 最大试验安全间隙（MESG）——两个容器由长为 25mm、宽（即间隙）为某值的接合面连通，在规定试验条件下，一个容器内燃爆时，不致使另一个容器内燃爆的最大连通间隙。此参数是衡量爆炸性物质传爆能力的性能参数。

2. 最小点燃电流比（MICR）——在温度为 20～40℃、1atm、电压为 24V、电感为 95mH 的试验条件下，采用 IEC 标准火花发生器对空心电感组成的直流电路进行 3000 次的火花试验，能够点燃最易点燃混合物的最小电流。此最小点燃电流与甲烷爆炸性混合物的最小点燃电流之比即为最小点燃电流比。

（3）爆炸性粉尘、纤维（Ⅲ类环境）　根据粉尘特性（导电或非导电）及引燃温度等，Ⅲ类爆炸性粉尘混合物分为ⅢA、ⅢB、ⅢC 三级，如表 5-5 所示。同爆炸性气体混合物，由 A→B→C，危险性增大。

表 5-5　Ⅲ类爆炸性物质级别划分

粉尘类级别	粉尘类型	典型粉尘纤维
ⅢA	可燃性飞絮	如棉花纤维、麻纤维、丝纤维、木质纤维、人造纤维
ⅢB	非导电粉尘	如聚乙烯、苯酚树脂、小麦、玉米、砂糖、染料、可可、木质、米糖、硫黄等粉尘
ⅢC	导电粉尘	如石墨、炭黑、焦炭、煤、铁、锌、钛等粉尘

注：1. 可燃性飞絮是指标称尺寸大于 500μm，可悬浮在空气中，也可依靠自身重量沉淀下来的包括纤维在内的固体颗粒。

2. 导电性粉尘是指电阻率等于或小于 100Ω·m 的粉尘。

3. 非导电性粉尘是指电阻率大于 1000Ω·m 的粉尘。

2. 爆炸性物质温度组别

不同爆炸性物质，其引燃温度有高低差别。引燃温度越低的物质，越容易引燃，引爆危险性越高。

对于Ⅱ类爆炸性气体物质，按引燃温度的高低进行温度分组（引燃温度：在规定试验条件下不需要用明火即能引燃爆炸性混合物的最低温度）。

爆炸性物质温度分组为 T1、T2、T3、T4、T5、T6 六组，如表 5-6 所示。

表 5-6　爆炸性危险物质温度组别

温度组别	引燃温度 t/℃
T1	$t>450$
T2	$300<t\leq450$
T3	$200<t\leq300$
T4	$135<t\leq200$
T5	$100<t\leq135$
T6	$85<t\leq100$

对于Ⅲ类可燃性粉尘物质，按 GB/T 3836.12—2019《爆炸性环境　第 12 部分：可燃性粉尘物质特性　试验方法》，可燃性粉尘的点燃温度分为粉尘云（粉尘与空气混合物）最低点燃温度和粉尘层最低点燃温度，且粉尘层的最低引燃温度与粉尘厚度有关。

目前，GB/T 3836 未对可燃性物质进行明确的分组。不过，这些点燃温度可以通过试验或相关手册获得。测试粉尘层最低引燃温度时，粉尘厚度一般为 5mm，并可通过推导获取其他更厚粉尘层的最低引燃温度。

三、防爆基本措施

依据爆炸三要素（爆炸条件）——爆炸性物质、助燃物、引燃源，三者必须同时具备，且可燃性物质与空气形成的混合物达到爆炸极限，才会导致爆炸。

因此，防爆基本思路：限制其中一个或几个要素，可以达到防爆、抑爆、控爆目的。

1. 合理规划，减少危险区域

总体思想是尽可能减少爆炸危险场所或降低爆炸危险性概率。

① 在对爆炸性物质生产、储存场所规划及工艺流程设计时，应尽可能使危险场所的类别成为危险性最小的类别，尤其应使 0 区场所及 1 区场所的数量及范围都为最小，亦即尽可能使大多数的爆炸危险场所都为 2 区场所及非爆炸危险区。

② 对处理或储存爆炸性物质的设备及装置进行设计时，应主要为 2 级释放源，采用密闭生产设备、制造正压以及隔离可燃性物质与助燃物混合等措施。如果达不到此要求，应改造工艺、加强通风，也应使该释放源以极有限的量及释放率向空气中释放。消除或减少爆炸性混合物，降低场所危险性。

③ 爆炸危险场所的类别确定后，不得随意进行变更。对于维修后的工艺设备，必须认真检查后确认其是否能保证原有的设计安全水平。

从国际整体情况看，对一个爆炸危险环境的合理规划、设计，应控制 0 区不超过 5%、1 区不超过 20%，75%以上的区域应为 2 区及非爆炸危险区。

2. 加强通风，降低危险等级

在爆炸危险场所，通风条件是划分爆炸危险区域的重要因素。通风的好坏直接影响爆炸危险物质的扩散和排出，即直接影响危险场所内爆炸性混合物的积聚浓度、区域范围。

良好的通风装置能降低爆炸性混合物的浓度，达到不致引起火灾和爆炸的限度，同时还有利于降低环境温度，这对可燃、易燃物质的生产、储存、使用以及电气装置的正常运行都是必要的。

① 通风方式分为三种类型：自然通风、一般机械通风、局部机械通风。

② 通风状态分为良好、不良好（阻碍通风）两种状态。

对于通风良好的爆炸危险场所，危险性原则上可降低一级，并可大大缩小其影响范围。

对于通风不畅的爆炸危险场所，其危险性应提高一级。

③ 存在可燃性粉尘释放的场所，加强通风可能增加危险性。

可燃性粉尘、纤维场所，一些区域会存在粉尘堆积形成的厚粉尘层，而快速空气流动会使粉尘层转换成粉尘云，形成爆炸性粉尘环境，燃烧的粉尘层会引燃周围的粉尘云，导致粉尘爆炸。

对于Ⅲ类环境，强调将生产过程中容器或设备中泄漏出来的粉尘、纤维等，采用机械通风装置抽送到除尘器中，既节省物料损耗又能防止形成悬浮状粉尘，降低环境中的危险程度。

3. 限制可能的引燃源

限制引燃源可能的措施包括：加强用火管理；消除各类电气火花、机械火花、雷电静电火花；限制火花能量；消除危险温度等。

电能是生产生活中必不可少的能源。生产场所的动力、照明、控制、保护、测量等系统和生活场所的各种电气设备和线路，在正常工作、事故状态中常常会产生电弧、火花和危险高温，电气能量成为燃烧爆炸事故的主要引燃源。

从电气设备防爆角度，爆炸危险场所（环境）中，应不设置或尽可能少设置电气设备，以减少因电气设备或电气线路发生故障而成为引爆源引起的爆炸事故；必须设置电气设备时，应选用防爆性能与爆炸危险环境相匹配的防爆电气设备，构建相适应的防爆电气线路。

四、电气防爆体系

GB/T 3836.1—2021《爆炸性环境　第1部分：设备　通用部分》技术文件，构成了我国电气防爆体系，规范了爆炸性环境用电气设备的 EPL 设备保护级别、适应环境类别、危险级别与温度组别的体系，以指导防爆电气的设计制造以及用户选配等。

1. 设备保护级别（EPL）

爆炸危险场所分区管理，划分了区域危险等级，要求防爆电气设备的防爆能力与环境相匹配，即具有相当的设备保护级别（EPL）。设备保护级别是根据电气设备成为引燃源的可能性和爆炸性环境所具有的不同特征，对防爆电气设备规定的保护等级。EPL级别反映了防爆电气设备的整体防爆能力。

按爆炸危险环境类别、区域危险程度、需要的保护程度，EPL级别规定如下：

Ⅰ类煤矿甲烷爆炸性环境用设备，其保护等级为：Ma、Mb；

Ⅱ类气体、蒸气环境中设备的保护级别为：Ga、Gb、Gc；

Ⅲ类粉尘环境中设备的保护级别要达到：Da、Db、Dc。

EPL级别的保护特性与运行条件见表5-7。

表 5-7　EPL 保护防点燃危险描述

环境类别	提供的保护	设备保护级别	保护特性	运行条件
Ⅰ类煤矿井下	很高	Ma	两个单独保护措施或即使两个故障彼此单独出现依然安全	当出现爆炸性环境设备依然运行（相当于0区）
	高	Mb	适合正常操作和严酷运行条件	当出现爆炸性环境时设备断电
Ⅱ类气体环境	很高	Ga	两个单独保护措施或即使两个故障彼此单独出现依然安全	在0区、1区、2区设备依然运行
	高	Gb	适合正常运行和经常出现干扰或正常考虑故障的设备	在1区、2区设备依然运行
	一般	Gc	适合正常运行	在2区设备依然运行

环境类别	提供的保护	设备保护级别	保护特性	运行条件
Ⅲ类粉尘环境	很高	Da	两个单独保护措施或即使两个故障彼此单独出现依然安全	在 20 区、21 区、22 区设备依然运行
	高	Db	适合正常运行和经常出现干扰或正常考虑故障的设备	在 21 区、22 区设备依然运行
	一般	Dc	适合正常运行	在 22 区设备依然运行

2. 防爆电气类、级、组别

基于爆炸危险场所的类别及爆炸性混合物的危险特性分类，防爆电气亦分为同等序列。

（1）防爆电气类别　爆炸性危险环境类别分为三类：Ⅰ类、Ⅱ类、Ⅲ类，防爆电气设备类别与环境类别相对应，如表 5-8 所示。应用中，防爆电气类别不可错用。

表 5-8　防爆电气类别及适用环境

电气防爆类别	适用爆炸性环境类别	描述
Ⅰ类	Ⅰ类	矿井（井下）爆炸性环境用防爆电气设备
Ⅱ类	Ⅱ类	爆炸性气体、蒸气（含薄雾）混合物环境用防爆电气设备
Ⅲ类	Ⅲ类	爆炸性粉尘、纤维混合物环境用防爆电气设备

（2）防爆电气级别　基于爆炸危险场所的物质引燃特性及引燃能量级别，规定了对应的防爆电气设备级别：

Ⅰ类防爆电气设备只适用于煤矿（井下）甲烷气体环境，不再进行分级分组。

Ⅱ类、Ⅲ类防爆电气设备分为 A、B、C 三级，分别为ⅡA、ⅡB、ⅡC，以及ⅢA、ⅢB、ⅢC。

适用于高引燃危险级别的亦能适用低引燃危险级别的环境，低引燃危险级别的设备不能用于高引燃危险场所。即，C 级可用于 A、B、C 级场所，B 级可用于 A、B 级场所，A 级只能用于 A 级场所，具体见表 5-9。

表 5-9　设备防爆级别与爆炸性物质级别关系

设备防爆级别	爆炸性物质级别
ⅡA	ⅡA
ⅡB	ⅡA、ⅡB
ⅡC	ⅡA、ⅡB、ⅡC
ⅢA	ⅢA
ⅢB	ⅢA、ⅢB
ⅢC	ⅢA、ⅢB、ⅢC

（3）防爆电气温度组别 电气设备在正常工作或规定故障状态下，会发热而导致设备温度升高。为使电气设备不成为危险温度源而规定防爆电气设备温度组别，以限制其最高表面温度。

Ⅱ类环境用防爆电气设备，按Ⅱ类环境物质引燃温度组别划分为 T1～T6 组，并规定了各温度组别电气设备的最高表面温度，具体见表 5-10。

表 5-10 Ⅱ类环境与防爆电气温度组别对应关系

可燃性物质温度组别		电气设备温度组别		
温度组别	引燃温度/℃	温度组别	允许最高表面温度/℃	适用环境温度组别
T1	≥450	T1	<450	T1
T2	≥300	T2	<300	T1～T2
T3	≥200	T3	<200	T1～T2
T4	≥135	T4	<135	T1～T4
T5	≥100	T5	<100	T1～T5
T6	≥85	T6	<85	T1～T6

Ⅲ类环境中，目前未有可燃性物质引燃温度的明确分组，Ⅲ类防爆电气设备最高表面温度是通过在规定的条件下测试获得并标注。对于 EPL 为 Da 级的电气设备，要求测试粉尘层厚度为 200mm 并包围设备，对于 Db、Dc 级，测试条件有无粉尘层或规定粉尘层厚度两种。

较老的技术标准中，粉尘环境中使用的防爆电气设备的温度组别标注有"A""B"，这是因为测试粉尘层厚度分别为 5mm、12.5mm 两种，两种实质等效。

应用中，低温度组别电气设备可用于较高温度组别的场所，较高温度组别的电气设备不可用于较低温度组别的场所。如 T6 组别的电气设备可用于所有温度组别环境，而 T5 组别的电气设备只能用于除 T6 组别外的其他温度组别环境，其他依次类推。

3. 电气防爆技术措施

（1）用外壳限制爆炸和隔离引燃源 将设备带电部分安装在配合间隙能熄灭火焰的抗爆外壳内，即使爆炸性物质进入设备内部发生爆炸，其外壳及配合面能阻止内部爆炸及火焰向外传播。将设备带电部分安装于配合间隙达到密封状态的外壳内，限制外界爆炸性物质进入内部的速率，使内部可燃性物质浓度低于爆炸下限而不至于产生爆炸；或者阻止外界爆炸性物质进入内部，隔离引燃源。

（2）用介质隔离引燃源 采用可靠隔离措施，使引燃源与周围爆炸性混合物不能直接接触，从而到达防爆目的。实施方式是将设备的带电部件放置在安全介质内，隔离引燃源与外界爆炸性混合物。安全介质可以是气体、液体、颗粒状固体。

（3）控制引燃源能量 通过限制电路参数，降低电路电压和电流，或通过某些保护电路阻止危险的强电流和高电压窜入爆炸危险环境，限制处于爆炸危险环境的电路所释放的能量在安全范围内。

或者对于正常运行时不产生火花、电弧的电气设备可以通过一些措施来减少故障时可能产生的火花、电弧和高温。

第二节　电气防爆类型及防爆标志

国标 GB/T 3836 系列文件，对适用于爆炸性环境下的电气设备，规定了防爆结构类型及技术标准，为规范抑制电气引燃源而采取了各种技术措施和管理措施。

一、防爆电气技术标准

1. 防爆类型技术标准

防爆电气标准体系给出了具体的防爆类型及其对应的技术规范，以获得相应的防爆性能。表 5-11 描述了上述关系。

表 5-11　防爆类型与标准文件

序号	防爆类型	防爆型式代号	标准文件	防爆技术措施
0	通用要求	Ex	GB/T 3836.1—2021	爆炸性环境及对电气设备的防爆要求
1	隔爆型	d （da、db、dc）	GB/T 3836.2—2021	用抗爆外壳与接合面间隙隔离引燃源及阻断传爆
2	增安型	e （eb、ec）	GB/T 3836.3—2021	紧固连接、加大间隙、加强绝缘、提升 IP、降温等措施，防止产生引燃源
3	本安型	i （ia、ib、ic）	GB/T 3836.4—2021	限制电压、电流及电路贮能元件参数，限制引燃源能量
4	正压型	p （Pxb、Pyb、Pzc）	GB/T 3836.5—2021	电气置于正压保护气体壳内，阻止环境爆炸性混合物进入，隔开危险物质与引燃源
5	油浸型	O （Ob、Oc）	GB/T 3836.6—2017	将危险电路浸入防护油内，隔开危险物质与引燃源
6	充砂型	q	GB/T 3836.7—2017	用石英砂等物料包围危险电路，隔开危险物质与引燃源
7	N 型	n （nA、nC、nR）	GB/T 3836.8—2021	采用非点燃元件避免正常工作火花，密封（或气密）或限制呼吸外壳阻止危险气体进入，或限制能量等措施。
8	浇封型	m （ma、mb、mc）	GB/T 3836.9—2021	用浇封剂包裹电气部分，隔开危险物质与引燃源
9	特殊型	s （sa、sb、sc）	GB/T 3836.24—2017	与现有防爆类型及组合有别而采取的特殊设计
10	防尘外壳保护型	t （ta、tb、tc）	GB/T 3836.31—2021	用外壳 IP 阻隔保护、限制表面温度等措施

2. 防爆类型与设备保护级别关系

依据防爆类型的技术规范，对比设备保护级别的运行条件，可得表 5-12 所示的防爆类型与 EPL 级别的对应关系。

表 5-12　EPL 级别与防爆结构型式关系

设备保护级别	电气设备防爆结构	防爆型式代号	设备保护级别	电气设备防爆结构	防爆型式代号
Ga	本安型、浇封型隔爆型、特殊型	ia、ma、sa	Da	本安型	ia
				浇封型	ma
	两种独立防爆类型组成，每一种类型达到保护级别"Gb"			外壳保护	ta
				特殊型	sa
Gb	隔爆型、增安型	db、eb	Db	本安型、特殊型	ib
				浇封型	mb
	本安型、浇封型	ib、mb		外壳保护	tb
	油浸型、充砂型	Ob、qb		正压型	Pxb/Pyb
	正压型、特殊型	Pxb\pyb、sb	Dc	本安型	ic
Gc	本安型、浇封型隔爆型、增安型	ic、mc dc、ec		浇封型特殊型	mc sc
	N 型	nA、nR、nC		外壳保护	tc
	正压型、充油充砂型	Pzc、Oc、qc		正压型	pzc

二、电气设备防爆型式

按 GB/T 3836 防爆型式技术规范，不同防爆类型，具有不同的防爆原理与性能特点。

1. 隔爆型（d）

具有隔爆外壳的电气设备称为隔爆型防爆电气设备，基础防爆标志为"d"。图 5-1 所示
为防爆原理示意图。所谓隔爆外壳是指能承受内部爆炸性混合物的爆炸压力而不损坏，并且接合面间隙宽度与长度能阻止内部爆炸火焰向外界传播的外壳。

隔爆外壳各个部件相对表面配合在一起，阻止内部爆炸向外壳周围爆炸性气体混合物传播的接合面，称为隔爆接合面。

隔爆外壳必须具备以下两个基本条件。

① 足够机械强度（耐爆性）。外壳能承受通过外壳接合面或结构间隙渗透到内部的爆炸性物质产生的爆炸压力而不损坏，也不产生影响防爆性能的永久变形。

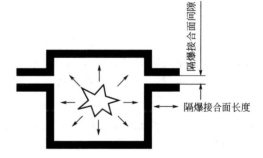

图 5-1　隔爆型防爆原理示意图

② 不传爆特性（隔爆性）。外壳壁上所有与外界相通的接缝和孔隙小于相应的最大安全间隙，即这些间隙能熄灭传播火焰和冷却爆炸生成物。

隔爆型为Ⅱ类 1 区防爆技术，EPL 级别分为 Gb、Gc，对应保护级防爆标志表示为"db、dc"，适用于Ⅱ类 1 区及以下爆炸性气体危险环境。针对便携式可燃气体探测器的催化式传感器可达到 Ga 级别，标志符号为"da"。

2. 增安型（e）

增安型电气设备是指对正常条件下不会产生电弧、电火花和危险高温的设备结构上，进一步采取措施提高其安全程度，避免在正常和规定过载条件下产生危险电弧、电火花及高温的防爆电气设备，基础防爆标志为"e"。

图 5-2　增安型防爆原理示意图

图 5-2 为增安型原理示意图。它是依靠有效的外壳防护、高质量材料、设计和装配来消除电火花或局部过热的结构技术。

增安型防爆的基本安全设计措施包括：限制设备的种类；加大电气间隙、爬电距离；采用优良的绝缘材料，提高绝缘性能；可靠的电路连接；采取限制并降低设备温升措施；提高外壳防护等级（至少为 IP54）；配合合适的保护装置等。

增安型技术以Ⅱ类 1 区防护为目标，EPL 级别有 Gb、Gc 两级，对应防爆标志分别为"eb"、"ec"，适用于Ⅱ类 1 区及以下爆炸性气体危险环境。

3. 本质安全型（i）

本质安全型（以下简称本安型）电气设备，是指在标准规定的条件（包括正常工作和规定的故障条件）下产生的任何电火花或任何热效应均不能点燃规定的爆炸性物质的防爆电气设备，基础防爆标志为"i"。

本安型防爆技术是一种以抑制引燃源能量为防爆手段的"安全"技术，即限制电气线路中的能量，使产生的火花能量小于相应爆炸性环境的最小引燃能量。图 5-3 为本安型防爆原理示意图。

本安型防爆的基本安全设计措施包括：限制电路的电压和电流；限制电路的电容、电感等储能元件；设计相应的可靠元件和组件；本安电路与非本安电路隔离；本安系统的配置应符合安全参数匹配原则。

本安型防爆可分为Ⅱ类爆炸性气体环境、Ⅲ类粉尘环境用设备，均具有很高 EPL 级别，可达 Ga\Da 级别，以及较低的 Gb\Db、Gc\Dc 级别，相应防爆标志分别为"ia""ib""ic"。

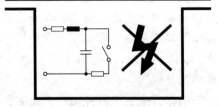

图 5-3　本安型防爆原理示意图

① ia 等级：要求设备在正常工作、一个故障和两个故障时均不能点燃爆炸性混合物（故障电流＜100mA）。适用于 0 区（20 区）及以下区域。

② ib 等级：要求设备在正常工作和一个故障时不能点燃爆炸性混合物（故障电流＜150mA）。适用于 1 区（21 区）及以下区域。

③ ic 等级：要求设备在正常工作时不能点燃爆炸性混合物。适用于 2 区（22 区）区域。

本安型防爆技术实际上是一种低功率设计技术，本安型设备内部的所有电路都是本安电路，仅适用于弱电设备的防爆设计。本安型防爆设备也是唯一可以"带电开盖"的防爆设备。

值得注意的是，本安型防爆为系统防爆，需要本安关联设备及布线系统配合。

4. 正压型（p）

正压型（基础防爆标志为"p"）电气设备，是指将电气设备安装于充有保护气体的外壳内，并保持内部保护气体的压力高于周围爆炸性环境的压力，以阻止外部爆炸性混合物进入壳内的防爆电气设备。图 5-4 为正压型防爆原理示意图。

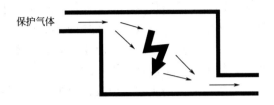

保护气体

图 5-4　正压型防爆原理示意图

正压型的防爆思想是消除外壳内部的任何爆炸性物质，保持其内部为一个"安全区域"。在此情况下，未经防爆设计与认证的普通电气设备几乎不受任何约束地在外壳内部使用。

正压型防爆的基本安全设计措施包括：外壳具有规定的 IP 防护等级和抗冲击能力；用新鲜空气或惰性气体对壳内换气；换气时间满足试验测定时间；壳内压力实施检测监控与报警；设置可靠安全联锁，当压力高于设计规定值（50Pa）时外壳内部电气设备自动通电，当压力低于规定值时切断主电源；其他需要采用的防爆技术。

正压型防爆类型分为爆炸性气体、粉尘环境用两类，各类可细分为三种：

Px 正压型：将正压外壳内的危险等级从 1 区（21 区）降到非爆炸危险区域或从Ⅰ类环境降为非爆炸危险区域的正压保护，EPL 保护级为"Gb\Db"，防爆标志也可表达为"Pxb"；

py 正压型：将正压外壳内的爆炸危险等级从 1 区（21 区）降到 2 区（22 区）的正压保护，EPL 保护级为"Gb\Db"，防爆标志也可表达为"Pyb"；

pz 正压型：将正压外壳内的爆炸危险等级从 2 区（22 区）降到非爆炸危险区域的正压保护，EPL 保护级为"Gc\Dc"，防爆标志也可表达为"Pzc"。

显然，正压型是一种比较复杂的防爆技术，但有时是唯一的解决方法（如大型分析仪器正压小屋）。

5. 油浸型（O）、充砂型（q）

（1）油浸型（O）　油浸型（基础防爆标志为"O"）电气设备是将电气设备全部或某些带电部分浸在保护液中，使之不能点燃油面以上或外壳周围的爆炸性气体混合物的防爆电气设备，如图 5-5 所示。

油浸型防爆的基本安全设计措施包括：保护液的着火点、闪点、动力黏度、电气击穿强度及体电阻、凝固点和酸度等应符合相应标准规定；有相应的结构措施，防止保护液受到外部灰尘或潮气的影响而变质；应有可靠保护液面的监控装置；有可靠的保护液自由表面温度监控装置。

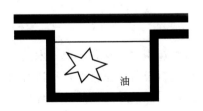

油

图 5-5　充油型防爆形式

砂粒

图 5-6　充砂型防爆形式

充油型防爆的 EPL 级别分为"Gb""Gc"两个等级，对应防爆标志为"Ob""Oc"，分别适用于Ⅱ类爆炸性气体环境1区、2区。

（2）充砂型　充砂型（基础防爆标志"q"）电气设备是将能点燃爆炸性气体混合物的导电部件固定在适当位置上，且完全埋入填充材料中（石英或玻璃颗粒），以防止点燃外部爆炸性气体环境的防爆电气设备，如图5-6所示。

充砂防爆型式不能完全阻止爆炸性气体进入设备和 Ex 元件而被电路点燃。但是，由于填充材料中空隙小，且火焰通过填充材料中的通路时被熄灭，避免点燃外部爆炸性混合物。

充砂型防爆的基本安全设计保护措施包括：充砂型电气设备的外壳应能够承受规定的外力冲击和具备 IP54 以上的防护等级，若防护等级高于 IP55，应在外壳上增加呼吸装置；填充材料为标称值 0.5～1mm 石英或玻璃颗粒；应确保填充材料内不存在空隙。

充砂型防爆的 EPL 级别分为"Gb""Gc"两个等级，对应防爆标志为"qb""qc"，分别适用于Ⅱ类爆炸性气体环境1区、2区。

6. 浇封型（m）

浇封型（基础防爆标志为"m"）电气设备是将电气设备整体或部分浇封在浇封剂中，在

图 5-7　浇封型防爆原理示意图

正常运行或认可过载、故障下不能点燃周围的爆燃性混合物的防爆电气设备，如图5-7所示。

浇封型防爆的基本安全措施包括：将电气元件用浇封剂浇封起来，浇封厚度不小于 3mm；浇封剂的介电常数、吸水性、耐光性、耐寒性以及表面电阻等必须按相应标准进行考核；浇封剂材料在性能上应能承受设备在工作运行及故障时发热温度；同时限制浇封剂表面温度。

浇封型防爆有Ⅱ类爆炸性气体环境、Ⅲ类爆炸性粉尘环境用两类，EPL 级别均可达很高级别，分别为"Ga\Da""Gb\Db""Gc\Dc"，对应防爆标志分别为"ma""mb""mc"。

"ma"保护等级：在正常的运行和安装条件下，以及任何认可的非正常条件、认可的故障条件下，不构成引燃源。所以，"ma"保护等级的设备允许使用在 0 区（20 区）及以下；

"mb"保护等级：在正常的运行和安装条件下，以及定义的故障条件下，不构成引燃源。所以，"mb"保护等级的设备允许使用在 1 区（21 区）及以下；

"mc"保护等级：只在正常运行和安装条件下，不能构成引燃源。所以，"mc"级别的设备只允许使用在 2 区（22 区）及以下环境。

浇封型防爆技术通常也可和其他防爆技术一起使用，如与本安型防爆技术一起使用，用来处理储能元件或功率耗散元件。

7. 无火花型（n）

"n"型是一种专门适用于Ⅱ类爆炸性气体环境 2 区防爆型式。这种防爆技术是采取一些保护措施（如外壳防护、气密、简单通风或限能等），使电气设备在正常运行和认可的异常条件下产生的电火花、电弧能达到一定安全程度，不能点燃周围的爆炸性气体混合物。

"n"型防爆过去称无火花型防爆。随着防爆技术的发展，现行标准分为 4 种不同类型，防爆标志分别是 nA、nC、nR、nL。

"nA"（无火花型）。对正常运行时不产生电火花和电弧的设备采取一些保护措施，将运行在认可的异常条件下可能产生的电弧、火花的危险减少至最小，对周围爆炸性气体环境不构成危险引燃源。其防爆安全性能低于增安型。

"nC"（有火花型）。对正常运行时产生火花和电弧设备，采取措施使其成为"封闭式断路器""非点燃元件"限制火花，以及采取"气密装置""密封件"措施，阻止危险环境气体物质进入设备内部，在认可的异常条件下不能点燃周围爆炸性气体混合物。其防爆安全性能低于浇封型。

"nR"（限制呼吸外壳）。使用限制呼吸外壳，即将电气设备的外壳设计成具有一定的密封性，能限制外部可燃性气体混合物进入壳内的速度，使壳内不能形成爆炸性气体危险环境。其防爆安全性能低于隔爆型。

"nL"（限能型）。对电气设备的电路和结构采取一些限能措施，使其在规定的运行条件下，避免电路或操作电弧和电火花能量不足以构成周围爆炸性气体混合物的引燃源。其防爆安全性能低于本安型。

N 型防爆的 EPL 级别为一般 Gc 级别，只适用于 Ⅱ 类爆炸性气体环境 2 区。

8. 外壳保护型（t）

在 Ⅲ 类可燃性粉尘环境中，粉尘的堆积不利于设备的散热，会导致设备表面高温形成热点源；粉尘进入电气设备内部不利于设备安全，特别是导电性粉尘可直接产生电火花点燃源。

粉尘外壳保护型采用外壳保护防止粉尘进入并限制表面温度，是专用于 Ⅲ 类爆炸性粉尘环境的防爆型式，基础防爆标志为"t"。

基本安全措施包括：外壳的结合面采取防尘结构或尘密结构防止粉尘进入壳内；为防止外壳粉尘堆积增温，设备的外壳表面光滑、无裂缝、无凹坑或沟槽，并具有足够的强度。

外壳保护型的 EPL 级别有 Da、Db、Dc 三个等级，对应的防爆标志分别为"ta""tb""tc"。

设备外壳防护等级是外壳保护型电气设备的重要防护手段。保护等级、设备类别与外壳防护等级（IP）间的关系如表 5-13 所示。

表 5-13 保护等级、设备类别与外壳防护等级（IP）关系

保护等级	ⅢC 类	ⅢB 类	ⅢA 类
ta	IP6X	IP6X	IP6X
tb	IP6X	IP6X	IP5X
tc	IP6X	IP5X	IP5X

现行标准以前，外壳保护型的标志字母表达分别为"DIP"。因可燃性粉尘的点燃温度与粉尘层厚度有关，其温度组分为 A 类（粉尘层 5mm）、B 类（粉尘层 12.5mm），相应的防爆标志表达为"DIP A""DIP B"。

三、防爆标识与防爆标志

1. 防爆标识与防爆合格证

（1）防爆标识——Ex 为区别普通电气设备，防爆电气设备外壳上都铸有凸纹或凹纹

"Ex"防爆标识，也称"防爆声明"。如图 5-8 所示，外壳"Ex"标识是防爆电气设备与一般电气设备的基本区别。

图 5-8　防爆电气设备外壳标识——Ex

（2）防爆合格证　合格的防爆产品还应有防爆合格证，主要涉及认证证号、产品名称、防爆标志、技术文件，如图 5-9 所示。

防 爆 合 格 证

证　　　号：　CCRI 14.2035

产品名称：	防爆粉尘检测仪
型号及规格：	AT531
防爆标志：	Exib ⅡBT4 Gb
技术文件：	Q/KYCJK0021-2014
图号：	KY-AT531-ZT
备注：	1. 使用环境温度：−10℃≤Ta≤+50℃；　2. 供电采用7.4V型号为XC-7.4V-0.6Ah的可充电锂离子电池组。

图 5-9　防爆合格证

（3）重要警告　为防止错误操作，以及避免出现内部电路还有电情况下打开外壳带来危险，除本安型防爆设备外，其他防爆电气设备通常设置有外壳联锁装置，以保证非专用工具不能打开外壳，且在外壳打开的同时能自动切断电源。如无联锁装置，应设置"严禁带电开盖""在断电××分钟后开盖"等警告牌，如图 5-10 所示。

图 5-10　警告牌

防爆电气设备常用警告标志如表 5-14 所示。

表 5-14　防爆电气设备外壳常用警告标志

警告标志
警告：断电后，应放电 Y 分钟方可开盖（"Y"分钟为延迟所需时间）
警告：有爆炸气体时请勿打开
警告：严禁负载操作
警告：严禁带电开盖
警告：严禁带电断开
警告：只允许在非爆炸危险场所才能断开
警告：潜在静电电荷危险——见使用说明书
警告：盖子下面有带电部件——严禁接触

2. 防爆标志

设备外壳产品铭牌标注防爆标志，按规则标明防爆类型、适用环境类别、级别、允许最高表面温度组别等防爆性能，表明设备适用的爆炸性环境、危险等级、使用范围。

防爆标志格式及实例如图 5-11 所示。

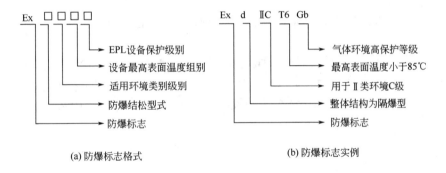

(a) 防爆标志格式　　　　　　(b) 防爆标志实例

图 5-11　防爆标志格式

（1）气体环境用　对于爆炸性气体环境用防爆电气设备，其防爆标志比较成熟，新标志与旧标志的主要差别在于引入了设备保护级别（EPL）。

新标志：Ex-防爆型式-环境类别（Ⅰ/Ⅱ）-级别（A/B/C）-温度组别（T1～T6）-（EPL）。其中，EPL 保护等级可与防爆型式合并表达。

例如，用于工厂爆炸性气体 C 级环境，引燃温度高于 135℃的增安型"e"，保护级（EPL Gb）的新标志为 Ex e ⅡC T4 Gb。若"e"与"Gb"合并，则标志为 Ex eb ⅡC T4。

【例 5-1】一台仪表的防爆标志为 Ex ia ⅡC T6 Ga，其防爆性能及适用环境如下。

此防爆电气设备防爆结构型式为 ia—本安防爆 a 级；ⅡC—工厂气体环境 C 级；T6—温度组别，最高表面温度≤85℃，Ga—气体环境最高保护级。适用环境：适用于工厂气体环境，危险程度为 0 区、1 区、2 区，ⅡA、B、C 级，所有温度组别的爆炸性混合物的环境。

【例 5-2】一电气设备防爆标志为 Ex m ⅡC T5 Ga IP54，其防爆性能及适用环境如下。

此防爆电气设备的防爆结构型式为浇封型"m"，适用于工厂爆炸性气体环境ⅡC 级及以下（A 级、B 级）、引燃温度高于 100℃、爆炸危险性为 0 区及以下（1 区、2 区）的环境。

该设备的 EPL 为气体最高保护级，且外壳防护为 IP54。

【例5-3】一台仪表的防爆标志为 Ex db ⅡB T4，其含义如下。

含义：db—隔爆型式，EPL 保护为高级 Gb；ⅡB—工厂用气体环境 B 级；T4—温度组别，最高表面温度≤135℃，适用于工厂爆炸性气体ⅡA、ⅡB 级环境，T1、T2、T3、T4 温度组别的爆炸性气体环境 1 区、2 区。

（2）粉尘环境用　采用新标准前，粉尘防爆设备主要采用尘密结构或尘封结构，用 DIP 标识描述。

旧标志：DIP-环境区域-最高表面温度-（IP）

例如，用于具有连续导电性粉尘环境、引燃温度高于 135℃的（A 型）粉尘防爆旧标志：

DIP A20 TA T4 IP65

由于粉尘层堆积影响引燃温度，在能够获得实际环境的引燃温度情况下，通常可直接标注引燃温度：

旧标志：DIP A20 TA T135℃（T4）IP65

随着粉尘防爆技术的发展，粉尘防爆型式分为本安型"i"、外壳保护型"t"、浇封保护型"m"、正压保护型"p"等。

新标志：Ex-防爆型式-环境类别（Ⅲ）-级别（A/B/C）-最高表面温度（温度组别）-（EPL）-（IP）

例如，用于具有连续导电性粉尘环境、引燃温度高于 135℃的（A 型）、本安型粉尘防爆新标志：

Ex iD ⅢC T135℃ Da IP65 或 Ex ia ⅢC T135℃ IP65

又如，用于粉尘 21 区 C 级、引燃温度高于 175℃（B 型）、外壳保护粉尘防爆设备新标志：

Ex tD ⅢC TB175℃ Da IP66 或 Ex tb ⅢC TB175℃ IP66

（3）复合防爆标志

① 当同一电气设备的不同部分或 Ex 元件采用了不同的防爆型式时，防爆标志应包括所有使用的防爆型式的符号。

防爆型式的符号按字母顺序排列，若使用关联设备时其防爆型式标志应适用方括号"[..]"列于主体防爆型式符号之后。

例如，使用带本安型"i"（EPL Gb）输出电路的防爆外壳"d"（EPL Gb），用于引燃温度高于 135℃的工厂ⅡC 级爆炸性气体环境的防爆标志：

Ex d[ia Ga] ⅡC T4 Gb　 或　 Ex db[ia]ⅡC T4

② 当同一设备使用两种独立防爆结构时，防爆型式可用"+"进行连接。

例如：防爆标志为 Ex eb+pxb ⅡB T3。表示该设备采用增安型与正压外壳型两种复合防爆结构，适用于工厂可燃性气体物质引燃温度大于 200℃，ⅡB、ⅡA 等级的爆炸性气体环境。单一防爆可用于 1 区、2 区，两种独立防爆设备保护级别达到 Gb 等级，组合应用可提高至 0 区使用，等效级别达到 Ga 等级。

③ 当同一设备设计成不同的防爆形式时，为方便用户根据使用的防爆环境进行使用与安装，每一种防爆型应采用独立的 Ex 标志。

例如，用于爆炸性气体环境用ⅡC 等级、最高表面温度低于 135℃的浇封型电气设备（EPLGa），同时该设备亦可具有用于导电性粉尘环境ⅢC 等级的浇封型（EPL Da）、最高表面温度低于 120℃的粉尘防爆性能。

上述表达是此电气设备既可用于气体环境、粉尘环境，其合格证书表达如下。

气体用防爆标志：Ex ma ⅡC T4 Ga　或　Ex ma ⅡC T4

粉尘用防爆标志：Ex mD ⅢC T120℃ Da　或　Ex ma ⅢC T120℃

第三节　防爆电气选型配置

应用于爆炸性环境的电气设备，应具有不低于所在爆炸危险场所的防爆等级，其结构应满足电气设备在规定运行条件下不降低防爆性能的要求，同时特别强调实现电气系统整体防爆。

一、防爆电气设备选型

防爆电气设备的选型应遵循以下三个原则。

① 安全可靠性原则：电气设备的防爆性能（EPL 防护等级、防爆型式、防爆类别级别、温度组别等）应与使用爆炸性环境区域、爆炸性物质特性相适应。

② 环境适应性原则：防爆电气设备、配置附件，以及应采取的安全防护措施的耐受能力，应能长期适应所在环境条件，比如冷热变化、潮湿、冷凝、雨水、沙尘、振动、光照、腐蚀等因素影响，保障设备的防爆结构整体完整性。

③ 经济性原则：设备选型不必高选。对于同等级别的产品应考虑价格、寿命、可靠性、运行费用、耗能、备件的可获得性等因素。

基于上述原则，防爆电气设备选型主要依据为：辨识防爆电气设备的爆炸危险区域类别及危险等级；爆炸危险区域内爆炸性混合物的级别、温度组别；选择防爆电气设备结构型式、附件及系统配置；环境影响因素及防护措施与经济性等。

1. 设备保护级别与防爆型式选择

基本原则：所选防爆电气设备的保护级别、防爆结构型式应满足爆炸危险区域类别要求。一般可按如下步骤实施。

① 判定爆炸危险环境类别，合理划分爆炸危险区域及保护级别要求。

② 按表 5-7、表 5-8 所示设备保护级别与适用爆炸危险区域关系，确定防爆电气设备保护等级，如表 5-15 所示。

表 5-15　爆炸危险区域与可选用保护级别关系

使用区域（保护级别）		可选设备保护等级（EPL）
Ⅰ类	很高	Ma
	高	Ma、Mb
Ⅱ类	0 区（很高）	Ga
	1 区（高）	Ga、Gb
	2 区（一般）	Ga、Gb、Gc
Ⅲ类	20 区（很高）	Da
	21 区（高）	Da、Db
	22 区（一般）	Da、Db、Dc

③ 根据使用环境情况、设备保护级别与防爆结构型式关系（表 5-13），考虑各防爆结构型式的应用特点、附件配置与系统配置等情况，参考表 5-16 配置关系，确定电气设备防爆结构型式。

表 5-16　防爆结构型式与爆炸危险区域配置关系

爆炸危险区域 防爆结构	0 区	1 区	2 区
隔爆型 "d"	×	○	○
正压型 "p"	×	○	○
充砂型 "q"	×	○	○
油浸型 "o"	×	○	○
增安型 "e"	×	△	○
本安型 "ia"	○	○	○
本安型 "ib"	×	○	○
浇封型 "m"	○	○	○
无火花型 "n"	×	×	○

注：1. ○为适用；△为慎用；×为不适用。

2. 增安型电气设备为正常情况下没有电弧、电火花、危险温度，而不正常情况下有引爆的可能，故对在 1 区使用的 "e" 类电气设备进行了限制，仅限于下列电气设备。

① 在正常运行中不产生电火花、电弧或危险温度的接线盒和接线箱，包括主体为 "d" 或 "m" 型，接线部分为 "e" 型的电气产品。

② 配置有合适热保护装置（GB/T 3836.3—2021 附录 D）的 "e" 型低压异步电动机（启动频繁和环境条件恶劣者除外）。

③ "e" 型荧光灯、测量仪表和仪表用电流互感器。

3. 附加要求如下。

① 0 区场所只选用 Exia 产品，必要时可考虑双重防爆产品。

② 1 区场所不宜选用壳体内经常会形成引燃源的设备和高压设备。

③ 2 区场所不宜选用温升不稳定的设备，必要时应选 Exd/Exp 设备。

④ 粉尘危险场所用防爆电气设备的类型表达方式存在新旧混用情形，可按 GB/T 3836.15—2017 提供的对照关系选择，参见表 5-17。

表 5-17　粉尘防爆区域与适用防爆型式关系

粉尘类型	20 区	21 区	22 区
非导电性粉尘	tD A20 tD B20 iaD maD	tD A20 或 tD A21 tD B20 或 tD B21 iaD 或 ibD maD 或 mbD pD	tD A20 或 tD A21 或 tD A22 tD B20 或 tD B21 或 tD B22 iaD 或 ibD maD 或 mbD pD
导电性粉尘	tD A20 tD B20 iaD maD	tD A20 或 tD A21 tD B20 或 tD B21 iaD 或 ibD maD 或 mbD pD	tD A20 或 tD A21 或 tD A22 tD B20 或 tD B21 或 tD B22 iaD 或 ibD maD 或 mbD pD
可燃性飞絮	tD A20 tD B20 iaD maD	tD A20 或 tD A21 tD B20 或 tD B21 iaD 或 ibD maD 或 mbD pD	tD A20 或 tD A21 或 tD A22 tD B20 或 tD B21 或 tD B22 iaD 或 ibD maD 或 mbD pD

2. 防爆电气级别、组别选择

GB/T 3836 系列防爆电气标准，将电气设备防爆性能进行了等级划分，以适用爆炸危险场所中不同危险等级的爆炸性物质对电气引燃源防护能力的要求。一般选择步骤为如下。

① 判定适用防爆电气设备的爆炸性环境中爆炸性物质的引燃级别、温度级别。

② 基于适用防爆电气设备的防爆级别不应低于该爆炸性混合物引燃级别、温度组别要求，参照表 5-10、表 5-11 确定防爆电气设备的级别及最高表面温度级别。

③ 特别说明：任何电气设备在工作过程中或故障状态下，均可能导致设备温度升高，一般规定温度+10℃。

④ 粉尘防爆电气设备的最高允许表面温度是由相关粉尘的最低引燃温度减去安全裕度确定的。

对于可燃性粉尘防爆环境，由于引燃温度与粉尘层堆积有关。按 GB/T 3836 系列标准要求，电气设备最高表面温度不应高于粉尘云的引燃温度的 2/3。若存在粉尘层，应区分 A 型和 B 型设备，并按相关标准计算。

3. 选型中的注意事项

① 当存在两种以上可燃性物质形成的爆炸性气体混合物时，应按照混合后的爆炸性混合物的级别与组别选用防爆电气设备，无据可查且不可能进行试验时，可按危险程度较高的级别和组别选用防爆电气设备。例如：对于同时存在氢气（ⅡC，T1）和乙醛（ⅡA，T4）的爆炸危险场所，至少应选择ⅡC、T4 的电气设备。

② 对于爆炸性气体和爆炸性粉尘同时存在的区域，防爆电气设备应该既满足爆炸性气体的防爆要求，又满足爆炸性粉尘的防爆要求，其防爆标志同时包括气体和粉尘防爆标志，即

$$Ex\ ma\ ⅡC\ T4\ Ga\quad 或\ Ex\ ma\ ⅡC\ T4$$
$$Ex\ mD\ ⅢC\ T120℃\ Da\quad 或\ Ex\ ma\ ⅢC\ T120℃$$

严禁将气体环境用电气设备用于粉尘环境。

③ 在进行防爆电气设备选型时，除了满足防爆性能核心要求外，还需要考虑设备安装环境条件（如环境的温度、湿度、海拔高度、光照度、风沙、水质、散落物、腐蚀物、污染物等客观因素）的影响及相应的防护措施，以保障电气设备在上述特定条件下运行时不降低其防爆性能。

④ 移动式、便携式设备及个人装备，要求 EPL 级别较高的区域不应使用 EPL 级别较低的设备，另有保护措施的设备除外。一般建议，所有设备符合要求 EPL 级别最高区域的要求。同样，设备的类别和温度组别宜与设备使用场所可能遇到的所有气体、蒸气和粉尘相适宜。

二、系统配置

爆炸危险区域内电气设备总是与外界存在电气联系、管路联系，实现物质、能量、信息的传输与联系，如图 5-12 所示。

爆炸危险区域内防爆电气通过各类管线、电缆（包括连接件）与安全区电气设备获得电能、传递信号等，同样要求危险区连接件、连接管线、电缆不产生危险能量或限制危险能量不外泄，不影响、不破坏防爆电气设备的防爆性能，实现电气系统整体防爆。

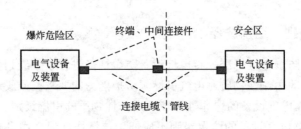

图 5-12　防爆电气系统示意图

GB/T 3836、GB 50058—2014、AQ 3009—2007 等标准强调，爆炸危险场所对电气系统配置基本原则是整体防爆，即除电气设备防爆性能外，还要求与设备连接的独立附件（配件）、布线系统也应具有对应等级的防爆性能。

1. 引入装置

防爆电气设备通过外壳开设的引入口与外部电源、信号回路相连。引入环节直接影响外壳的防爆性能与 IP 防护性能，特别是防爆类型与外壳有关的防爆电气设备（如隔爆、增安、粉尘防爆类等），若未达到要求的防爆性能，直接导致防爆失效。

（1）引入装置的作用　引入装置就是将连接电缆或导管引入电气设备内部并能保证其防爆型式的装置，如图 5-13 圈住部分所示。

图 5-13　防爆电气引入装置

引入装置的作用是导入电缆（或导管），在引入口通过密封圈或填料函实现隔离密封，防止气体或液体在设备之间流动，保证设备外壳的整体防爆性能；还应有夹紧电缆作用，防止电缆意外拔脱或扭转（通过压紧密封圈、填料函或专门夹紧组件）。

引入装置主要包括 Ex 螺纹管接头、密封圈（或填料函）、压紧元件以及夹紧组件。（注意接头的螺纹制式——公制螺纹或 NPT 英制螺纹）。

引入装置是外壳结构防爆类设备的重要部件，可以是设备整体的一部分或者与整体分开。如果单独配引入装置，引入装置需要单独取得防爆认可。

（2）引入装置的类型　根据布线类型不同，引入装置分为电缆引入装置（区分铠装与非铠装、有护套与无护套）、导管引入装置（钢管、防爆挠性管）两类，应配套选择。

① 电缆引入装置：电缆引入装置（图 5-14）一般是完整的 Ex 组件，同时具备引入、隔离密封、夹紧功能。

② 导管引入装置：导管引入装置（图 5-15）需要通过螺纹连接外部导管，同时实现设备外壳引入口与外部隔离密封。导管引入装置压紧螺母引入口应为符合规范的防爆螺纹，与

导管（或防爆挠性管）连接啮合扣至少为 5 扣。

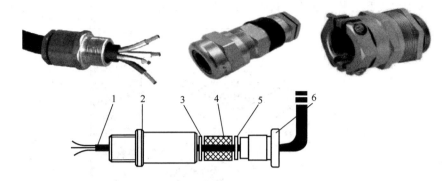

图 5-14　电缆引入装置

1—同轴电缆；2—引入端子；3—上垫片；4—密封件；5—下垫片；6—压紧端子

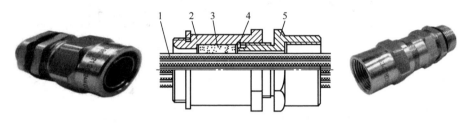

图 5-15　钢管引入装置

1—电线（或电缆芯线）；2—连通节；3—浇封剂；4—浇封剂封堵片；5—压紧螺母

（3）隔离密封　隔离密封分为橡胶密封圈式与填料函式，密封圈或填料函通过压紧元件密封电缆与联通节内腔间隙，起到密封隔离作用，其中填料函式更为安全。采用填料函密封时，应按填料函制造商提供的使用说明书，安装并填充规定的填料。

按 GB/T 3836.15—2017、GB 50058—2014 标准，导管布线要求引入口距设备外壳 450mm 内加以隔离密封，所以导管引入时，隔离密封环节也可单独配置，如图 5-16 所示。特别注意：设备外壳至隔离密封件之间的导管（或挠性管）必须是与环境匹配的防爆导管。

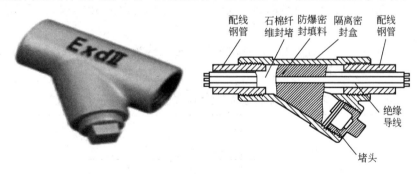

图 5-16　独立隔离密封盒

（4）引入方式　引入装置与电气设备主体连接形式有直接引入、间接引入两种方式。

① 直接引入：通过主体外壳内或与主体内腔分隔的接线盒将电气设备与外电路连接。

② 间接引入：通过主体外壳或主体内腔分隔的接线盒连接装置将电气设备与外电路连接。一般而言，间接引入安全可靠性能优于直接引入。

按照 GB/T 3836.15—2017 规定，具体选配引入装置时，应根据设备内部是否存在引燃源、设备容积、级别要求和安装区域进行选型，按图 5-17 流程确定引入方式及密封方式。

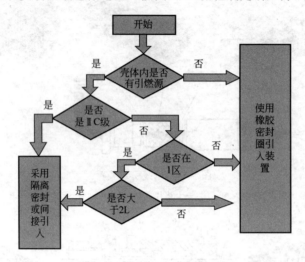

图 5-17　引入密封方式选择流程

2. 配线

爆炸危险环境不仅对电气设备有严格防爆性能要求，而且对电气设备及照明配电、测量控制电线电缆的机械特性、电磁特性、阻燃特性、防腐蚀与化学影响、抗机械损伤、抗高温以及采取的防护措施均有相关规定。

（1）配线方式　除爆炸危险 0 区采用本安配线外，其余爆炸危险场所电气线路的配线可采用电缆配线、导（钢）管配线两种方式。

电缆配线是指电气线路从配电箱到爆炸危险区域内电气设备之间采用电缆敷设方式（包括非防爆保护管方式）。

钢管配线指电气线路从配电箱一直到电气设备，采用隔离密封钢管防爆保护形式，能将爆炸性气体或火焰隔离切断。防爆钢管配线不同于通常电缆保护钢管，需要考虑隔离密封防爆性能。

不同配线方式具有不同的安全性能与适用爆炸危险区域，可按表 5-18 配线方式与爆炸危险区域的对应关系实施配置。

表 5-18　配线方式与适用爆炸危险区域关系

配线方式		爆炸危险区域		
		0 区	1 区	2 区
本安型电气设备电缆配线		○	○	○
低压镀锌钢管配线		×	○	○
电缆配线	低压电缆	×	○	○
	高压电缆	×	△	○

注：1. ○表示适用；△表示尽量避免；×表示不适用。

2. 本安型配线是专门针对 Ga 保护等级对电缆及整个电气系统有严格限制的电缆配线方式。

　　具体采用何种配线方式，应根据爆炸危险区域、电缆类型、环境因素等选择。比如，在爆炸性粉尘环境，需要同时考虑静电危害与防护问题，宜选择钢管配线方式。

　　（2）非本安系统配线　电缆选择主要考虑电缆机械特性、阻燃特性、额定电压、敷设方式以及使用环境。

　　① 固定敷设类型。一般在无附加危害环境下，可选配热塑护套电缆、热固护套电缆、合成橡胶护套电缆或矿物绝缘金属护套电缆用于固定式线路。

　　防止受外来机械损伤、腐蚀或化学影响（例如溶剂的影响）以及高温作用，可选配铠装电缆、屏蔽线、无缝铝护套线、矿物绝缘金属护套电缆或半刚性护套电缆等，或采用电气保护导管。

　　在架空、桥架敷设时电缆宜采用阻燃电缆。当桥架方式能防止机械损伤时，塑料护套电缆可采用非铠装电缆。当不存在会受鼠、虫等损害情形时，在 2 区、22 区电缆沟内敷设的电缆可采用非铠装电缆。

　　② 移动式电缆类型　手提式和/或移动式设备应使用含有加厚的氯丁橡胶或其他与之等效的合成橡胶护套电缆、含有加厚的坚韧橡胶护套的电缆或含有同等坚固结构护套的电缆。导线横截面积最小为 $1.0mm^2$。如需要电气保护导线，应与其他导线绝缘方式相同，并且应与其他导线并入电源电缆护套中。

　　对地电压不超过 250V、额定电流不超过 6A 的手提式电气设备，若不承受强机械力作用，可以采用普通橡胶护套电缆、氯丁橡胶护套电缆，或具有同等耐用结构的电缆。

　　③ 软电缆类型。软电缆是适用于必要的短距离移动且无损伤的电缆。

　　可选用适用于移动设备的电缆型式，或选择如下电缆。

　　a. 普通橡胶护套软电缆、普通氯丁护套软电缆。

　　b. 加厚橡胶护套软电缆、加厚氯丁护套软电缆。

　　c. 与加厚橡胶护套软电缆绝缘耐压相当的塑料护套软电缆。

　　④ 配线钢管。配线导管应采用低压流体输送用镀锌焊接钢管；与隔爆外壳相关的导管应选用重规螺纹钢管、无缝钢管。

　　爆炸性粉尘环境在机械损坏危险性较低的场所可以采用符合 GB/T 3836.1—2021 试验条件的刚性塑料导管和配件及其连接要求。无论钢管配线或刚性塑料导管配线，均应要求配线系统能防尘。

　　钢管配线弯曲难度较大、电气设备不便于直接连接、电动机的进线口、通过建筑物伸缩缝及沉降处等，应配置防爆挠性连接管（图 5-18）或具有防爆合格证的复合材料结构导管。

(a) 防爆挠性管　　　　　　　　　　　　　　(b) 防爆挠性管连接

图 5-18　采用防爆挠性管

配线钢管内可使用无护套的绝缘单芯或多芯电缆。但是，当导管内有三根或多根电缆时，电缆的总截面积（包括绝缘层）应不超过导管总截面积的 40%。

⑤ 配线规格要求。

a. 爆炸危险环境内采用的低压电缆和绝缘导线，其额定电压必须高于线路的工作电压，且不得低于 500V，电气工作中性线绝缘层的额定电压，必须与相线电压相同，并必须在同一护套或钢管内敷设。

b. GB 50058—2014、GB 50303—2015 规定，除本质安全系统的电路外，电缆配线、钢管配线的绝缘导线和电缆截面积应符合表 5-19、表 5-20 的技术要求。

表 5-19　爆炸性环境内电缆配线的技术要求

爆炸危险区域	电缆明设或在沟内敷设时铜芯的最小截面积/mm²			移动电缆
	电力	照明	控制	
1 区、20 区、21 区	2.5	2.5	1.0	重型
2 区、22 区	1.5	1.5	1.0	中型

表 5-20　爆炸性环境内电压为 1000V 及以下的钢管配线技术要求

爆炸危险区域	钢管配线用绝缘导线铜芯的最小截面积/mm²			管子连接要求
	电力	照明	控制	
1 区、20 区、21 区	2.5	2.5	2.5	钢管螺纹旋合不应少于 5 扣
2 区、22 区	2.5	1.5	1.5	钢管螺纹旋合不应少于 5 扣

c. 绝缘电线和电缆的允许载流量不应小于熔断器熔体额定电流的 1.25 倍和自动开关长延时过电流脱扣器整定电流的 1.25 倍。引向电压为 1000V 以下笼型感应电动机支线的长期允许载流量，不应小于电动机额定电流的 1.25 倍。

d. 固定布线电缆的阻燃性能应符合 GB/T 18380 系列标准要求，除非电缆埋在地下、充砂导管内或采取其他防止火焰传播措施。

e. 除按爆炸危险场所的危险程度和防爆电气设备的额定电压、电流选用电缆外，还应根据使用环境的情况，选用具有相应的耐热性能、绝缘性能和耐腐蚀性能的电缆。

3. 配电与保护

向爆炸危险场所内电气设备（AC 1000V/DC 1500V 以下）配电，GB/T 3836.15—2017、GB 50058—2014、AQ 3009—2007 等规范有如下的规定。

（1）非本安设备配电（1、2 区及 21、22 区）

① 采用 TN-S 系统配电时，必须在非爆炸危险环境转换 TN-C 系统为 TN-S 系统，N 线与 PE 线不应连在一起或合并成一根导线；从 TN-C 到 TN-S 型转换的任何部位，PE 线应在非爆炸危险场所与等电位系统相连。

② 在 1 区使用 TT 型电源系统，由于单相接地时阻抗较大，为了获得过电流、速断保护的灵敏度，必须采用剩余电流动作保护器。接地电阻率高的地方，不允许使用这种系统。

③ 采用 IT 型电源系统，应提供绝缘监视装置显示第一次接地故障并及时报警；同时可

按 GB/T 16895.21—2020 标准，实施局部等电位连接。

（2）本安设备配电 本安电路的配电可分为独立本安配电、电网供电混合（本安与非本安）系统。

如果本安关联设备上标记小于 250 V，本安防爆系统应采用安全隔离变压器、安全电压、电池配电。

① 如果不大于 AC 50V 或 DC 120V，安装在符合 GB/T 16895.21—2020《低压电气装置 第 4-41 部分：安全防护 电击防护》的 SELV 或 PELV 系统中。

② 通过符合 GB/T 19212.7—2012《电源电压为 1100V 及以下的变压器、电抗器、电源装置和类似产品的安全 第 7 部分：安全隔离变压器和内装安全隔离变压器的电源装置的特殊要求和试验》或技术标准上等效的安全隔离变压器进行配电。

③ 直接连接到符合 GB 4943.1—2022《音视频、信息技术和通信技术设备 第 1 部分：安全要求》、GB 4793.1—2007《测量、控制和实验室用电气设备的安全要求 第 1 部分：通用要求》或技术标准上等效的设备上。

④ 直接由电池、蓄电池供电（此方式下为独立本安电气系统）。

（3）配电保护

① 为防止突然断电，保证供电安全可靠，爆炸危险场所应由双电源供电，并安装自动电源保护装置。

② 根据需要安装适当的保护装置，在发生过载、短跑、漏电、接地、断线等故障时，能自动报警或切断电源。

③ 如果自动断电可能引起比引燃危险造成的危险更大，应使用报警装置代替自动断电装置，但报警装置的报警应很明显，以便及时采取补救措施。

④ 为处理紧急情况，在爆炸危险场所外合适的地点或位置应有一种或多种措施对爆炸危险场所内电气设备断电。为防止附加危险，必须连续运行的电气设备不应包括在紧急断电电路中，而应安装在单独的电路上。

⑤ 为避免配电问题扩大影响范围，应对每个电路或电路组采取适当方法进行隔离（例如隔离开关、熔断器和熔丝），包括所有电路导体，也包括中性线。

⑥ 应充分考虑雷电对配电系统产生的影响并采取积极防护措施。

4. 本安电气系统配置

本安防爆是从限制电气能量入手，通过电路设计及电参数（供电、电容、电感等）系统配置，将电路中的电压和电流限制在一个允许的范围内，以保证在电气设备正常工作或发生短接和元器件损坏等故障情况下产生的电火花和热效应不致引起周围可能存在的危险气体爆炸。

（1）本安电气系统构建 构建本安电气系统必须具备两条件：安装在危险场所的电气设备（包括连接管线电缆）本身应具备本安防爆性能；同时，在安全场所与危险场所之间设置限能、限压、限流的本安关联设备，限制安全区一般电路的危险能量窜入危险场所。

本安电气系统一般由本安设备、本安关联设备和外部配线（包括本安电路和非本安电路）三者构成，如图 5-19 所示。

（2）本安设备（现场设备）

① 简单设备：按照 GB/T 3836.4—2021 防爆标准规定，对于电压不超过 1.2V、电流不超过 0.1A，且其能量不超过 20μJ 或功率不超过 25mW 的电气设备，可视为简单设备，其中最

常见的仪表设备有热电偶、热电阻、pH 电极、应变片和开关等。

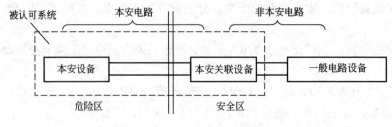

图 5-19 本安电气系统

② 本安防爆设备：满足 GB/T 3836 本安防爆标准并获得认证且防爆标志等级适用于相应爆炸危险场所要求的防爆电气设备。

（3）本安关联设备 本安关联设备是内装能量限制电路和非能量限制电路，连接本安电路和非本安电路，且结构上能使非本安电路不能对本安电路产生不利影响的电气设备。通常是指安全栅（常用齐纳式安全栅、隔离式安全栅），如图 5-20 所示。

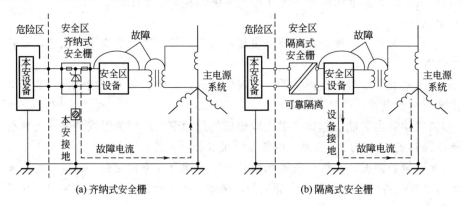

图 5-20 本安关联设备

对安全栅要求如下。

① 安全栅的防爆标志等级必须不低于本安设备的防爆标志等级。

② 安全栅相关参数能满足本安防爆认证、本安设备的最低工作电压要求。

③ 根据本安设备的电气隔离以及接地方式，确定安全栅类型（齐纳式、隔离式）。

（4）本安配线电缆 对于用于本安系统中连接本安设备与安全栅的连接电缆，其分布参数在一定程度上决定了本安系统的合理性及使用范围，因此必须满足以下条件。

① 本安电路用电缆的绝缘应能承受导体对地、导体对屏蔽和屏蔽对地至少为 AC 500V 或 DC 750V 的试验电压。（GB/T 3836 要求：介质强度应能承受 2 倍本安电路的额定电压，但不低于 500V 的耐压实验）。

② 连接电缆为铜芯绞线（如屏蔽电缆、铠装电缆等），且每根芯线的截面积不小于 0.5mm²。同时，GB/T 3836 要求每根导线（包括多股细导线的每股导线）的直径应不小于 0.1mm。

③ 电缆的电参数（分布电容 C_c、分布电感 L_c）应满足本安系统文件根据连接电缆的长度、本安设备及本安关联设备的电容、电感值计算出的限制要求。另外，连接电缆的长度不得超出本安系统文件要求的最大配线长度。

④ 为防护环境所致的机械、腐蚀等损伤，可选用具有相应防护结构的电缆或穿管保护。

一般情况下，可选用具有低分布电容和低分布电感，并具有极好的屏蔽性能、抗干扰性能、防爆性能的本安电路用电缆，电缆护套为蓝色。

第四节　防爆电气安装

因防爆电气导致的爆炸事故中，设备安装与使用操作不规范占大多数。只有规范安装与敷设防爆电气及布线系统，才能保障防爆性能的完整性。

防爆电气设备的安装与线路敷设，应根据设计规定的标准实施，如 GB 50058—2014《爆炸危险环境电力装置设计规范》、AQ 3009—2007《危险场所电气防爆安全规范》、GB 50257—2014《电气装置安装工程　爆炸和火灾危险环境电气装置施工及验收规范》、GB/T 3836.15—2017《爆炸性环境　第 15 部分：电气装置的设计、选型和安装》、GB/T 16895 系列标准、GB 50168—2018《电气装置安装工程　电缆线路施工及验收标准》、GB 15577—2018《粉尘防爆安全规程》和 GB 12158—2006《防止静电事故通用导则》等标准实施安装与验收。

一、安装前检查

防爆电气设备安装前应进行下列检查：

① 查看防爆电气设备铭牌、防爆标志、防爆合格证、警告牌应正确、清晰。

② 查对防爆电气设备的类型、级别、组别、环境条件以及特殊标志等，应符合设计的规定。

③ 检查防爆电气设备的外壳和透光部分应无裂纹、损伤；接线板、绝缘件等应无碎裂；密封衬垫应齐全完好，无老化变形。

④ 检查紧固螺栓、弹簧垫圈等防松设施齐全完整、无锈蚀。接地标志、接地螺钉完好。

⑤ 电气设备防爆合格证书编号后缀有"U"符号的产品与其他电气设备或系统一起使用时，应先进行附加认证方可安装使用。

⑥ 电气设备防爆合格证书编号后缀有"X"符号时，应注意安全使用的特定条件、安装要求。

二、电气线路安装

1. 敷设环境及防护

① 电气线路应敷设在爆炸危险性较小的区域或距离释放源较远的位置，并应符合下列规定。

a. 当可燃性物质比空气密度大时，电气线路宜在较高处敷设或直接埋地；架空敷设时宜采用电缆桥架；电缆沟敷设时沟内应充砂，并宜设置排水措施。

b. 电气线路宜在有爆炸危险的建筑物、构筑物的墙外敷设。

c. 在爆炸性粉尘环境，电缆管线应沿粉尘不易堆积并且易于粉尘清除的位置敷设。

d. 当电气线路沿输送可燃性气体或易燃液体的管道栈桥敷设时，管道内的易燃物质比空气密度大时，电气线路应敷设在管道的上方；管道内的易燃物质比空气密度小时，电气线路应敷设在管道正下方的两侧。

② 敷设电气线路及其附件时，宜避开易受机械损伤、振动、腐蚀、粉尘积聚以及有危险温度的场所。当不能避开时，应采取预防措施，如使用导管或对电缆进行选型，电缆通过

与相邻区域共有的隔墙、楼板、地坪及易受机械损伤处，均应加导管保护，如图 5-21 所示。

(a) 连续保护　　　　　　　　　　　　(b) 间断保护

图 5-21　电气线路保护

③ 10kV 及以下架空线路（包括电力线路和通信线路）严禁跨越爆炸性气体环境；当架空线路与爆炸危险场所邻近时，架空线路与爆炸危险场所边界的距离不应小于杆塔高度的 1.5 倍。

④ 除加热带外，应避免电缆金属铠装/护套与有可燃性气体、蒸气或液体管道系统之间的偶然接触，利用电缆上非金属外护套进行隔离，通常可避免这种偶然接触。

⑤ 易积结冷凝水的管路，应在其垂直段的下方装设排水式隔离密封件，排水口应置于下方。

2. 电缆管线连接

① 在 1 区内电缆线路严禁有中间接头，在 2 区、20 区、21 区内不应有中间接头。当不能避免时，应该在适应于场所防爆型式的防爆接线盒内进行；接线盒、分线盒、活接头、隔离密封件等连接件应符合现行国家标准 GB 50058—2014《爆炸危险环境电力装置设计规范》的有关规定。

② 如果使用多股绞线尤其是细的绞合导线，应保护绞线终端，防止绞线分散，可用电缆套管或芯线端套，或用定型端子或接线鼻子进行连接。不能单独使用焊接方法。导线与端子连接应满足防爆型式要求的爬电距离和电气间隙。

③ 导管布线系统中，钢管与钢管、钢管与电气设备、钢管与钢管附件之间的连接，应采用螺纹连接，不得采用套管焊接，并应符合下列规定。

a. 螺纹加工应光滑、完整、无锈蚀，钢管与钢管、钢管与电气设备、钢管与钢管附件之间应采用跨线连接，并应保证良好的电气通路。连接点螺纹部分应涂以铅油或磷化膏，不得在螺纹上缠麻或绝缘胶带及涂其他油漆。

b. 在爆炸性气体环境 1 区或 2 区与隔爆型设备连接时，螺纹连接处应有锁紧螺母。

c. 钢管螺纹旋合不应少于 5 扣，外露丝扣不应过长。

d. 当连接有困难时，应采用防爆活接头，其接合面应密贴。

④ 电缆导管与电气设备连接时，引入装置应与电缆导管外径相适应。

a. 当选用的电气设备的引入装置与电缆外径不匹配时，应采用过渡接线方式，电缆与过渡线应在相应的防爆接线盒内连接。

b. 电缆采用金属密封环引入时，贯通引入装置的电缆表面应清洁干燥；涂有防腐层时，应清除干净后再敷设。

c. 防爆挠性管应无裂纹、孔洞、机械损伤、变形等缺陷，其安装时应符合下列规定：防爆挠性管材质应满足相应使用环境，弯曲半径不应小于管外径的 5 倍。

3. 隔离密封（封堵）

设置电缆的通道、导管、管道或电缆沟，应采取预防措施防止可燃性气体、蒸气或液体从这一区域传播到另一个区域，并且阻止电缆沟中可燃性气体、蒸气或液体的聚集。这些措施包括通道、导管或管道的密封。

① 电缆导管穿过不同区域应采取下列隔离措施。

a. 保护管两端的管口处，应将电缆周围用非燃性纤维堵塞严密，再填塞密封胶泥，密封胶泥填塞深度不得小于管子内径，且不得小于 40mm。

b. 在区域界面（如隔墙、楼板、地坪）间墙壁上穿过电缆和导管的开孔，应用非燃性材料充分堵塞，例如用砂密封或用砂浆密封。

c. 对于电缆沟，可使用充足的通风，两区域交接电缆沟内应采取分段充砂、填阻火堵料或加防火隔墙等措施。

② 在爆炸性环境 1 区、2 区、20 区、21 区和 22 区的钢管配线，管径为 50mm 及以上的管路在距引入的接线箱 450mm 以内及每距 15m 处应装设隔离密封件。密封件应满足相关技术要求。

③ 电气设备、接线盒和端子箱上多余的孔，应采用丝堵堵塞严密。当孔内垫有弹性密封圈时，弹性密封圈的外侧应设钢质封堵件，钢质封堵件应经压盘或螺母压紧。

三、电气设备安装

1. 一般要求

① 防爆电气设备宜安装在金属制作的支架上，支架应牢固，有振动的电气设备的固定螺栓应有防松装置。

② 保持设备防爆外壳、防爆结构的完整性，按制造商文件要求的紧固螺栓、弹簧垫圈、防松措施紧固外壳无松动。

③ 防爆电气设备接线盒内部接线紧固后，裸露带电部分之间以及金属外壳之间的电气间隙和爬电距离应满足规范要求。

④ 电气设备外壳引入口通过引入装置与配线（电缆、钢管）连接，引入装置及其连接方式应符合有关防爆型式的要求，并将压紧元件用工具拧紧，保持引入装置的完整性、密封性。

⑤ 所有引燃源外壳的 450mm 范围内配线应做隔离密封。隔离密封方式与配线（电缆、钢管）相符，保持隔离密封性、紧固性，满足产品说明书的要求。

⑥ 电气设备多余的引入孔应采用符合防爆型式要求的隔离密封件堵封。除本安设备外，隔离密封件应使用专用工具才能拆卸。

⑦ 灯具种类、型号和功率应符合设计和产品技术条件的要求；螺旋式灯泡应旋紧，接触良好，不得松动；灯具外罩应齐全，螺栓应紧固。

⑧ 正常运行时产生电火花或电弧的隔爆型电气设备，其电气联锁装置应可靠；当电源接通时壳盖不应打开，壳盖打开后电源不应接通。用螺栓紧固的外壳应检查"断电后开盖"

警告牌，并应完好。

⑨　爆炸性环境装设事故排风机，及时通风降低爆炸性气体浓度，是防止爆炸的重要保证和主要措施。为在事故情况下便于及时开动排风机，要求在现场的排风机按钮安装在便于操作的地方，并要醒目和操作方便。

⑩　应在布置上或在防护上采取措施，满足防腐、防潮、防日晒、防雨雪、防风沙等各种不同环境条件要求，防止周围环境内化学的、机械的和热的因素影响，保障电气设备在规定的运行条件下不会降低防爆性能的要求。

2. 附加要求

（1）隔爆型的补充安装要求

①　隔爆接合面与固体障碍物之间的距离不小于表 5-21 规定的数值。

表 5-21　隔爆型电气设备与固体障碍物的最小间距　　　　　　　　mm

气体	最小距离
ⅡA	10
ⅡB	30
ⅡC	40

②　不能损伤隔爆接合面，隔爆接合面应进行防腐保护，可使用非凝结性润滑脂或防腐剂，不允许涂油漆。仅在文件规定允许时方可使用衬垫。

③　隔爆接合面紧固件应设弹簧垫圈，并充分拧紧；紧固螺栓不得任意更换，弹簧垫圈应齐全。

④　电缆和导管引入系统须满足 GB/T 3836.15—2017 有关的防爆技术标准要求，不允许外壳开孔，并保证隔爆外壳的整体防爆性能。引入装置的螺纹接头与隔爆外壳至少啮合五扣。

⑤　隔爆型电机的轴与轴孔、风扇与端罩之间在正常工作状态下，不应产生碰擦。

（2）增安型的补充安装要求

①　外壳内有裸露带电件的外壳防护等级应不低于 IP54，仅含有绝缘带电件的应不低于IP44。安装在干净环境下并且通常有人管理的旋转电机的防护等级不低于 IP20。

②　引入装置与电缆相适应。应能够保持防爆型式"e"并与密封元件一起使端子盒外壳达到 IP54。

③　接线盒内接线时应保证其规定的电气间隙和爬电距离，每个导体的绝缘应连续到金属的接线端子处。允许多根导体连接在一个接线端子上时，应注意保证每根都夹牢。

④　确保壳体内发热不会导致温度超过设备规定的温度组别，壳内或接线盒内导线长度、尺寸、最大电流等满足设备参数要求。

⑤　增安型电动机应配备过载反时限保护装置，保证电动机堵转时在电动机铭牌规定的时间内断开电源。

（3）正压型的补充安装要求

①　安装前必须进行整体检查，以确定整套装置是否满足设备文件要求和防爆规程要求。所需的保护类型"x""y"或"z"由场所的 EPL 要求以及外壳内是否含有能引燃的引燃源确定。参见表 5-22 对应关系。

表 5-22　EPL 级别与正压型防爆类型要求

EPL 要求	外壳内含有点燃能力的设备	外壳内不含有点燃能力的设备
Gb	px 型	py 型
Ga	py 或 pz 型	无正压要求

② 保护气体可以是空气或惰性气体，空气中取气口应设在安全场所，干燥洁净，不得含有爆炸性混合介质及其他有害物质；保护气体出气口应设在安全场所，否则要安装能阻止火焰和炽热颗粒的装置；所有正压管道和连接件应能承受 1.5 倍最大正常压力；进出气口的尺寸、流量等参数应满足说明书规定要求。

③ 当正压系统出现故障时，应根据外壳内是否存在内部释放源设备，采取设备安全文件要求的安全措施。气体环境下内部无释放源设备时可采取表 5-23 所述措施；内部有释放源设备时按设备说明书要求实施保护，对于粉尘环境用"pD"型，可采用表 5-24 所示安全措施。

表 5-23　气体环境下内部无释放源设备正压防爆型安全措施

EPL 要求	外壳内有无正压时不适应 EPL Gc 级的设备	外壳内有无正压时适应 EPL Gc 级的设备
Gb	报警并断电	报警
Ga	报警	不采取措施

表 5-24　粉尘环境下"pD"防爆型的安全措施

场所类型	外壳内设备类型	
	有点燃能力的设备	正常运行中没有点燃能力的设备
20 区	"pD"不适用	"pD"不适用
21 区	报警+自动断电	报警
22 区	报警	不要求"pD"

④ 正压型装置内部应安装有气压或流量检测、补偿装置，按不同异常状态进行报警及相应补偿、断电保护，并设置有通风、充气系统的电气联锁装置，按先通风后供电、先停电后停风的程序正常动作。

⑤ 正压型系统的引入装置及布线系统应密封良好，防止可燃性气体或蒸气通过扩散侵入布线系统或保护气体通过布线系统泄漏。

（4）浇封型的补充安装要求

① 浇封型电气设备的供电电源的配置应满足说明书的规定要求，电源的预期断路电流应满足产品铭牌的规定要求。

② 浇封型电气设备连接电缆的延伸必须采用防爆接线盒过渡连接。

③ 产品的使用应遵守产品说明书规定的其他相关要求（如对于环境温度、湿度、介质、阳光照射等的限制条件）。

（5）充油型的补充安装要求

① 安装前应检查充油型电气设备的油箱、油标应无裂纹及渗漏油，油面应在油标线范围内。检查充油型电气设备的排油孔、排气孔应通畅，不得有杂物。

② 充油型电气设备应安装垂直，其倾斜度不应大于 5°。

③ 充油型电气设备温度组别为 T1～T5 的油面最高温升 60℃，温度组别为 T6 的油面最高温升 40℃。

（6）"n"型的补充安装要求

① 含有裸露带电部件及仅含有绝缘带电部件的外壳，其防护等级要求达到 IP54 和 IP44。如果使用场所能提供充分保护，防止影响安全的固体异物或液体进入，外壳防护等级要求能达到 IP4X 或 IP2X。

② 电缆及导管的连接应通过引入装置实施，电缆引入装置、连接装置应与电缆相适应，采取必要密封措施以及对多余引入孔的封堵，以达到要求的保护等级、防爆类型的安全完整性（如限制呼吸外壳的密封能保护外壳限制呼吸的性能）。

③ 接线端子板上每个导体的绝缘应连续到金属的接线端子处，保证其规定的电气间隙和爬电距离；允许多根导体连接在一个接线端子上时，应注意保证每根都夹牢。

④ 含有限能电路的设备应按照接线盒的防爆型式（如 Ex "nA" / "d" / "e"）的要求连接，"nL"型应按照"ic"型防爆型式要求安装。

⑤ 要求温度组别为 T5 或 T6 或者环境温度大于 60℃ 的区域，不应使用荧光灯和电子镇流器的灯具；使用有导电涂层的非导电材料的光源，应与设备一起试验，否则不能使用。

（7）粉尘型的补充安装要求

外壳结构应符合 GB/T 3836.31—2021、按 AQ 3009—2007 规范要求，可燃性粉尘环境用防爆电气设备的安装应符合 GB/T 16895 和 IEC 60364 对可燃性粉尘环境中的安装要求以及 GB/T 3836 对接地及等电位的要求。

① 电气设备应采取附加措施，以防止可能遇到的外部影响（例如化学、机械和热应力）。这些附加措施既不应削弱设备的正常热扩散，也不应削弱外壳提供的防护等级的完整性。

② 安装设备的方法和电缆等引入设备的方法应保证外壳和进线装置的完整性及密封性，不应削弱外壳的防护等级。封堵元件只能用工具才能拆除。

③ 设备安装应牢固，接线应正确，接触应良好，通风孔道不得堵塞，应注意保持设备的爬电距离和电气间隙，以避免产生电弧或电火花。

④ 插头插座不能用于 20 区，插头和插座应软连接，插座位置应保证软电缆尽可能短。插座应倾斜安装，插孔向下，保证插头插入与拔出均无粉尘进入。

⑤ 设备的外壳接合面应紧固严密，密封垫圈应完好，转动轴与轴孔间的防尘密封应严密，透明件应无裂损。

四、本安线路安装

在本安电气线路选择、配线与敷设过程中，除满足一般电气线路防爆要求外，还应满足以下要求。

① 本安电气设备与本安关联电气设备间连接电缆的分布电容和分布电感应满足产品说明书的要求，配线类型、方式以及电缆长度等应严格按设计要求选择，不得随意更改。

② 本安电路的配线应用蓝色导线，接线箱端子排亦为蓝色标志，端子排应采用绝缘的防护罩，接线端子外露导电部分应穿绝缘保护套管。

③ 本安电路与非本安电路、不同本安电路的配线间不应发生混触、静电感应及电磁感应。本安电路与非本安电路不得共用同一电缆或钢管；不同本安电路的连接电缆或导线应采

取屏蔽措施，方可共用同一电缆或钢管。

④ 本安电路和非本安电路通过同一接线端子箱，本安电路应为专门端子排，且两个电路的端子板之间有不小于 50mm 的安全间距；若不满足间距要求，应装设高于端子的绝缘隔板或接地的金属隔板隔离。本安电路、本安关联电路、其他电路的盘内配线，应分开束扎、固定。

⑤ 所有需要隔离密封的地方，应按规定进行隔离密封。与爆炸危险场所的本安关联设备连接时，应按规定选用相应的防爆接线盒，加以保护。

⑥ 本安电路原则上不得接地，但有特殊要求的场合应按产品说明书和设计要求接地。本安关联设备应按规定要求接地（如齐纳式安全栅接地应设两根接地线，且接地电阻应小于 1Ω）。

⑦ 本安电缆屏蔽层应在非爆炸危险环境进行一点接地。

五、系统接地

爆炸危险场所内的电气线路、电气设备的接地除满足一般电气接地外，还必须符合 GB 50257—2014、GB/T 3836、AQ 3009—2007 等标准有关爆炸危险环境电气接地技术规范，保持电气系统的防爆完整性。

① 爆炸性环境中的接地干线宜在首尾两侧不同方向与接地体相连，连接处不得少于两处，保障接地干线的接地连接可靠性。

② 按有关电力设备接地设计技术规程规定不需要接地的下列部分，在爆炸性环境内仍应接地，防止电气设备带电部件接地产生电火花或危险温度而形成引爆源。具体要求如下。

a．在导电不良的地面处，交流额定电压为 380V 以下和直流额定电压为 440V 以下的电气设备正常时不带电的金属外壳。

b．在干燥环境，交流额定电压为 127V 以下和直流电压为 110V 以下的电气设备正常时不带电的金属外壳。

c．安装在已接地的金属结构上的电气设备、敷设铠装电缆的金属构架。

③ 爆炸性环境中所有外露金属部件构建等电位联结体并接地，避免形成电位差。例如：在爆炸性环境的电气设备的金属外壳、金属构架、安装在已接地的金属结构上的设备、金属物料管与配线管及其配件、电缆保护管、电缆的金属护套等非带电的裸露金属部分，所有裸露的装置外部可导电部件实施等电位联结，并且管道接头处敷设跨接线，如图 5-22 所示。

图 5-22　等电位联结

接入等电位系统中的金属管线、电缆的金属包皮等，可作为辅助接地线，但不能用输送可燃性气体或液体的管道作为接地线。

本安型设备的金属外壳可不与等电位系统连接，但制造厂有特殊要求的除外。具有阴极保护的设备不应与等电位系统连接，专门为阴极保护设计的接地系统除外。

④ 在爆炸性环境内，所有电气设备应按规定可靠接地。例如：在爆炸性环境 1 区、20 区、21 区内所有的电气设备，以及爆炸性环境 2 区、22 区内除照明灯具以外的其他电气设备，应增加专用的接地线，如图 5-23 所示。

专用接地线宜采用多股软绞线，其铜芯截面积不得小于 $4mm^2$，应单独与接地干线（网）相连，易受机械损伤的部位应装设保护管。专用接地线若与相线敷设在同一保护管内，应具有与相线相同的绝缘水平。

在爆炸性环境 2 区、22 区内的照明灯具及爆炸性环境 21 区、22 区内的所有电气设备，可利用有可靠电气连接的金属管线系统作为接地线。

⑤ 接地连接件和接地端子应具有足够的机械强度，并保证连接可靠，虽受温度变化、振动等影响，也不应产生接触不良现象。例如：电气设备的金属外壳与铠装电缆的接线盒须设有外接地螺栓，电气设备接线盒内部须设有专用的内接地螺栓，并标上接地符号，如图 5-24 所示。

图 5-23　本安防爆设备专用接地线

图 5-24　接地端子与接地符号

铠装电缆引入电气设备时，其接地线应与设备内接地螺栓连接，钢带及金属外壳应与设备外接地螺栓连接。如果设备安装在接地的金属构架上，或者设备采用接地良好的导管布线方式安装，则可视作已有外接地。

接地螺栓应采用不锈钢材料或进行电镀防锈处理，接地螺栓应有防松装置，规格符合接地技术规范。接地线紧固前，其接地端子及紧固件均应涂电力复合脂。

⑥ 避免防爆电气设备及配线配管产生静电，应按照 GB/T 50065—2011《交流电气装置的接地设计规范》、GB 50257—2014《电气装置安装工程　爆炸和火灾危险环境电气装置施工及验收规范》、SH/T 3097—2017《石油化工静电接地设计规范》、GB 12158—2006《防止静电事故通用导则》等实施静电接地。例如：设备、机组、储罐、管道等的防静电接地线，应单独与接地体或接地干线相连，除并列管道外不得互相串联接地。对于非金属的管道（非导电的）、设备，其外壁上缠绕的金属丝网、金属带等，应紧贴其表面均匀地缠绕，并应可靠地接地。引入爆炸性环境的金属管道、配线的钢管、电缆的铠装及金属外壳，必须在危险区域的进口处接地。

⑦ 保持雷电防护接地与等电位联结的完整性、有效性。

依据适用的技术标准，如 GB/T 21714《雷电防护》、GB 50057—2010《建筑物防雷设计规范》、GB 50343—2012《建筑物电子信息系统防雷技术规范》、GB 15599—2009《石油与石油设施雷电安全规范》设置完备的雷电危害防护系统，定期检测与维护雷电防护接地系统的完好性。

第五节　防爆电气设备的维护与管理

一、防爆电气设备检查维护

为使爆炸危险场所用电气设备的点燃危险减至最小，在电气设备投入运行之前、工程竣工交接验收时，应对它们进行初始检查；为保证电气设备处于良好状态，可在爆炸危险场所长期使用，应进行连续监督和定期检查。规范实施检查、监督、维护与检修是保障电气设备防爆性能可靠性的重要措施。用户可按照"附录A　防爆电气装置检查维护表"实施相关检查。

1. 检查维护要求

检查维护原则：检查维护活动不产生危险引入源，维护结果应保持设备防爆型式的完整性、维持文件规定的防爆性能。

基本要求如下。

① 严格执行安全生产作业规定，应确认现场无可燃性物质泄漏，可燃性气体浓度应在安全线以下。爆炸危险场所作业人员的穿戴应符合作业场所要求，严格进行静电消除与防护。

② 必须清楚电气设备的防爆结构、类型、环境等技术文件与技术要求，以及检查维护记录等档案资料，清楚电气设备的防爆性能与状况，重视电气设备的安全使用条件。特别是防爆合格证编号后面有符号"X"的设备，应充分理解防爆合格证和使用说明书等文件，确定具体的特定使用条件。

③ 对防爆电气设备实施检查维护时，必须严格执行安全文件断电、隔离规定，除安全文件允许、专门安全评价以及采取措施带电维护外，均应满足断电、隔离条件，对本安设备的带电维护操作限制在许可操作事项内。

④ 如果在维护时必须将电气设备等停机，裸露的导线应正确连接到适当外壳内的相应端子上或者与所有供电电源断开，并使其绝缘或者接地。如果电气设备永久停止使用，与之相关的所有供电电源的导线均应被断开、拆除，或者正确连接到适当外壳内端子上。

⑤ 现场维护作业所用工量具、测试仪器应符合作业场所防爆安全规定，应确保移动式（移动式、便携式和手提式或个人装备）电气设备仅用于与其防爆形式、设备类别和表面温度相适应的场所。

⑥ 在爆炸危险场所内所采用的检查、测试与维护操作为安全行为或经安全评价并采取安全措施后为安全行为。作业活动不会导致电火花、高温。设备上的保护、闭锁、监视、指示等装置不得任意拆除，应保持其完整性、灵敏性、可靠性。

⑦ 清除、清洁爆炸危险场所内电气设备外壳及附件、电缆管线上灰尘与异物，特别是清理非金属外壳、材料时，应用湿布擦拭，避免产生静电危险。不允许用溶剂擦洗塑料透明件或其他部件，可以使用家用洗涤剂。防腐处理应按技术规范进行。

⑧ 应注意保持设备防爆型式完整性、维持原有防爆性能，必要时应采取适当的补救措施。更换结构零部件（如与防爆类型有关的紧固件和引入装置、透明件等零部件）时，应按照有关安全文件要求进行。

⑨ 安全文件中规定的对设备安全性能产生不利影响的内部电气零部件，不得随意更换，

如灯具内部的电子镇流器、照明灯泡、熔断器和本安型设备的电源电池等，允许更换时必须符合设计规定的规格型号。

⑩ 向爆炸危险区域的防爆设备送电前，必须检测设备内部及环境的爆炸性混合物浓度，确认安全后方准送电。故障停电后未查清原因前禁止强送电。

⑪ 检查维护完毕后，完整填写检查维护记录，同时对相关设备受损、缺陷及防爆型式完整性进行适当评价，提出有关建议，并保管待查。

2. 检查维护主要项目

通过监督检查，及时发现变化、缺损、异常，及时纠正补救（采取防护、清理、更换、调试等措施）消除影响因素，保持与恢复电气设备防爆性能及正常功能。

（1）检查维护防爆电气设备及系统标识、环境因素等与 EPL 保护等级符合性

① 检查维护电气设备及系统的标识应规范、清晰、完整、有效。能正确进行设备识别与电路识别，如设备防爆标志、铭牌与标牌，供电电源标牌，相连电缆编号等。

② 检查维护电气设备及系统的 EPL 保护等级对爆炸危险场所区域要求的适用性，及时采取措施处置不利因素及影响（如温度、腐蚀、雨水或湿气、振动、粉尘或砂粒堆积、机械伤害和化学作用等）。

③ 保持设备外壳及环境的清洁，清除有碍设备安全运行的杂物和易燃物品。采取措施防止设备外壳及布线管线出现粉尘堆积；检查维护事故状态下通风设备完好性、可靠性。

（2）检查维护防爆电气设备外壳结构及附件整体完整性与防爆性能

① 检查维护电气设备的外壳整体完整，对影响结构性能的因素及时处置，如塑料或浇封外壳出现表面裂纹应及时更换，金属外壳锈蚀应采取适当除锈及保护涂层处理。

② 检查维护透明件完整性，及时清除灰尘、污渍，对存在缺损的透明件用制造商规定的配件替换，不允许重新胶粘或修理，维持原有机械强度、结构参数。

③ 检查维护外壳引入装置完整性（如连接状态、隔离密封、压紧螺母等）、紧密性，检查维护外壳未用引入口封堵是否规范、完好，及时更换壳体-盖间缺损密封衬垫等，维护原有 IP 等级；检查维护正压设备通风孔，保持畅通排气。

④ 检查维护隔爆接合面洁净，防止锈蚀与其他损伤；检查维护紧固件与垫圈应紧固，防止松动；检查维护隔爆间隙符合规范等。维持设备隔爆性能有效。

（3）检查维护布线系统隔离封堵、电气连续、接地保护等，符合整体防爆要求

① 检查维护布线系统结构完好性，满足相应配线要求的技术规范。如导管系统连接及封堵满足 IP 防护等级要求，跨区及穿墙（板）保护管及孔洞封堵隔离符合技术规范。注意检查维护易损坏的软电缆、防爆挠性管及其终端连接，及时发现缺损并及时更换。

② 检查维护布线系统各环节间的电气连续性，如导管螺纹密封、电缆桥架、电缆屏蔽层、中间连接件及终端连接件等环节间电气连续性。

③ 检查维护防爆接线盒、分线盒、接线箱壳体结构完整性，内部端子接点良好、连接规范、紧固，裸露导电体及端子间满足防爆类型对电气隔离及电气间隙要求。

④ 检查维护本安布线系统独立性、本安关联设备的完好性，检查维护本安线路与非本安线路的隔离与间距，检查维护本安线路的标识清晰。

⑤ 检查维护电气设备及系统的保护接地、防雷接地、静电接地与静电跨接、屏蔽接地、本安接地、等电位联结等符合防爆接地技术规范，接地端子无锈蚀，连接紧固良好，保持接

地系统安全完整性。

（4）检查维护电气设备及保护系统工作状态，保持良好运行状态

① 检查电气设备本体工作电压、电流、信号等参数，判断设备状态，出现异常及时解决；检查维护设备上各种保护、闭锁、检测、报警、接地等装置保持其完整性、灵敏性和可靠性。

② 检查维护转动类电气设备转轴及轴承润滑、密封与间隙、运行振动、噪声、轴温等情况，有异常状况按规范要求及时处置。

③ 检查设备通风散热条件完好，维护风扇运行正常、排风口通畅，检查外壳表面温度不得超过产品规定的最高温度和温升的规定，特别注意增安型及粉尘型防爆设备表面温度。出现异常状况按规范要求及时处置。

④ 检查维护正压型设备供气系统及管线整体完好，运行正常，正压外壳内气压、气量符合规定，气流中不得含有火花、出气口气温不得超过规定，微压（压力）继电器应齐全完整、动作灵敏。设备通风或换气时间及保护功能须符合产品使用说明书和警告牌上的规定要求。

⑤ 检查油浸型电气设备的油位应保持在油标线位置，油量不足时应及时补充，油温不得超过规定，同时检查维护排气装置无阻塞情况和油箱无渗漏油现象。

⑥ 检查维护防爆照明灯具保持其防爆结构及保护罩的完整性，灯具表面温度不得超过产品规定值，检查灯具的光源功率和型号应与灯具标志相符，灯具安装位置与说明书规定相符。检查灯具旋紧不松动，防止产生火花和接触不良而发生过热现象。

按 AQ 3009—2007 规定：电气设备运行中发生下列情况时，操作人员可采取紧急措施并停机，其后由具备相关资质的专业人员实施检修。

① 负载电流突然超过规定值时或确认断相运行状态。

② 电动机或开关突然出现高温或冒烟时。

③ 电动机或其他设备因部件松动发生摩擦，产生响声或冒火花。

④ 机械负载出现严重故障或危及电气安全。

二、防爆电气设备管理

适用于危险场所中运行的电气装置在结构上具有特殊性，出于对爆炸危险场所的安全考虑，保持这些装置及线路系统的整个生命周期的防爆特性的完整性是重要的。GB/T 3836、AQ 3009—2007《危险场所电气防爆安全规范》对防爆电气设备管理进行了规定，对用户方面涉及设备选型、采购、安装与验收、检查与监督、维护与检修、失效报废、档案管理等各环节，并且对维护检修与管理人员提出了要求。防爆电气设备管理要素如图 5-25 所示。

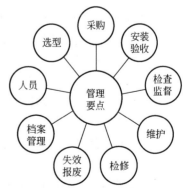

图 5-25　防爆电气设备管理要素

1. 机构与人员

GB/T 3836、AQ 3009—2007 规定：防爆电气设备的检查和维护应由符合规定条件的有资质的专业人员进行。这些人员应经过包括各种防爆型式、安装实践、相关规章和规程以及爆炸危险场所分类的一般原

理等在内的业务培训，还应接受适当的继续教育或定期培训，并具备相关经验和经过培训的资质证书。

初始检查和定期检查应委托具有防爆专业资质的安全生产检验机构进行。

2. 选型配置、采购与鉴别

（1）造型配置　由具有资质的专业人员按 GB/T 3836.15—2017、GB 50058—2014、AQ 3009—2007 的规定，适用安全可靠、环境适用、经济合理的防爆电气设备。

除选择防爆电气主体设备外，注意选择防爆主体之外 Ex 元件、重要部件（如引入装置、密封组件等）防爆性能与规格配置，布线系统及附件的配置，同时还应针对使用环境特点配置相关的防护措施，构建"整体防爆"系统。

（2）采购管理　防爆电气设备为具有确定防爆性能的特种设备，依据《防爆电气产品生产许可证实施细则》对防爆产品实行强制管理和认证：包括防爆合格证制度、生产许可证制度，以及进口防爆电气设备的管理制度。

在选择时，要选用具有防爆合格证（图 5-26）、生产许可证以及国家相应认证的产品，特别注意的是：国外防爆设备必须获得我国的防爆认证。

上海所　　　　　　　　　　南阳所　　　　　　　　　　沈阳所

图 5-26　防爆合格证

建立采购质量控制程序，严格执行采购验收制度，确保采购设备为符合要求的合格产品。采购过程中应要求防爆设备供应商提供以下资料进行验证。

① 防爆合格证。

② 生产许可证（没有在生产许可证目录的，此项不考虑）。

③ 企业的定点或入网证明（此项限于特大型企业）。

④ 产品的其他质量证明，例如船检型式报告、防腐报告以及防护试验报告等。

⑤ 若为国外进口的防爆电气设备，必须取得我国检验机构的防爆合格证后方可安装使用。

⑥ 防爆电气产品的检验报告和检验机构审查通过的技术文件，主要是防止防爆合格证伪造、一证多用以及更加详细地了解产品防爆参数和限制条件。

（3）防爆产品鉴别验收　基本防爆电气设备的型号、规格和防爆标志应符合设计要求，技术文件齐全，附件、配件、备件完好齐全。

①　设备总体防爆标志：应在设备外壳明显处标/铸有防爆标志 Ex，或全称，如"Ex de ⅡBT4"。

②　产品铭牌：内容应包括防爆标志、防爆合格证号、特定要求（如环境要求或安装使用限制等）、出厂日期/编号。必要时要验证证书的有效性及真伪性。特别要注意：整体设备的系统认证，防爆合格证编号后缀带"U"和"X"的设备。

③　设备整体外观：金属外壳的隔爆型设备，壳体相对壁厚、铸面光滑，无凹凸不平状况，保证其承受爆炸强度要求和无砂孔。

防爆型灯具的灯体要大，以保证其散热能力和温度组别要求，提高光源的使用寿命。

电气设备的引入口、引入装置配置情况，以保证施工配线的需要。

设备具备内外接地并有接地标志。

④　设备结构合理性确认。例如：e 型灯具光源，接线箱允许回路数和最大电流、功率等。

⑤　对于批量采购的防爆电气设备，可委托国家认可的防爆检验机构抽样检验。

3. 安装与验收

防爆电气设备及系统安装前，应确认防爆设备应具有产品合格证，并有国家防爆电气产品质量监督检验中心签发的防爆合格证书（产品附件、配件、备件应完整，技术文件齐全），电缆和绝缘导线必须具备合格证书。

安装工程（包括重新安装、扩建等）注意获取下列资料。

①　场所分类文件。

②　设备安装和连接说明书。

③　本安系统用说明性文件。

④　制造厂的/有资格的人员声明。

在安装施工过程中，防爆电气设备和电气线路的安装应按 GB/T 3836.15—2017《爆炸性环境　第 15 部分：电气装置的设计、选型和安装》、GB 50257—2014《电气装置安装工程　爆炸和火灾危险环境电气装置施工及验收规范》、GB 50168—2018《电气装置安装工程　电缆线路施工及验收标准》等标准进行施工与验收。

为使爆炸危险场所内电气设备的点燃危险降至最低，在设备投入运行前、安装工程竣工验收时应进行初始检查。初始检查可按 GB/T 3836.16—2017、AQ 3009—2007 标准规范相关检查表进行，可参考"附录 A　防爆电气装置检查维护表"实施检查。

检查所选的防爆型式和其安装要求相适应；防爆电气设备的类型、级别、组别、环境条件以及特殊标志等符合设计规定；电气线路的敷设方式、路径符合设计规定。

安装施工及初始检查完成后，建立防爆电气设备档案（应包含防爆电气设备台账、防爆合格证复印件、安装区域、位号、使用说明书等）。

4. 检查与维护

按 GB/T 3836.16—2017、AQ 3009—2007 标准规定，使电气设备的点燃危险降至最小，可在爆炸危险场所长期使用，防爆电气设备及系统在运行过程中应进行不同类型与等级的检查与维护，保持爆炸危险场所的电气设备处于良好状态。

（1）检查类型与等级　检查是为了获取设备运行状态安全可靠的结论，通过检查能够早期发现将出现的故障，并对其进行及时纠正补救。

① 检查类型可分为初始检查、定期检查、抽样检查、连续监督。

在装置和设备投入运行前、安装工程竣工验收时应进行初始检查。主要用来检查所选的防爆型式和其安装要求是否相适应。

为保证电气设备处于良好状态，可在爆炸危险场所长期使用，在设备运行期间应进行连续监督和定期例行检查。

连续监督与定期检查是对电气设备进行的经常及定期保养、检查、管理、监控和维修，以便保持电气设备的防爆性能处于良好状态；对连续监督与定期检查中发现的异常现象（故障或变化），及时采取相应措施或对其进行随后的修理。

② 按检查程度又分为目视检查、一般检查和详细检查等不同检查等级。

a．目视检查是用肉眼而不用检测设备或工具来识别明显缺损的检查，如螺栓丢失。

b．一般检查包括目视检查以及使用检测设备和工具才能识别明显缺损的检查，如螺栓松动。注：一般检查通常不要求打开外壳或设备断电。

c．详细检查包括一般检查以及只有打开外壳和/或（必要时）采用工具和检测设备才能识别明显缺损的检查，如接线端子松动。注：详细检查通常要求设备断电。

（2）连续监督与定期检查 用户可按照"附录 A 防爆电气装置检查维护表"GB/T 3836.16—2017《爆炸性环境 第16部分：电气装置的检查与维护》表1～表4（或 AQ 3009—2007《危险场所电气防爆安全规范》表10～表18）列出的检查项目，结合相应法规和企业实际工作，开展连续监督与定期检查。企业应当根据检查结果及时采取整改措施。

① 连续监督。连续监督为经常性、日常检查，检查频次及等级可视实际情况而定，制订日查、周查、月查，以及目视检查、一般检查项目检查方案。当故障超出连续监督能力时，需要实施详细检查。

② 定期检查。定期检查为运行期间的定期例行检查，检查等级可实施目视检查或一般检查，必要时可详细检查。

定期检查时间间隔和检查等级的确定应考虑设备型式、制造商指南、影响损坏程度的因素、使用区域和以前的检查结果。在确定类似设备、装置和环境的检查等级和时间间隔时，应该利用这些经验确定检查方案。

（3）检查方案 根据相关防爆电气标准规范的要求，由具有专业安装及检查维护方面有经验的专业技术人员实施检查维护工作。

固定式装置检查：应考虑设备型式、说明书、影响损坏程度的因素、场所分类和设备保护级别的要求和以前的检查结果，综合确定检查方案。定期检查的时间间隔一般不应超过3年。

移动式设备检查：移动式设备（手提式、便携式和或移动式）特别易于受损或误用，因此定期检查的时间间隔可根据实际情况确定,移动式电气设备一般至少每隔12个月进行一次一般检查，经常打开的外壳（如电池盖）应至少每隔6个月进行一次详细检查。

用户开展连续监督与定期检查工作，应根据标准规范结合抽样检查、实际运行情况，制订防爆电气设备连续监督和定期检查的计划，调整确定检查项目及内容、检查等级、时间间隔。

（4）维护 维护是将产品保持在或恢复到符合有关技术条件要求的状态，并实现其要求功能。

维护活动应注意保持设备防爆型式的完整性，更换零部件（如与防爆类型有关的螺栓、螺钉和类似零部件）时应按照有关安全文件的要求进行。凡对设备安全性能产生不利影响的零部件，未经有关部门的同意不应进行更换。

5. 检修与失效管理

按照防爆电气设备相关技术标准规范规定，企业应有健全的安全维修管理制度，建立防爆电气设备失效报废制度。

（1）检修 在规定条件下，防爆电气设备的可靠性寿命一般在 10～15 年。因外力损伤、大气锈蚀、化学腐蚀、机械磨损、自然老化等，可预见这类零部件的寿命会缩短，导致防爆性能下降或失效。爆炸危险场所严禁使用已失效的防爆电气设备，特别是对于 1 区的电气设备，需要及时地进行检修或失效处理，以免发生不可预见的安全故障。

检修应按照 GB/T 3836.13—2021《爆炸性环境 第 13 部分 设备的修理、检修、修复和改造》的相关规定进行。

检修时不得对外壳结构、主要零部件使用材质及尺寸进行修改更换。必须修改更换时，应在保证设备原有安全性能的情况下，取得对该产品原鉴定检验单位同意后方可改动。在检修过程中若遇到结构复杂的设备时，应制定出检修方案，并咨询检验机构确认后再进行。

检修后应进行检查，并由国家认可的安全生产防爆电气检测检验机构进行防爆检验确认合格后，方可投入使用。经过检修不能恢复原有等级的防爆性能，可降低防爆等级或降为非防爆电气设备使用。

检修人员应进行防爆专业技术的严格培训并取得相关资质后方可从事检修工作。对于不具备这种能力的企业，应请原设备制造方来进行检修。

（2）失效管理 根据 GB/T 3836.13—2021《爆炸性环境 第 13 部分：设备的修理、检修、修复和改造》规定，对于检修后的设备应该由检修单位的检验人员进行检验、出具检验报告，并应在设备主体部分的明显位置设置检修标志。例如：

① 检修后设备的安全符合标准规定和防爆合格证文件要求时，须采用标志"$\boxed{R}$"。

② 检修后设备安全符合防爆标准规定，但未必符合防爆合格证文件要求时应采用标志"$\triangledown{R}$"。

③ 检修后设备不符合标准的规定，则应将设备上的防爆标志牌去掉，按非防爆设备处理，不得在爆炸危险区域使用。

注意：这里所指"标准"是指该设备制造时依据的防爆标准，"防爆合格证文件"是指经防爆检验的设备图纸和资料。

标志其他内容应按 GB/T 3836.13—2021 规定执行。

标志永久固定在修理过的设备上。标志牌应清晰，且能耐受所有相关的环境条件。

批准降级或降为非防爆电气设备的批准文件、防爆性能的测试记录等资料应一并存入设备档案，并随设备转移。

6. 制度与档案管理

① 建立防爆电气设备全生命周期安全管理体系，实现在用防爆电气设备安全管理科学化、规范化、标准化，保障防爆电气设备安全运行。

　　② 建立防爆电气设备管理台账及清单（应包含防爆电气设备台账、防爆合格证复印件、安装区域、位号、使用说明书等），以便于管理。

　　③ 建立防爆电气设备检维修档案。从设备安装、试车、运行、监督检查、缺陷处理、修理修复、革新改造，直到设备的防爆降级、报废，应将各个不同时期的各种技术数据收集齐全、整理归档，以便日后查阅。

　　④ 建立防爆电气设备的采购管理、检查维护、检验维修、失效管理报废等制度，并按照相关防爆技术标准要求，制定并实施工作方案，确保防爆电气设备的防爆结构整体完整、防爆性能稳定可靠。

　　⑤ 建立防爆电气设备管理安全检查制度，依据防爆电气设备管理相关法规、标准规范的技术要求，组织有关的专业技术人员，按照各分工管理范围，进行定期的电气防爆安全技术专业检查例如：检查爆炸危险场所的设备运行操作、化验分析、电气、仪表、通信、设备维修等有关人员，是否熟知电气防爆安全技术的基本知识；检查防爆电气设备管理制度是否齐全及执行情况；检查设备管理台账是否完善、全面；检查爆炸危险场所的电气设备存在的问题。针对存在的问题提出管理上、技术上的整改措施、方案，并检查落实情况等。

📑 思考题

　　1. 爆炸性环境危险等级是如何划分的？

　　2. 防爆电气的防爆性能等级是如何划分的？分别适用什么爆炸危险场所？

　　3. 电气防爆原理主要分为几大类？相应防爆结构类型分别有哪些？

　　4. 简述隔爆型、本安型、增安型防爆结构型式采用的防爆技术手段。

　　5. 防爆电气的设备保护级别是如何划分的？分别适用什么环境？

　　6. 防爆电气设备的标志格式是什么？Exdb II BT4 IP54 表示什么？

　　7. 防爆电气设备的配置原则是什么？应考虑哪些因素？

　　8. 防爆电气系统配置涉及哪些环节？

　　9. 防爆电气的引入装置起何作用？有何要求？

　　10. 什么是防爆电气的电缆配线与钢管配线？

　　11. 防爆电气线路的安装应重点考虑哪几个项目？

　　12. 防爆电气系统的检查维护重点涉及哪些项目？

　　13. 本安防爆系统构成条件是什么？本安线路有何特殊标识？

第六章

电气火灾防护

在我国，火灾占各类灾害事故的首位，因电气原因导致的火灾约占 1/3。主要原因是线路老化、线路过载过热、线路敷设与安装不规范、接触不良以及线路与设备质量缺陷等。

电气火灾防护基本原则：火灾危险区尽可能不配置或少配置电气线路及设备，消除电气火灾引燃源；保持电气线路及设备的绝缘性能、力学性能、电气性能的安全完整性，避免电气线路及设备产生过热、危险温度及电火花、电弧；保持电气线路及设备与易燃可燃物安全间距及阻隔，避免热与火焰传递损害电气线路及设备。

本章学习目标

（1）了解火灾类别、火灾危险区的划分，具备电气火灾原因的认知能力。

（2）理解电气火灾防护的基本原则，了解电气火灾防护的相关规范及措施，具有电气火灾防护管理的基础能力。

（3）了解消防供电、照明的基本要求。

（4）了解电气火灾监控、火灾自动报警系统的基本原理，具有消防联动的基本认识能力。

（5）掌握电气火灾特点，具有电气灭火的方法与能力。

第一节　火灾危险与电气火灾

一、火灾及其危害

1．燃烧

燃烧：可燃性物质与助燃物（氧或其他助燃物）在一定条件下发生的一种发光发热的氧化-还原反应。其特征是发光、发热、生成新物质。

按燃烧理论可知，燃烧发生需要具备三个必要条件（即燃烧三要素）：可燃性物质、助燃物、引燃源。

可燃性物质：引燃源作用下被点燃，且当引燃源移去后仍可继续维持燃烧，直到燃尽的物质。物理形态一般为可燃性气体、蒸气、液体、粉尘、纤维等。按 GB 50058—2014《爆炸危险环境电力装置设计规范》定义：是指物质本身是可燃性，能产生可燃性气体、蒸气和薄雾。

助燃物（也称氧化剂）：具有较强的氧化性能，能与可燃性物质发生氧化反应并引起燃烧的物质。如氧气、空气或各类氧化剂。

引燃源：具有一定温度和热量，能引起可燃性物质着火的能源。常见的火源有明火、火花（电火花、电弧、静电雷电火花、机械火花等）、炽热物体、高温及氧化放热等。

值得注意的是：可燃性物质、助燃物和引燃源是导致燃烧的必要非充分条件。在燃烧过程中，当"三要素"的量发生改变时，会使燃烧速度改变，甚至停止燃烧。

2. 火灾及其类别

火灾是指在时间或空间上超出范围、失去控制的燃烧所造成的灾害。火灾也是一种燃烧过程，其特点是排放热和废气并伴随浓烟或/和火焰或/和灼热。

按 GB/T 4968—2008《火灾分类》标准，根据可燃性物质类型、性质以及燃烧持续特性将火灾类型划分为以下几类。

① A 类火灾：固体物质火灾。这种物质通常具有有机物质性质，一般在燃烧时能产生灼热的余烬。

② B 类火灾：液体或可熔化的固体物质火灾。

③ C 类火灾：气体火灾。

④ D 类火灾：金属火灾。

⑤ E 类火灾：带电火灾。物体带电燃烧的火灾。

⑥ F 类火灾：烹饪器具内的烹饪物（如动植物油脂）火灾。

火灾类别的划分主要用于配置灭火器材进行灭火与防火领域。

3. 火灾危害

科学统计表明，在各种灾害中，火灾是最经常、最普遍的威胁公众安全和社会发展的主要灾害之一。火灾的危害主要表现在下列几个方面。

① 火灾造成直接和间接财产损失。

② 火灾造成大量的人员伤亡。

③ 火灾造成生态平衡的破坏。

④ 火灾造成不良的社会政治影响。

随着社会与经济发展，火灾危害防护显得更为重要。

二、火灾危险划分

为避免火灾发生、及时消防灭火，降低火灾危险与减少火灾危害，针对不同活动环境制定了有关火灾危险性的标准规范。

1. 火灾危险场所

GB 50058—2014《爆炸危险环境电力装置设计规范》表述火灾危险场所，是指在生产、使用、加工、储存或转运闪点高于场所环境温度的可燃液体，或者有悬浮状、堆积状可燃粉尘、可燃纤维，或者有固体状可燃性物质，虽未形成爆炸性混合物，但在可燃性物质数量和配置上，可能引起火灾的场所。

广义的火灾危险场所是指生活、生产过程中存在火灾风险的场所，一旦事故发生可能引起大面积失火、爆炸，造成人员伤亡及财产损失。

2. 火灾危险性评定

因火灾特点是排放热和废气并伴随浓烟或/和火焰或/和灼热。火灾危险性评定就是对火灾发生的可能性与暴露于火灾或燃烧产物中而产生的预期有害程度的综合反应。

（1）火灾危险类别评定　火灾危险分类评定用于指导建筑设计的功能场所与设施的规划、布局、防火间距以及有关火灾防护设施配置。

火灾危险分类评定如表6-1所示。

表6-1　火灾危险分类评定

物料状态	评定指标	火灾危险性大	其他影响因素
气体	爆炸极限	范围越大，爆炸下限越低	相对密度和扩散性、化学性质活泼与否、带电性和受热膨胀性等
	自然点	越低	
液体	闪点	越低	爆炸温度极限、受热蒸发性、流动扩散性和带电性
	自燃点	越低（蒸气压越高）	
固体	熔点	越低	反应危险性、燃烧危险性、毒害性、腐蚀性和放射性
	燃点	越低	
	评定粉状可燃固体是以爆炸下限作为标志，评定遇水燃烧固体是以与水反应速度快慢和放热量的大小作为标志，评定自然性固体物料是以其自燃点作为标志，评定受热分解可燃性固体是以其分解温度作为评定标志。		

① GB 50016—2014《建筑设计防火规范（2018 年版）》分类。根据生产中使用或产生的物质性质及其数量等因素，作为火灾危险区分类评定指标或依据，分为甲、乙、丙、丁、戊等五类，如表6-2所示。

表6-2　建筑设计防火火灾危险类别

火灾危险性类别	生产场所（或仓库）使用或产生下列物质的火灾危险性特征
甲	① 闪点小于 28℃ 的液体 ② 爆炸下限小于 10% 的气体 ③ 常温下能自行分解或在空气中氧化能导致迅速自燃或爆炸的物质 ④ 常温下受到水或空气中水蒸气的作用，能产生可燃性气体并引起燃烧或爆炸的物质 ⑤ 遇酸、受热、撞击、摩擦、催化以及遇有机物或硫黄等易燃的无机物，极易引起燃烧或爆炸的强氧化剂 ⑥ 受撞击、摩擦或与氧化剂、有机物接触时能引起燃烧或爆炸的物质 ⑦ 在密闭设备内操作温度不小于物质本身自燃点的生产
乙	① 闪点不小于 28℃ 但小于 60℃ 的液体 ② 爆炸下限不小于 10% 的气体 ③ 不属于甲类的氧化剂 ④ 不属于甲类的易燃固体 ⑤ 助燃气体 ⑥ 能与空气形成爆炸性混合物的浮游状态的粉尘、纤维以及闪点不小于 60℃ 的液体雾滴

续表

火灾危险性类别	生产场所（或仓库）使用或产生下列物质的火灾危险性特征
丙	① 闪点不小于 60℃ 的液体 ② 可燃固体
丁	① 对不燃烧物质进行加工，并在高温或熔化状态下经常产生强辐射热、火花或火焰的生产 ② 利用气体、液体、固体作为燃料或将气体、液体进行燃烧作为其他用的各种生产 ③ 常温下使用或加工难燃烧物质的生产
戊	常温下使用或加工不燃烧物质的生产

② GB 50160—2008《石油化工企业设计防火标准（2018 年版）》分类。可燃性气体的火灾危险性分类如表 6-3 所示。

表 6-3　可燃性气体的火灾危险分类

类别	可燃性气体与空气混合物的爆炸下限
甲	＜10%（体积）
乙	≥10%（体积）

液化烃、可燃液体的火灾危险性分类如表 6-4 所示。

表 6-4　液化烃、可燃液体的火灾危险分类

名称	类别		特征
液化烃	甲	A	在 15℃ 时的蒸气压大于 0.1MPa 的烃类液体及其他类似液体
		B	甲 A 类以外，闪点＜28℃
可燃液体	乙	A	闪点≥28℃ 至≤45℃
		B	闪点＞45～＜60℃
	丙	A	闪点≥60℃ 至≤120℃
		B	闪点＞120℃

固体物体参照 GB 50057—2010《建筑物防雷设计规范》。

（2）火灾危险等级评定　为了合理配置火灾监测报警系统、消防联动系统及灭火器等，GB 50116—2013《火灾自动报警系统设计规范》、GB 50084—2017《自动喷水灭火系统设计规范》、GB 50974—2014《消防给水及消火栓系统技术规范》以及 GB 50140—2005《建筑灭火器配置设计规范》等标准，对火灾危险场所进行了等级划分。火灾危险区等级应划分：轻危险级、中危险级（Ⅰ级、Ⅱ级）、严重危险级（Ⅰ级、Ⅱ级）和仓库危险级（Ⅰ级、Ⅱ级、Ⅲ级），如表 6-5 所示。

表 6-5　设置场所火灾危险等级分类

火灾危险等级		设置场所分类
轻危险级		住宅建筑、幼儿园、老年人建筑、建筑高度为 24m 及以下的旅馆、办公楼，仅在走道设置闭式系统的建筑等
中危险级	I	① 高层民用建筑：旅馆、办公楼、综合楼、邮政楼、金融电信楼、指挥调度楼、广播电视楼（塔）等

续表

火灾危险等级		设置场所分类
中危险级	I	② 公共建筑（含单、多高层）：医院、疗养院；图书馆（书库除外）、档案馆、展览馆（厅）；影剧院、音乐厅和礼堂（舞台除外）及其他娱乐场所；火车站、机场及码头的建筑；总建筑面积小于 5000m² 的商场、总建筑面积小于 1000m² 的地下商场等 ③ 文化遗产建筑：木结构古建筑、国家文物保护单位等 ④ 工业建筑：食品、家用电器、玻璃制品等工厂的备料与生产车间等；冷藏库、钢屋架等建筑构件
	II	① 民用建筑：书库、舞台（葡萄架除外）、汽车停车场（库）、总建筑面积在 5000m² 及以上的商场、总建筑面积在 1000m² 及以上的地下商场以及净空高度不超过 8m、物品高度不超过 3.5m 的超级市场等 ② 工业建筑：棉毛麻丝及化纤的纺织、织物及制品、木材木器及胶合板、谷物加工、烟草及制品、饮用酒（啤酒除外）、皮革及制品、造纸及纸制品、制药等工厂的备料与生产车间等
严重危险级	I	印制厂、酒精制品、可燃液体制品等工厂的备料与生产车间以及净空高度不超过 8m、物品高度超过 3.5m 的超级市场等
	II	易燃液体喷雾操作区域、固体易燃物品、可燃的气溶胶制品、溶剂清洗、喷涂油漆、沥青制品等的备料及生产车间、摄影棚、舞台葡萄架下部等
仓库危险级	I	食品、烟酒；木箱、纸箱包装的不燃、难燃物品等
	II	木材、纸、皮革、谷物及制品、棉毛麻丝化纤及制品、家用电器、电缆、B 组塑料与橡胶及其制品、钢塑混合材料制品、各种塑料瓶盒包装的不燃、难燃物品以及各类物品混杂储存的仓库等
	III	A 组塑料与橡胶及其制品；沥青制品等

在同等危险程度下，火灾危险级数越大，火灾危险越严重。

三、电气火灾事故及其产生原因

1. 电气火灾事故

电气火灾事故是指由电气原因导致的火灾事故，也包括由静电、雷电、电磁感应原因导致的火灾事故。如电气线路短路、过载过电流、接触不良、漏电等，雷电或静电、电磁感应、热辐射等，供用电中的误操作及违章行为等导致危险温度、电弧、电火花、熔融金属飞溅引发火灾事故。

2. 电气火灾事故原因

导致电气火灾事故的原因多种多样，下面从五个方面进行介绍。

（1）电气照明原因　电气照明是导致电气火灾事故的重要因素。照明灯具都是发热体，在工作时，其玻璃灯泡表面温度升高，且功率越大，连续使用时间越长，温度越高。

白炽灯工作时，灯泡表面温度最高达 2000℃；卤钨灯工作时，石英玻璃管壁温度高达 500～800℃；荧光灯、高压汞灯、高压钠灯等存在镇流器工作发热升温；霓虹灯需要使用升压变压器，且脉冲冲击较大，会导致变压器温升过高；特效舞厅灯通常涉及驱动灯具旋转的电动机，不断变换工作状态的电动机以及机械部件发热升温。

若这些发热体与可燃物接近或靠近，在散热不良时，累积的热量能烤燃可燃物而发生火灾；镇流器、变压器或电动机等温升过高，会导致线圈漆包线绝缘炭化，塑料罩壳表面被烤至炭化，接线端子熔融等，甚至会发生明火燃烧，引发火灾。

除各种照明灯具外，电气线路系统中还存在大量的开关、保护器、导线、挂线盒、灯座、灯箱、支架等。若这些设施容量选择不当、安装不规范以及长期过载运行等导致绝缘损坏、短路起火等引发火灾。

（2）电气线路原因

① 电气线路短路。电气线路绝缘失效、破损、击穿等，或者带电操作失误、异物碰撞、机械断裂等原因，导致两相相碰或对地短路。线路短路时引起电路中电流过大，在极短时间会产生很大的热量，不仅导致危险高温，还可能使绝缘层燃烧，甚至局部产生电火花，引起邻近的易燃、可燃物质燃烧，从而造成火灾事故。

② 过电流过负荷。电气线路或电气设备超负荷，使导线中的电流超过允许通过的最大电流，而保护装置缺失或不能及时发挥作用，持续过热导致危险温度引起火灾事故，同时绝缘加速老化甚至损坏，引起短路火灾事故。

③ 接触不良。导线连接处接触不良、分合触点接触不良，而使接点处松动起火，或者接触电阻增大，接点处功率损耗过大产生过热、金属熔化，引起绝缘材料、附近可燃物燃烧，导致火灾。

④ 线路漏电。由于线路及设备带电导体绝缘老化、机械损伤等，绝缘性能下降，线路及设备处在高危状态下工作，导致不同电位间导体出现漏电，漏电处高热、起火烧焦绝缘材料或敷设材料，引发火灾事故。

⑤ 电火花、电弧。电气设备正常运行时会产生电火花、电弧，如大容量开关、接触器触点分合操作。若防护装置缺陷或间距不足，点燃附近可燃性物质，引起火灾或爆炸事故。

⑥ 通风、散热不良。线路及设备工作时均会产生一定的热量，在规定使用条件下不会产生危险温度。若使用环境通风、散热不良，造成热量积聚，产生危险温度，以及持续高温加速绝缘老化而失效短路，导致火灾事故。

⑦ 线路及设备质量缺陷。电气线路或设备所用材料质量未达到规范要求的绝缘性能、抗热性能、阻燃性能、导体导电能力等指标，容易形成漏电、过载或接触不良，从而出现发热、电弧、电火花，引起火灾事故；或者保护装置保护功能降低等，未能早期及时实施保护动作。

（3）雷电、静电与电磁感应原因

雷电、静电火花或者雷电感应、电磁辐射产生过电压、过电流，导致间隙放电或击穿绝缘短路，引起火灾事故。例如：

① 雷电防护体系不完善，致使建（构）筑物及生产储存设备受雷电直击，不仅损害建筑物及设备，也引发火灾或爆炸事故；雷电电涌或雷电感应侵入建筑物内部，过电流过电压导致线路发热、绝缘击穿，产生放电火花或电弧，引发火灾爆炸事故。

② 静电放电时，若产生有足够能量的强烈火花，使飞絮、粉尘、可燃蒸气及易燃液体燃烧起火，甚至爆炸。随着石油化工、塑料、橡胶、化纤、纺织、金属研磨等工业的发展，工艺过程与生产场所日益复杂，由静电导致的火灾爆炸事故时有发生。

（4）技术责任原因　电气线路选型不当、安装不规范，致使电气系统整体达不到工作场所要求的防火防爆性能要求，埋下事故隐患。例如：

① 电气线路截面积与载流量过小，电气设备的额定容量小于实际负载容量，致使线路及设备长期过载运行。

② 在爆炸危险性环境中，使用非防爆电气设备；设备额定表面温度超过使用场所安全

要求；外壳防护 IP 等级不满足要求；电线电缆为非阻燃电缆；在火灾危险区使用普通照明设备或功率过大。

③ 布线系统不满足要求，穿管保护缺失或不符合要求；未在防火防爆分区按要求隔离封堵，隔离封堵材料不阻燃；线路接头未在接线盒内实施或接触不良；固定敷设线路及设备未采取措施防止粉尘堆积，导致热量积聚，产生危险温度。

固定线路敷设与设备安装防火间距不达标，线路及设备发热、工作火花、感应放电火花引起周边可燃物着火；线路及设备距离热源过近，加速绝缘老化、影响性能等。

未按要求根据情况设置短路保护、过载（过热）保护、接地保护、漏电保护、温度监测等，或动作参数设置不符合标准要求，未能及时有效实施早期保护等。

（5）管理责任原因

① 隐患排查不全面，治理与整改措施未落实，使设备或线路长期处于带病运行状态。例如：

a. 线路及设备受外界高温、热源、潮湿作用，绝缘加速老化，引起短路、接触不良、过电压（过电流）等产生电弧、电火花等。

b. 线路及设备外护物受外界腐蚀、机械外力等作用，导致外护结构破损、不完整。

c. 连接松动、接触不良，导致接点起火，接触电阻增大，导致危险温度。

d. 设备长期故障运行出现过热、漏电，保护装置未按规定试验，导致参数不达标、动作不灵敏、不可靠。

e. 接地导体或等电位连接不良或断裂、静电跨接缺损、接地电阻过高、防雷系统电气连续性降低等，导致电位差放电火花。

② 误操作、违章作业、无意识行为，导致意外热源、高温、火花，引起火灾事故。例如：思想麻痹，疏忽大意产生误操作，或作业违返操作规程，造成操作过程中产生电火花，引发电气火灾爆炸事故。

违规切除保护装置、报警设备，致使不能及时发现、处置早期异常及故障。不当使用烘烤、电热器具、照明器具或长期通电无人监管，使附近的可燃物受高温而起火，引发火灾甚至爆炸。

在临时用电场所，随意连接线路、更换熔丝、灯泡，随意安装插座插头，随意增加电气设备、用电负荷等。在有静电危险场所，未按规程定执行防静电操作规程，未实施静电消除、静电接地、静置，违规使用非防静电装备等。

③ 防火防爆管理措施未落实，制度体系不健全，与生产发展不相适应。例如：

a. 未进行火灾危险区的风险评价，未建立火灾防范、隐患排查与整改、缺陷管理制度等。

b. 防火防爆资金投入不足，隐患不能及时整改，防护设施、预警系统不能良好运行。

c. 落实制度、措施不得力，防火防爆意识淡薄，以致违规作业（特别是动火作业）、随意操作、带病作业时有发生。

d. 安全教育与培训制度开展效果不好，安全操作与应急处置能力不强，造成事故的发生与扩大等。

第二节　电气火灾防护规范与管理

从电气火灾事故发生原因可知，电气线路短路、过载过电流、接触不良、绝缘漏电、质量缺陷、安装不当、操作失误、雷电与静电等是引发火灾的直接原因。周围存在易燃可燃物质是发生火灾的环境。

电气火灾防护主要从两方面入手：一是技术规范应用，二是电气防火管理。

一、电气火灾防护规范

基本原则：火灾危险区尽可能不配置或少配置电气线路及设备，消除电气火灾引燃源；保持电气线路及设备的绝缘性能、力学性能、电气性能的安全完整性，避免电气线路及设备产生过热与危险温度以及电火花、电弧；保持电气线路及设备与易燃可燃物安全间距阻隔，避免热与火焰传递损害电气线路及设备。

1. 电气线路及设备配置

（1）电气设备的配置　火灾危险场所不宜配置电气设备，必须配置时，应根据区域火灾危险等级和使用条件，选配不低于表 6-6 中要求的 IP 等级，并限制功率及表面温度不超过危险环境的最高温度限值。

GB 50058—2014《爆炸危险环境电力装置设计规范》规定：火灾危险区使用的电气设备外壳防护应不低于表 6-6 要求。

表 6-6　火灾危险区电气设备 IP 防护等级

电气设备	防护结构	可燃液体环境	纤维粉尘环境	可燃固体环境
电机	固定安装	IPA4	IP54	IP21
	移动式、携带式	IP54		IP54
电器和仪表	固定安装	充油型、IP54、IP44	IP54	IP44
	移动式、携带式	IP54		IP44
照明灯具	固定安装	IP2X		
	移动式、携带式		IP5X	IP2X
配电装置		IP5X		
接线盒				

火灾危险区内电气设备功率及表面温度选型，应能保证正常运行及预测故障状态下的表面温度应不超过环境允许的最高温度。

灯具的选型除满足 IP 防护等级外，应特别注意灯具的种类及功率。不同类型的灯具，其工作时表面温度与对外辐射热能差异很大，应根据使用场合选择，同时应限制功率。

在火灾危险环境内不宜使用电热器，当生产要求必须使用电热器时，应将其安装在非燃材料上，并应装设防护罩。甲乙类厂房（仓库）内严禁采用明火和电热散热器供暖。

粉尘环境内应尽量减少携带式电气设备的使用，粉尘很容易堆积在插座上或插座，当插头插入插座内时，会产生火花，引起爆炸。如果必须使用，应保证插座上没有粉尘堆积。同时，避免插座内外粉尘的堆积，要求插座安装与垂直面的角度不大于 60°。

GB/T 16895.2—2017《低压电气装置　第 4-42 部分：安全防护　热效应保护》规定：用于保护、控制和隔离的开关装置、灯具应安装于火灾危险场所之外，除非将它们放置在外壳内，至少是 IP4X 防护等级，如存在灰尘应选用 IP5X 等级，如存在导电粉尘应选用 IP6X 防护等级。

（2）布线系统的配置　火灾危险环境布线系统配置应符合周围环境对电气线路的绝缘性、抗热性、阻燃性、机械强度、抗腐蚀性等要求。

GB 50058—2014《爆炸危险环境电力装置设计规范》规定：在火灾危险环境内的电力、照明线路的绝缘导线和电缆的额定电压不应低于线路额定电压且不得低于 500V。

不同电压区段的电压回路不应放在同一布线系统内。在同一桥架内应采用隔板隔离、独立导管等。

1kV 及以下电气线路，可采用非铠装电缆或钢管配线，在可燃液体、固体状火灾危险区内，可采用硬塑料管配线。在未抹灰的木质吊顶和木质墙敷设以及木质闷顶内的电气线路应穿钢管明设。不应使用裸导体。不得采用瓷夹或瓷瓶配线。

GB/T 16895.6—2014《低压电气装置　第 5-52 部分：电气设备的选择和安装　布线系统》规定：为了避免外部热源的不利影响，应采用一个或多个方法或等效方法来保护布线系统：安装挡热板；敷设在距离热源足够远的地方；选择布线系统部件时，适当考虑可能出现的额外温升；局部加装隔热材料，如增加隔热导管。

火灾危险区内电气线路应采用阻燃电缆，或者使用耐火阻燃材料导管并对导管封堵获得阻燃特性，否则电气线路和布线系统应敷设于不可燃材料中，以尽量延缓火灾蔓延。布线系统应具有一定阻隔热传递的性能。

移动式和携带式电气设备的线路，应采用移动电缆或橡胶套软线。

安全通道内的布线系统应尽可能短且应为阻燃。

（3）电气线路额定载流量的要求　电气线路额定载流量应满足所承载的负荷电流，在正常持续运行中产生的温度不应超过导体绝缘材料的温度限值。

绝缘电线和电缆的允许载流量不应小于熔断器熔体额定电流的1.25 倍和自动开关长延时过电流脱扣器整定电流的 1.25 倍。

电气线路及设备在正常使用时的温度和故障期间可预期的温升情况下，不会导致线路及设备外护物及周围可燃性物质燃烧的危险温度。

导线截面积大小选择时除考虑额定载流量外，还应考虑线缆结构、布线类型、敷设方式、共管导线数、环境聚热与散热状况，具体可参考 GB/T 16895.6—2014《低压电气装置　第 5-52 部分：电气设备的选择和安装　布线系统》等相关资料。

（4）配电系统的配置　火灾危险区仅允许采用 IT、TT 以及 TN-S 系统，不能出现 PEN导体，即不允许采用 TN-C 系统。

消防配电回路与其他供电配电回路独立，消防配电干线宜按防火分区划分，消防配电支线不宜穿越防火分区。配电线路应具有一定的耐火等级，其耐火时间在没有特别规定时应不小于 1h。

2. 电气线路敷设及设备安装

（1）安装位置与安装方式　电气设备安装位置与安装方式，应保证正常运行可能产生电弧或电火花的设备、引起热聚集的固定设备、移动设备与所有可燃物具有足够的间距或阻隔，以避免形成引燃源。

GB 50257—2014 规定：露天安装的变压器或配电装置外廓距火灾危险场所环境建筑物的外墙不宜小于 10m；距堆场、可燃液体储罐和甲、乙类厂房库房不应小于 25m；距液化石油气罐不应小于 35m。

10kV 及以下变、配电室不应设在火灾危险区的正上方或正下方，且变、配电室的门窗应向外开，通向非火灾危险区域。

GB 50016—2014 规定：油浸变压器、充有可燃油的高压电容器和多油开关等，宜设置在建筑外的专用房间内。确需紧贴时，应采用防火墙与所贴邻的建筑分隔，且不应与人员密集场所相邻。

GB 50257—2014 规定：装有电气设备的箱、盒等，应采用金属制品，电气开关和正常运行时产生的火花或外壳表面温度较高的电气设备，应安装或密封在能够承受该温度且具有低热导率的建筑材料中且可安全散热，或者应远离可燃性物质的存放地点，最小距离不应小于 3m。

电气设备接线盒和外壳安装在预制空心墙内时，为避免钻入异物，至少应有 IP3X 等级。

电气照明往往伴随着大量的热和高温，安装或使用不当极易引起火灾。GB 50016—2014 规定：开关、插座和照明灯具靠近可燃物时，应采取隔热、散热等防火措施。

卤钨灯和额定功率不小于 100W 的白炽灯泡的吸顶灯、槽灯、嵌入式灯，其引入线应采用瓷管、矿棉等不燃材料作为隔热保护。

额定功率不小于 60W 的白炽灯、卤钨灯、高压钠灯、金属卤化物灯、荧光高压汞灯（包括电感镇流器）等，不应直接安装在可燃物体上或采取其他防火措施。

可燃材料仓库内宜使用低温照明灯具，并应对灯具的发热部件采取隔热等防火措施，不应使用卤钨灯等高温照明灯具。

GB/T 16895 标准要求：灯具应与可燃材料保持足够距离，并且为灯泡配备安全防护罩，不允许对灯具进行修改。不得随意更换灯泡功率。在没有产品专门规定情况下，聚光灯和投影仪距可燃材料最小距离不得小于表 6-7 中数值。

表 6-7　聚光灯和投影仪距可燃材料最小距离

功率/W	最小距离/m
≤100	0.5
100～300	0.8
300～500	1.0
>500	更远距离可能是必要的

移动式和携带式照明玻璃罩，应采用金属网保护。

（2）敷设安装与线路连接　电气线路敷设安装与线路连接应保障良好的绝缘性能、电气连续性、阻燃隔热性，防护环境造成机械力、腐蚀、高温等损伤，保持与可燃性物质足够间距与阻隔，避免电气线路短路、过热、漏电等导致火灾危险。

10kV 及以下的架空线路，严禁跨越火灾和爆炸危险场所；当线路与火灾和爆炸危险场所接近时，其水平距离一般不应小于杆柱高度的 1.5 倍。

GB 50168—2018《电气装置安装工程　电缆线路施工及验收标准》要求：对易受外部影响着火的电缆密集场所或可能着火蔓延而酿成严重事故的电缆回路，必须按设计要求的防火阻燃措施施工。

电气线路应距可燃性物质有足够的间距，不应敷设在产生对它有危害的热、烟、蒸气设施附近。除非用防护罩保护，且不影响布线系统的散热。

电缆电线不宜穿过建筑物内的变形缝，不可避免时应加金属保护套管，并应用防火封堵材料封堵。不同防火区域之间穿越时，应在防火等级内部进行封堵。

钢管与电气设备或接线盒的连接应符合规定：螺纹连接的进线口应啮合紧密，非螺纹连接的进线口，钢管引入后应装设锁紧螺母。电缆引入电气设备或接线盒的进线口处应密封。

与电动机及有振动的电气设备连接时，应装设金属挠性连接管。

导体之间、导体与其他设备之间连接（包括终端连接和中间连接）仅应在合适的外护物（接线箱、接线盒）中进行。未采取特别措施时，在任一接点导体连接数量不超过两根。

连接点应提供持久的电气连续性、足够的机械强度和防机械损伤的保护。连接或封端采用压接、熔焊或钎焊方式，连接坚固防松动，确保接触良好，防止局部过热。

GB 50257—2014 要求：在火灾危险环境内安装不需要撤除检修的裸导体母线时，连接宜采用熔焊，螺栓连接应可靠，并应有防松动装置，母线应装设在金属保护罩内，网孔直径不大于 12mm。并且应符合 GB/T 4208—2017 外壳防护有关规定。

3. 设置线路保护与火灾监测

（1）设置线路保护　电气线路实施良好的接地，并根据需要设有相应的保护装置，以便在发生过载、短路、漏电、接地、断线等情况下自动报警或切断电源。

GB 50058—2014 规定：火灾危险场所内的电气设备的金属外壳必须按规定可靠接地（或接零），以便在发生设备及线路故障时，能迅速切断电源，防止短路电流长时间通过设备及线路而产生高温发热。

接地干线应有不少于两处与接地体连接。

火灾危险环境电缆夹层中的每一层电缆桥架明显接地点不应少于两处。

在火灾危险场所中，凡生产、储存、输送物料过程中有可能产生静电的管道、设备、送引风道等均应作静电接地，同时对装置、管道连接部位进行静电跨接防护。

独立设置的防直击雷接地应与电气系统的接地分开设置，建筑物上防雷接地可与电气系统接地共用，并构建等电位联结，减少电位差及雷电浪涌、过电压对电气线路与设备损害，避免电气火灾隐患。

GB/T 16895.2—2017 规定，因加工或储存物料的性质而引起的火灾危险场所，应对终端回路和用电设备进行保护以防止出现以下绝缘故障：在 TN、TT 系统中，提供漏电保护设置；在 IT 系统中应提供监测所有装置的绝缘监测设备或装设在终端的 RCM 漏电监测，且均具有声光信号，或采用 RCD，第二次故障时实施分断。

直接供电或穿过火灾危险场所的回路应位于火灾危险场所的外部和电源侧，应设置过负荷和短路保护装置，保护装置应在火灾危险场所内的回路起点设置过电流保护装置。

（2）设置火灾监测　设置火灾监测报警及消防联动，提高电气火灾防护能力。

建筑物中或其他场所设置火灾监测报警及消防联动，以火灾为监控对象，探测火灾早期特征，发出火灾报警信号，为人员疏散、防止火灾蔓延和启动自动灭火设备提供控制与指示，避免火灾发生或减少火灾危害。

GB 50016—2014 规定：在火灾事故危害特别严重的场所应设置电气火灾监控系统。

建筑以仓储为主体时，必须全部设置自动喷水灭火系统和火灾报警系统。

民用高层建筑内的中庭回廊、人员聚集场所、公共建筑室内人员场所、柴油发电机房等环境应设置火灾自动报警和自动喷水灭火系统。

建筑物内可能散发可燃气体、可燃蒸气的场所应设置可燃气体报警装置。

火灾可蔓延的结构，采取电气装置不会蔓延火灾的措施，如装设火灾探测器等。

二、电气火灾防护管理

1. 严格执行电气火灾防护规范

积极辨识、获取有关电气火灾防护的法律法规、标准规范，严格落实科学合理的电气火灾防护措施。

从规划设计、电气线路与设备配置、电气工程安装与验收、电气系统维护管理等各方面落实电气火灾防护措施，确保电气线路及设备可靠安全运行。

从规划设计方面，针对实际情况采用合适标准规范相关条款，如 GB 50016—2014《建筑设计防火规范（2018 年版）》、GB 50058—2014《爆燃危险环境电力装置设计规范》等，以及针对特定行业、场所标准规范，如 GB 50160—2008《石油化工企业设计防火标准（2018 年版）》等。

在电气线路及设备安装与验收中，严格执行相关电气火灾防护设计要求，如 GB 50257—2014《电气装置安装工程　爆炸和火灾危险环境电气装置施工及验收规范》、GB 50168《电缆线路施工及验收标准》、GB 50303—2015《建筑电气工程施工质量验收规范》、GB 50150—2016《电气装置安装工程　电气设备交接试验标准》等，确保施工安装质量。

按照火灾防护相关规范要求，如 GB 14287《电气火灾监控系统》系列、GB 50116—2013《火灾自动报警系统设计规范》、GB/T 50493—2019《石油化工可燃气体和有毒气体检测报警设计标准》、GB 16806—2006《消防联动控制系统》、GB 19880—2005《手动火灾报警按钮》、GB 22134—2008《火灾自动报警系统组件兼容性要求》、GB 25506—2010《消防控制室通用技术要求》，以及 GB 50084—2017《自动喷水灭火系统设计规范》等相关标准规范，采取积极的火灾监测与联动消防措施。

另外，严把电气线路及设备质量关，使用取得电气安全方认证、满足用户要求的合格产品。

2. 加强电气火灾隐患排查

大量电气火灾事故产生原因，集中在电气线路及设备绝缘能力降低或损伤、线路连接不良、用电负荷剧增，以及外界环境影响电气线路及设备安全运行等方面。

建立并完善、落实电气安全风险评估制度、电气火灾隐患排查与整改制度、电气线路及设备检维修、缺陷管理制度、电气线路及设备检查与试验制度等。早期发现电气火灾隐患，及时整改治理，保持电气线路及设备安全完好性。

巡查电气线路绝缘层完好状态、电气设备结构完整性、线路接点状况、用电负荷变化、环境变化与线路、设备关系、布线系统耐火阻燃部件状况，定期测试电气线路及设备绝缘性能、接地性能、保护装置状态等，早期发现隐患，及时整改，避免电气火灾事故发生。

加强维护保养检修，保持电气线路及设备的电压、电流、温升等参数不超过允许值，防止电气线路及设备过热；保持电气线路及设备足够的绝缘能力，避免人身触电事故，同时避免漏电、短路起火；保持电气连接良好，避免连接部位升温、起火；保持设备清洁，有利于绝缘、防止产生危险温度与可燃物堆积；清理环境杂物，保持电气线路及设备与可燃物足够间距,阻止热及火焰传播。

3. 强化电气作业与用电管理

建立健全并落实各类电气作业操作规程、电气安全操作规程、工量具安全操作规程、作业票制度,规范作业行为,杜绝违章作业、随意作业,避免危险操作导致火灾事故。

建立并落实电气作业标准化、验收评价规则,避免作业不合格,保障作业安全质量,避免火灾隐患。

建立健全并落实临时用电申请审批制度,规范配置与使用移动线路及移动设备(如手操电气工具、照明灯具),严禁私拉乱接,保障安全用电。

加强用电管理,保持用电回路与负荷匹配,禁止随意更换熔断器规格、随意增加电气设备与用电负荷,保障电气线路安全运行。

强化用电器具使用管理,在火灾危险场所不得使用禁止使用电气设备(如电加热器、取暖器、移动照明灯具等),保持移动电器与可燃物足够的安全间距。

4. 提升电气安全意识与防护能力

严格执行电气作业资格管理,坚持电气作业人员许可证制度,禁止无证人员从事电气作业。

组织培训电气安全与电气火灾防护知识与技能,提升电气作业人员知识水平与操作能力。

制定电气火灾应急处置预案并组织定期演练等,提升电气火灾应急能力。

电气火灾涉及多方面因素,电气火灾防护亦为综合措施。针对我国电气火灾现状及各行业特点,国务院安全生产委员会发文——(安委办函〔2017〕4号)《国务院安全生产委员会关于开展电气火灾综合治理工作的通知》,在全国开展电气火灾综合治理工作,并制订"电气火灾综合治理自查要点",参见附录 B　电气火灾综合治理自查要点。

第三节　消防供电、火灾监测与灭火

一、消防供电与照明

火灾事故发生时,消防供电的可靠性是保证建筑消防设施可靠运行的基本保证。应急照明、疏散指示是保证建筑中人员疏散安全的重要保障条件。

1. 消防供电

消防供电专用于消防安全设施在正常和应急情况下的供电回路。

消防安全设施主要包括消防控制室照明、消防水泵、消防电梯、防烟排烟设施、火灾探测与报警系统、自动灭火系统或装置、疏散照明、疏散指示标志和电动防火门窗、卷帘、阀门等。

(1)供电回路　按照 GB 50016—2014《建筑设计防火规范(2018年版)》、GB 50160—2008《石油化工企业设计防火标准(2018年版)》等防火设计规范,根据建筑防火扑救难度和建筑的功能及重要性以及建筑发生火灾后可能的危害与损失、消防设施用电情况,规定消防用电设备按一级负荷或者二级负荷进行供电。

GB 50052—2009《供配电系统设计规范》要求：一级负荷应采用独立双电源；二级负荷不能采用独立双电源时，应采用同一市域电源的独立双回路。

消防用电设备均应采用专用的（即单独的）供电回路，如图6-1、图6-2所示。电源直接取自建筑内设置的配电室的母线，当切断（停电）工作电源时，消防电源不受影响，保证灭火救援和消防设备的正常运行。

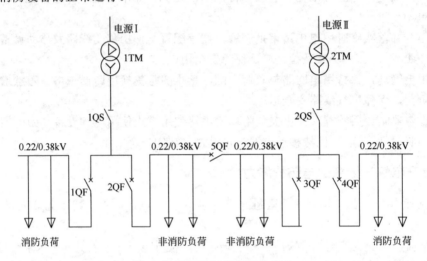

图 6-1　消防用电供电回路（1）

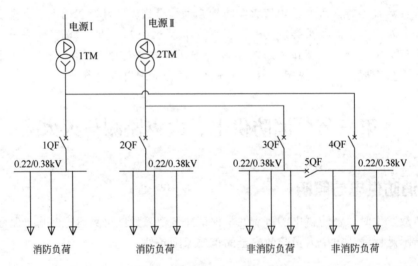

图 6-2　消防用电供电回路（2）

另外，除应由双重电源供电外，尚应增设应急电源，并严禁将其他负荷接入应急供电系统，即应急电源负荷仅为重要的消防设施供电。

应急电源可以是独立于正常电源的发电机组、供电网中独立于正常电源的专用馈电线路、蓄电池（UPS）或干电池，如图6-3所示。

备用消防电源的供电时间和容量，应满足该建筑火灾延续时间内各消防用电设备的要求。

GB/T 16895.33—2021《低压电气装置　第5-56部分：电气设备的选择和安装　安全设施》

提供表 6-8 所示的消防电源负荷分配，以便合理地确定各类电源与供电负荷关系。

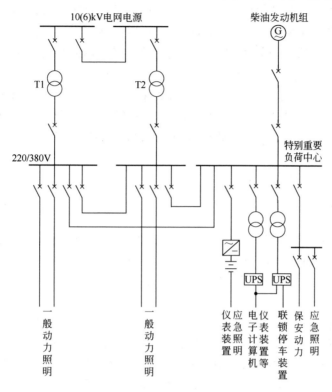

图 6-3 应急电源供电回路

表 6-8 消防电源负荷分配关系

安全设备实例	需求									
	电源额定工作时间/h	电源最长响应时间/s	集中供电系统	低功率供电系统	自带蓄电池	无切换时间的电动发电机组	切换时间≤0.5s的发电机组	切换时间小于15s的发电机组	双电源供电系统	电源失效时的监视与切换
消防泵	12	15				√	√	√	√	√
消防电梯	8	15				√	√	√	√	√
有特殊要求电梯	3	15				√	√	√	√	√
火灾报警装置和消防广播装置	3	15	√	√		√	√	√	√	√*
感烟和感温探测设备	3	15	√	√	√	√	√	√	√	√*
一氧化碳报警设备	1	15	√	√	√	√	√	√	√	√*

注：√表示适合系统；*表示仅适用于没有独立安全电源设备的系统。

（2）配电线路 消防配电线路应满足火灾时连续供电的需要，应采用耐火保护和机械保护的布线系统。其敷设应符合 GB 50016—2014《建筑设计防火规范（2018 年版）》的规定：

消防控制室、消防水泵房、防烟和排烟风机房的消防用电设备及消防电梯等的供电，应在其配电线路的最末一级配电箱处设置自动切换装置。对于其他消防设备用电，如消防应急照明和疏散指示标志等，为这些用电设备所在防火分区的配电箱。

明敷时（包括敷设在吊顶内）应穿金属导管或采用封闭式金属槽盒保护，金属导管或封闭式金属槽盒应采取防火保护措施；当采用阻燃或耐火电缆并敷设在电缆井、沟内时，可不穿金属导管或采用封闭式金属槽盒保护；当采用矿物绝缘类不燃性电缆时，可直接明敷。

暗敷时，应穿管并应敷设在不燃性结构内且保护层厚度不应小于 30mm。

消防配电线路宜与其他配电线路分开敷设在不同的电缆井、沟内；确有困难需敷设在同一电缆井、沟内时，应分别布置在电缆井、沟的两侧，且消防配电线路应采用矿物绝缘类不燃性。

消防配电设备应有明显标志。

2. 应急照明

GB 50016—2014 规定，在有众多人员聚集的大厅及疏散出口处、高层建筑的疏散走道和出口处、建筑物内封闭楼梯间、防烟楼梯间及其前室，以及消防控制室、消防水泵房、重要控制室等一些特别重要处，应设置事故疏散照明和疏散指示标志。发生火灾爆炸事故时，在一定时间内持续保障这些照明。

规定要求，建筑内消防应急照明和灯光疏散指示标志的备用电源的连续供电时间应符合下列规定：建筑高度大于 100m 的民用建筑，不应少于 1.5h；医疗建筑、老年人建筑、总建筑面积大于 100000m^2 的公共建筑，不应少于 1.0h；其他建筑，不应少于 0.5h。

GB 50016—2014 规定，消防水泵房及配电室应急照明采用蓄电池供电时，应保证连续照明时间不小于 3h。

应急照明可采用持续型或非持续型，若采用非持续型模式，应保证正常照明失效时，应急照明应自动点亮。

应急照明系统可由集中式电源供电或应急照明灯自带电源。采用集中式电源供电时，在防火分区内，照明电源应用高性能耐火电缆防火，或对具有多个应急照明的防火分区，灯具交替连接到两个单独的线路上，当一路电源故障时，仍能维持疏散通道的照度水平。

应急照明控制开关安装位置及配置应保证非授权人员不能操作。

应急照明灯具和相关回路的设备应采用直径至少为 30mm 的红色标示牌。

二、电气火灾监控

1. 电气火灾监控意义

根据应急管理部对我国近几年火灾统计数据，电气火灾事故约 1/3，居首位，且占重特大火灾事故总频次的 80%左右。而发达国家每年电气火灾发生次数占总火灾发生次数的 8%～13%。因此，我国电气火灾形势严峻。

电气火灾监控系统能在发生电气故障、产生一定电气火灾隐患的条件下发出报警信号，提醒专业人员排除电气火灾隐患，实现电气火灾的早期预防，避免电气火灾的发生。

在具有电气火灾危险的系统及场所，合理设置电气火灾监控系统，可以有效探测供电线路及供电设备故障，以便及时处理，避免电气火灾发生。因此具有很强的电气防火预警功能，尤其适用于变电站、石油石化、冶金等不能中断供电的重要供电场所。

2. 电气火灾探测方法

根据技术成熟程度，GB 14287.1—2014《电气火灾监测系统　第 1 部分：电气火灾监控设备》、GB 14287.2—2014《电气火灾监控系统　第 2 部分：剩余电流式电气火灾监控探测器》、GB 14287.3—2014《电气火灾监控系统　第 3 部分：测温式电气火灾监控探测》以及 GB 50116—2013《火灾自动报警系统设计规范》对电气火灾监控提出两种方法。

（1）RCD 式电气火灾探测　根据供配电线路泄漏电流达到 300mA 引起火灾的特性，通过监测线路剩余电流的大小，进行超限报警。

考虑到每个供电系统都存在自然泄漏电流，而且自然泄漏电流根据线路上负载的不同有很大差别，一般可达 100～200mA，因此规定剩余电流式电气火灾监控探测器报警值宜设置在 300～500mA 范围内。

剩余电流式电气火灾监控探测器应以设置在低压配电系统首端为基本原则，宜设置在第一级配电柜（箱）的出线端，参考电气线路如图 6-4 所示。在供电线路泄漏电流大于 500mA 时，宜在其下一级配电柜（箱）设置，如图 6-4 中 W4 回路。

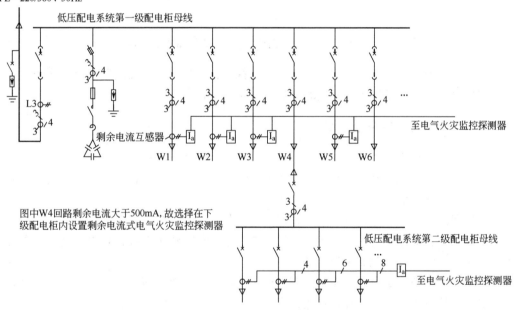

图 6-4　剩余电流式电气火灾监测线路示意图

（2）测温式电气火灾探测　测温式电气火灾探测原理是根据监测保护对象（电气线路或设备）的温度变化实现火灾隐患探测。

在供电线路本身及电气设备发生过载过电流时，接点部位温度反应最强烈。因此，监测电缆接头、端子、重点发热部件等部位温度变化能反映电气火灾隐患。

测温式电气火灾探测器采用接触或贴近保护对象的电缆接头、电缆本体或开关、接点等易发热部位方式设置。

缆式线型光纤感温火灾探测器的感温光缆，及其相应的探测方案分别如图 6-5、图 6-6 所示。

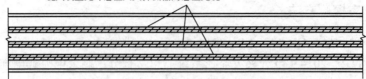

图 6-5 缆式线型光纤感温火灾探测器的感温光缆

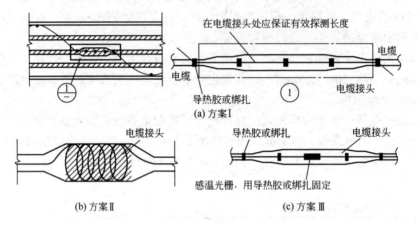

(a) 方案 I

(b) 方案 II

(c) 方案 III

图 6-6 缆式线型光纤感温火灾探测器感温方案

方案 I 一般适用于缆式线型光纤感温火灾探测器，方案 II 一般适用于分布式线型光纤感温火灾探测器，方案 III 适用于线型光栅光纤感温火灾探测器。

3. 电气火灾监控系统组成

电气火灾监控系统由监控探测器、电气火灾监控器两部分构成。

探测器采集电气线路火灾隐患（剩余电流式、感温式等），并将探测量（剩余电流、接点温度）信号送入监控器。有些探测器可以独立实现发声光报警信号。

监控器根据探测信号进行处置，发出报警信号并对报警信息进行统一管理。

监控器与探测器之间的组成关系如图 6-7 所示。电气火灾监控器可以作为火灾自动报警系统的子系统集成，实现火灾报警统一监管。

方案 I、II 适用于设有消防控制室的火灾自动探测报警系统，方案 III 适用于在有人值守的值班室设置有电气火灾监控器使用。

在无消防控制室且电气火灾监控探测器设置数量不超过 8 个时，可采用方案 IV、V 所示的独立式电气火灾监控探测器，可独立探测保护对象电气火灾危险参数变化，并能发出声光报警信号传至有人值班的场所。

4. 电气火灾监控系统设置要求

GB 50016—2014 规定下列建筑或场所的非消防用电负荷宜设置电气火灾监控系统：建筑高度大于 50m 的乙、丙类厂房和丙类仓库，室外消防用水量大于 30L/s 的厂房（仓库）；一类高层民用建筑；座位数超过 1500 个的电影院、剧场，座位数超过 3000 个的体育馆，任一层建筑面积大于 3000m² 的商店和展览建筑，省（市）级及以上的广播电视、电信和财贸金融建筑，室外消防用水量大于 25L/s 的其他公共建筑；国家级文物保护单位的重点砖木或木结构的古建筑。

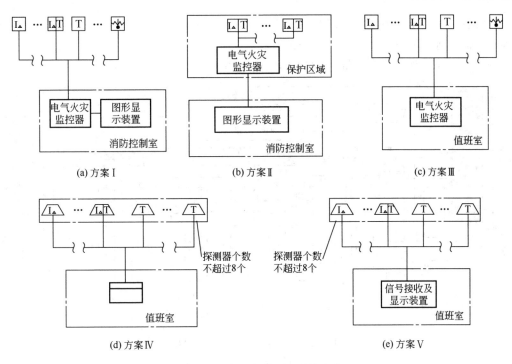

图 6-7 监控器与探测器连接方案

电气火灾监控系统应根据建筑物性质及电气火灾危险性设置，并应根据电气线路敷设和用电设备的具体情况，确定电气火灾监控探测器的形式与安装位置。

电气火灾监控器可发出报警信号并对报警信息进行统一管理，因此该设备应设置在有人值班的场所。一般情况下，电气火灾监控器可设置在保护区域附近或消防控制室。

电气火灾监控系统的设置不应影响供电系统的正常工作，不宜自动切断供电电源。因电气火灾监控器一旦报警，表示其监视的保护对象发生了异常，产生了一定的电气火灾隐患，容易引发电气火灾，但是并不能表示已经发生了火灾，因此报警后没有必要自动切断保护对象的供电电源，只要提醒维护人员及时查看电气线路和设备，排除电气火灾隐患即可。

三、火灾自动报警系统

1. 火灾自动报警系统组成

GB 50116—2013《火灾自动报警系统设计规范》定义：探测火灾早期特征，发出火灾报警信号，为人员疏散、防止火灾蔓延和启动自动灭火设备提供控制与指示的消防系统，并且明确了具有联动控制功能。

火灾自动报警系统是设置在建筑物或其他场所中，以火灾为监控对象，根据防灾要求和特点而设计、构成和工作的自动消防设施。因此，火灾自动报警系统是一个火灾隐患综合探测、综合判断、决策控制的报警与控制的系统。

火灾自动报警系统主要由火灾隐患探测系统、消防联动系统、监控平台构成。根据 GB 50116—2013 规范，国家建筑标准设计图集 14X505-1《〈火灾自动报警系统设计规范〉图示》给出了一种集中报警系统的构成示意图（图 6-8、图 6-9）。

　　框图表达了系统中各部分之间的相互关系，在具体工程中，系统构成应由设计人员根据工程实际情况进行配置。

　　图6-8所示为现行系统框图，消防联动控制器直接驱动末端执行设备。

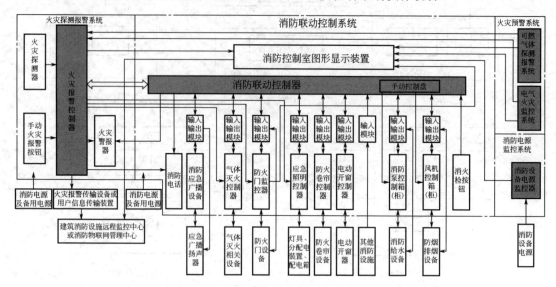

图6-8　现行火灾自动报警系统框图

　　图6-9所示为系统框图发展目标：消防联动控制系统中各子系统自成系统，消防联动控制器不再直接控制末端设备，而是通过各种消防电气控制装置进行控制。

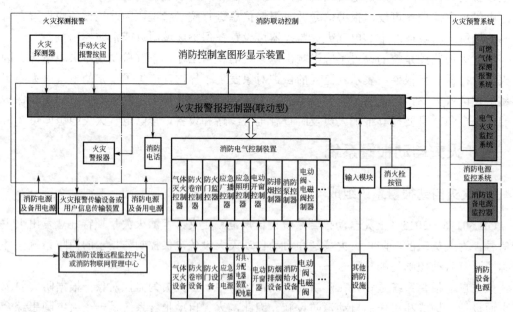

图6-9　火灾自动报警系统发展框图

　　探测模块：如电气火灾隐患、感温探测、感烟探测、火光及图形探测以及可燃气体探测等。在建筑内可能散发可燃气体、可燃蒸气的场所，还应设置可燃气体报警装置。

　　消防联动模块：气体灭火设备、防火卷帘防火门、应急广播、应急照明、防排烟、消防泵、应急处置阀等。

各种消防电气控制装置将逐步成为定型产品，并通过消防认证。根据火灾防护区的具体情况，选配相关探测模块、消防联动模块。

系统的工作原理是：被监控场所的火灾信息（如烟雾、温度、火焰光、可燃气体等）由探测器监测感受并转换成电信号送往报警控制器，由控制器判断、处理和运算，确认火灾后，则产生若干输出信号和发出火灾声光警报，使所有消防联锁子系统动作，关闭建筑物空调系统，启动排烟系统、消防水加压泵系统、疏散指示系统和应急广播系统等。

2. 火灾自动报警系统设置规定

GB 50116—2013 规定：火灾自动报警系统可用于人员居住和经常有人滞留的场所、存放重要物资或燃烧后产生严重污染需要及时报警的场所。

GB 50016—2014 规定，建筑面积大、同一时间内人员密度较大、可燃物多等类似火灾危险性的厂房、场所（如大型商场和展览建筑中的营业厅、展览厅和娱乐场所、财贸金融建筑、客运和货运等建筑）以及 GB 50160—2008 规定需要监测火灾危险的仓库、冷冻机房等，需要设置火灾自动报警系统。

具有消防联动功能的火灾自动报警系统的保护对象中应设置消防控制室。火灾自动报警系统应设置交流电源和蓄电池备用电源。消防控制室内严禁穿过与消防设施无关的电气线路及管路。

火灾自动报警系统应设置火灾声光警报器，并应在确认火灾后启动建筑内所有火灾声光警报器。每个报警区域内应均匀设置火灾警报器，其声压级不应小于 60dB（A）；在环境噪声大于 60dB（A）的场所，其声压级应高于背景噪声 15dB（A）。

消防控制室应设有用于火灾报警的外线电话。

3. 火灾隐患探测示例

（1）感温探测　图 6-10 所示为缆式线型感温火灾探测器装于室内顶棚，用于探测室内危险温度。

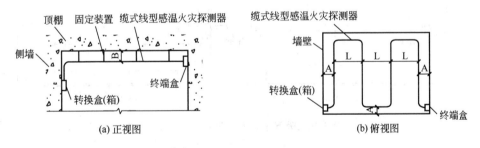

图 6-10　缆式线型感温火灾探测器在顶棚下方敷设示意图

缆式线型感温火灾探测器敷设在传送带输送装置上（图 6-11），用以探测传送带传输过程中传送带与滚轮摩擦产生危险温度。

（2）火焰及图像探测　使用火焰或图像探测器（图 6-12）探测室内或监测区域，通过图像、火焰识别，判定是否有初期火灾发生。

火焰探测器和图像型火灾探测器应按照企业设计手册合理确定探测器的探测视角、探测距离及安装高度，以保证探测区域得到有效保护。

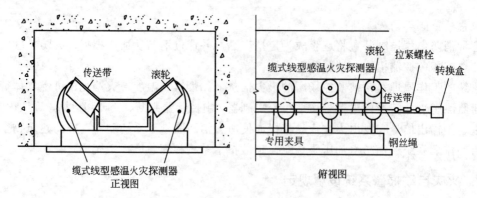

图 6-11　缆式线型感温火灾探测器在传送带输送装置上敷设示意图

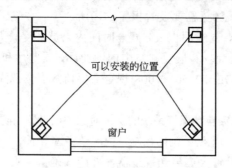

图 6-12　火焰或图像火灾探测器在有窗户房间安装示意图

（3）感烟火灾探测　管路采样式吸气感烟火灾探测器（图 6-13），用于探测防火区域内是否有危险浓度的烟雾。

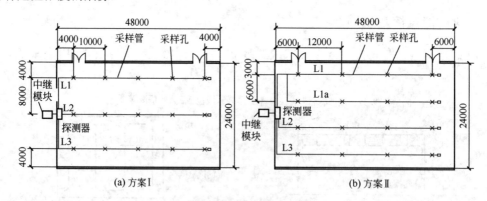

图 6-13　管路采样式吸气感烟火灾探测器的设置（单位：mm）

上述各种隐患参数探测，可以通过监控平台进行智能分析、研判。特别在当今时代，大数据、云平台、人工智能等技术的融入，可以使火灾自动报警系统具有更高的预判性、可靠性、准确性，其功能与使用将会更加完善。

四、电气灭火

1. 电气火灾事故特点

电气火灾事故与一般性火灾事故相比，有以下两个突出的特点。

① 电气设备着火或引起火灾后可能并未与电源断开,电气装置可能仍然带电,且因电气绝缘损坏或带电导线断落等发生接地短路事故,在一定范围内存在着危险的接触电压和跨步电压,灭火时如不注意或未采取适当的安全措施,会引起触电伤亡事故。

② 有些电气设备(如变压器、油开关、电容器等)本身充有大量的油,受热后有可能喷油甚至爆炸,造成火灾蔓延并危及救火人员的安全。

所以,扑灭电气火灾,应根据起火场所和电气装置的具体情况,作特殊规定。

根据石油化工企业的生产特点,电气火灾带来的危害是相当严重的。首先是电气设备本身损坏、人身伤亡以及随之而来的大面积停电停产;其次在紧急停电中可能酿成新的灾害,带来无法估量的损失。因此,石油化工企业特别要注意和防止因电气火灾给生产带来的严重危害。

2. 断电灭火安全要求

电气设备或电气线路发生火灾,如果没有及时切断电源,扑救人员身体或所持器械可能接触带电部分而造成触电事故;使用导电的灭火剂,如水枪射出的直流水柱、泡沫灭火器射出的泡沫等射至带电部分,也可能造成触电事故。火灾发生后,电气设备可能因绝缘损坏而碰壳短路;电气线路可能因电线断落而接地短路,使正常时不带电的金属构架、地面等部位带电,也可能导致接触电压或跨步电压触电危险。

因此电气灭火必须根据其特点,采取适当措施。根据现场条件,可以断电的首先要设法切断电源,断电灭火。

切断电源应注意以下几点。

① 火灾发生后,由于受潮和烟熏,开关设备绝缘能力降低,因此,拉闸时必须使用可靠的绝缘工具操作。

② 对于高压,应先操作断路器而不应先操作隔离开关切断电源;对于低压,应先操作电磁启动器而不应先操作刀开关切断电源,以免引起弧光短路。

③ 切断电源的地点要选择适当,防止切断电源后影响灭火工作。

④ 剪断电线时,不同相的电线应在不同的部位剪断,以免造成短路。剪断架空电线时,剪断位置应选择在电源方向的支持物附近,以防止电线剪后断落下来,造成接地短路和触电事故。

3. 带电灭火安全要求

有时,为了争取灭火时间,防止火灾扩大,来不及断电;或因灭火、生产等需要,不能断电,则需要带电灭火。带电灭火须注意以下几点。

① 应按现场特点选择适当的灭火器。二氧化碳灭火器、干粉灭火器的灭火剂都是不导电的,可用于带电灭火。泡沫灭火器的灭火剂(水溶液)有一定的导电性,而且对电气设备的绝缘有影响,不宜用于带电灭火。

② 用水枪灭火时宜采用喷雾水枪,这种水枪流过水柱的泄漏电流小,带电灭火比较安全。用普通直流水枪灭火时,为防止通过水柱的泄漏电流通过人体,可以将水枪喷嘴接地(即将水枪接入接地体,或接向地面网络接地板);灭火人员还应穿戴绝缘手套、绝缘靴或穿均压服操作。

③ 人体与带电体之间保持必要的安全距离。用水灭火时,水枪喷嘴至带电体的距离:

电压为 10kV 及其以下者不应小于 3m，电压为 220kV 及其以上者不应小于 5m。用二氧化碳等不导电灭火剂的灭火器灭火时，机体、喷嘴至带电体的最小距离：电压为 10kV 者不应小于 0.4m，电压为 35kV 者不应小于 0.6m 等。

④ 对架空线路等空中设备灭火时，人体位置与带电体之间的仰角不应超过 450°。

4. 充油电气设备的灭火

扑灭充油设备火灾时，应该注意以下几点。

① 充油设备外部着火时，可用二氧化碳、1211、干粉等灭火器灭火；如果火势较大，应立即切断电源，用水灭火。

② 如果充油设备内部起火，应立即切断电源，灭火时使用喷雾水枪，必要时可用沙子、泥土等灭火。外泄的油火，可用泡沫灭火器熄灭。

③ 如油箱破坏，喷油燃烧，火势很大时，除切断电源外，有事故储油坑的应设法将油放进储油坑，坑内和地面上的油火可用泡沫灭火器扑灭。要防止燃烧着的油流入电缆沟而顺沟蔓延，电缆沟内的油火只能用泡沫覆盖扑灭。

④ 发电机、电动机等旋转电机着火时，为防止轴和轴承变形，可令其慢慢转动，用喷雾水枪灭火，并助其冷却。也可用二氧化碳、1211、蒸汽等灭火。

思考题

1. 电气火灾类别分为哪几种？
2. 何为火灾危险场所？
3. 火灾危险等级是如何划分的？等级评定的目的是什么？
4. 何为电气火灾事故？电气火灾防护的基本原则是什么？
5. 按国家标准规范，消防供电有何要求？
6. 国家标准对建筑内消防应急照明和疏散灯光的备用电源连续供电时间有什么要求？
7. 电气火灾监控有何重要意义？
8. 电气火灾探测主要有哪两种方法？
9. 电气火灾监控系统设置有何要求？
10. 火灾自动报警系统具有什么功能？其设置应执行的国家标准是什么？
11. 如何扑灭电气火灾？

第七章

电气安全组织管理

在电气事故的预防上，既有技术上的措施，又有管理上的措施，两者相辅相成、缺一不可。实践表明，电气安全需要各类安全技术、防护措施作为支撑，更需要组织管理作为保障。

电气作业属于特殊作业，也是危险作业。电气作业人员应持证上岗，不仅要有相应的专业技术技能，更要具有电气安全知识与安全防护能力，严格遵守相关电气作业规程，杜绝违章作业，保障作业人员、设施设备安全。

持续满足安全用电的基本要素是基础，从电气系统的规划设计、选配与安装、防护措施、接地系统配置到电气系统的运行管理，保持电气系统整体安全完整性；遵守临时用电组织管理规范，完善临时用电技术防护措施与检查维护，严格执行手持式电动工具的使用与管理，提高用电安全性。

本章学习目标

（1）理解电气安全组织管理任务、目标，了解工作内容。

（2）理解电气安全检查目标，了解电气安全检查内容，了解电气安全检查一般要求。

（3）理解电气作业人员资格要求，了解电气作业一般要求，熟悉停电作业规程要求。

（4）理解电气作业工作票制度及要求，清楚工作票填写规范，了解工作票各类人员责任要求。

（5）理解安全用电基本要素，具有构建安全用电技术路线的认知能力。

（6）了解临时用电组织管理及规范，掌握临时用电三原则，了解相关防护措施及要求。

（7）了解手持式电动工具的使用与管理规范，能规范、安全使用与管理手持式电动工具。

第一节　电气安全组织管理概述

电气安全组织管理，是管理主体以电气安全为目的，以国家法律、条例、安全标准及规范为依据，通过计划、组织、指挥、协调和控制等职能手段，充分利用其各个资源要素（包括人、财、物、信息、时间和技术等），对电气安全状况实施有预见性的有效制约活动。

一、电气安全组织管理任务、依据与目标

1. 工作任务

制订并落实电气安全工作计划，对电气设备及系统本体与运行状态、电气作业与用电行为、作业与运行环境状况、电气安全规章制度与规范等"人-物-环境-管理"进行风险研判与控制，监督检查，落实整改，消除隐患，以降低各种电气事故率，保障劳动者在劳动过程中的安全、健康，促进社会经济发展。图7-1为电气安全组织管理内容。

图 7-1　电气安全组织管理内容

2. 组织管理指导思想、依据

组织管理指导思想：统筹发展和安全，坚持安全第一、预防为主，把以人民为中心的发展思想和"人民至上、生命至上、安全第一"的安全理念贯穿于经济社会发展各方面、全过程，让安全生产理念深入人心，达到标本兼治的效果。

组织管理依据：国家、部委及行业颁布的各种法律法规、制度、标准规范，以及各级地方政府根据经济、技术发展及安全生产形势制定的相关行政法规、政策文件。

《中华人民共和国安全生产法》赋予了安全组织管理的法律使命。

3. 组织管理目标

建立健全管理机构与人员、各项规章制度与规范，落实电气安全防护措施，控制电气安全风险，消除事故隐患，构建电气安全监督检查、保障体系，保障电气安全，实现高质量发展和高水平安全的良性互动。

二、电气安全组织管理内容

电气安全组织管理内容很多，可以归纳为以下几个方面的工作：建立健全组织机构与人员、规章制度与规程、风险分级和隐患排查双控机制，实施电气安全检查与隐患整改、安全作业组织与管理，开展电气安全教育培训、事故分析，完善电气安全资料档案等工作。

1. 组织机构与人员

电气安全属于安全管理的一个重要项目。电气与人们的生活生产密不可分，直接关系着生命与财产。同时，电气作业是特殊工种又是危险工种，不安全因素较多。为了做好电气安

全管理工作，要求管理主体应当有组织机构及专人负责电气安全工作。

（1）组织机构　建立电气安全管理三级机构及安全生产责任制，是加强安全管理的重要措施。电气安全组织管理机构模型如图7-2所示。

（2）人员及其职责　完善各级机构人员配置与工作职责。可参考如图7-3所示电气安全管理人员配置。

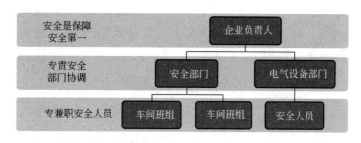

图7-2　电气安全管理组织机构模型

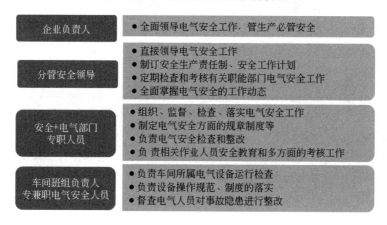

图7-3　电气安全管理人员配置

2. 电气安全规章制度、规程

规章制度是人们从长期生产实践中总结出来的重要措施，是保障安全、促进生产的有效手段。图7-4描述了相关制度、规程，如电气安全操作规程、电气作业规程、电气运行管理和维修制度及其他规章制度都与安全有直接的关系。

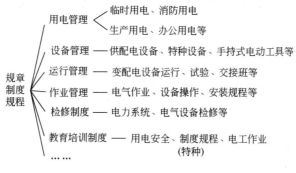

图7-4　规章制度、规程示例

3. 电气安全检查与评价制度

电气设备及安全设施使用时长，受各种因素影响导致其安全性能下降、缺陷运行。作业人员违章操作，违规使用电气设备，制度缺失或未落实等是发生电气事故的重要原因。

（1）检查评价的作用及目的　建立电气安全检查与评价制度，通过电气安全工作检查，分析数据、现象、资料，科学研判电气设备及系统性能与缺陷、发现电气作业与操作行为偏离、规章制度规程失当，评价电气安全状况，及时发现并采取措施降低风险、排除隐患，协调"人-机-环-法"的本质安全，防止电气事故发生。图7-5描述了电气安全检查与评价工作。

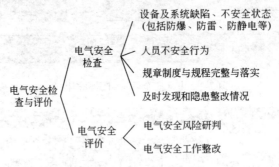

图 7-5　电气安全检查与评价工作

（2）电气安全检查内容　检查内容以"人-机-环-法"本质安全为目标，主要检查作业人员行为、设备设施状态、规章制度与规程、作业环境四个方面。

① 作业人员行为。检查岗位作业人员是否有违章指挥、违章操作、违反劳动纪律的"三违行为"，以及其他违反用电安全规定的行为。

重点检查：用电危险性大的生产岗位是否严格按操作规程作业，电气作业是否执行申请审批程序等。

② 设备设施状态。检查用电设备、安全设施安全状态，涉及电气设备（高低压设备及系统、测量控制装置等）、电气线路（架空线路、室内配线、电缆、临时线路等）、电气安全防护装置（漏电保护、安全联锁、雷电与静电保护等装置）、电气安全用具及个人防护用品、生产作业场所照明和手持式电动工具等。

检查范围涉及设备运行状况、设备电气性能与力学性能、设备主体及附属装置完好性、连接部位及连接状况等是否符合安全要求。

重点检查：爆炸危险场所电气设备配置是否符合要求；手持式电动工具安全状况；配电箱（柜）、插座是否完好。

③ 管理制度及落实。检查用电规章制度是否建立健全，安全用电教育是否经常开展，用电检查是否执行，用电隐患是否及时整改。

重点检查：电工是否持证上岗，用电检查等是否进行。

④ 作业环境。检查作业场地环境与防护等级变化、安全措施缺陷，是否存在不安全因素，施工现场相关安全设施是否配置到位。

重点检查：现场环境是否存在不安全因素。

（3）检查类别与项目

① 检查类别。检查类别分为公司级、部门级、班组级。

公司级安全检查主要由安全部门负责人、安全部门专职安全员组织实施；部门级安全检查主要由部门负责人、专职安全人员以及班组长组织实施；班组级安全检查主要由班组长、轮值安全员组织实施。

② 检查项目。检查项目分为日常巡查、定期检查、专项检查。

按安全生产责任制、岗位工作内容及职责，实施日常巡查。班组级负责作业权属内的设施设备及人员、环境的点检；部门及公司级以巡查为主，及时发现问题及时处置。

按年度安全工作计划、安全生产形势，开展定期检查、专项检查工作。主要由公司、部门组织实施，班组级按制度规程也应实施定期检查与专项检查。

③ 复查、验证。复查、验证是对安全用电检查成果的巩固和检验。复查、验证一般要注意两个方面：一是对重点用电环节的复查，二是检查中发现问题的整改落实。

（4）检查基本要求　按照安全工作计划应组织有经验的电气人员进行电气检查，明确检查重点、检测项目及内容，检查过程应根据相关电气安全标准、电气安全检查程序进行。

安全检查应有检查记录及评定。班组级检查有点检表记录，部门级、公司级应形成安全检查通报，并对问题及缺陷有整改通知，并对相关责任部门及责任人实施奖罚。

检查是手段，目的在于发现问题、解决问题，应该在检查过程中或结束后，及时整改。

4. 风险分级管控和隐患排查治理

风险分级管控，是指通过识别生产经营活动中存在的危险、有害因素，并运用定性或定量的统计分析方法确定其风险严重程度，进而确定风险控制的优先顺序和风险控制措施，以达到改善安全生产环境、减少和杜绝安全生产事故的目标而采取的措施和规定。

隐患排查治理，是根据法律、法规、规章、安全技术规范、标准、规程和相关管理制度，查找风险管控措施的失效、缺陷或不足，对生产经营活动中不符合安全生产法律法规规定的行为、可能导致事故或扩大事故结果的不安全行为、处于危险状态的物料、存在缺陷或异常的设备与工艺过程或失效的防护技术、不符合规定的作业环境以及不健全的管理措施等安全隐患，采取措施予以整改。

整改工作，应实施"四定"：定措施、定资金、定时间、定责任人。即明确整改措施，明确隐患排查治理资金充足可用，明确完成整改时间，明确实施整改责任人。同时应有"四不推"责任态度：班组能解决的，不推到工段；工段能解决的，不推到部门；部门能解决的，不推到公司；公司能解决的，不推到上级。

风险分级管控是隐患排查治理的前提和基础，通过强化安全风险分级管控，从源头上消除、降低或控制相关风险，进而降低事故发生的可能性和后果的严重性。隐患排查治理是风险分级管控的强化与深入，通过隐患排查治理工作，查找风险管控措施的失效、缺陷或不足，采取措施予以整改。同时，分析、验证各类危险有害因素辨识评估的完整性和准确性，进而完善风险分级管控措施，减少或消除形成隐患的可能性。

建立全员参与、全要素管控的风险分级管控和隐患排查治理的双重机制，共同构建起预防事故发生的两道保护屏障，才能推动安全生产关口前移，真正做到把风险管控挺在隐患产生前、把隐患治理挺在事故发生前，实现高质量的发展与高水平安全的良性互动。

5. 电气作业组织与过程管理

科学、合理地实施电气作业组织，加强作业过程管理，严格执行相关工作程序，杜绝"三违"，是电气安全工作的重要组织管理防护措施。电气作业组织与过程管理关系如图 7-6 所示。

6. 电气安全教育培训

为了确保电气设备安全、经济、合理地运行，必须加强电工及相关作业人员的管理、培训和考核，提高作业人员的电气作业技术水平和电气安全行为，同时提升员工的电气安全思想意识，遵守电气安全的规章制度，不断提高人员的电气作业能力、安全防护能力。

电气安全教育培训涉及电气从业人员、非电气从业人员。电气安全教育培训内容应根据所属岗位、职业，区别实施，如图 7-7 所示。

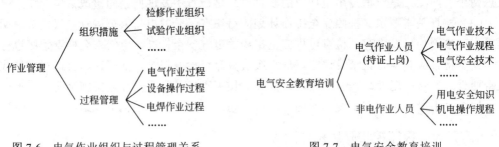

图 7-6　电气作业组织与过程管理关系　　　　图 7-7　电气安全教育培训

电气安全教育培训应有明确的培训对象、培训目的、培训内容、培训时间、培训方式等，同时应有培训过程记录，培训结束后应设置培训考核、绩效评定等。

7. 电气事故分析与整改

建立并实施事故分析与责任追查制度，调查事故发生-发展过程，从"人-机-环-管"全面分析事故发生-发展原因及事故责任，及时总结经验教训，落实完善整改措施，提升电气设备系统的安全性能，完善电气安全风险管控措施，降低风险消除隐患，追查责任，教育员工，强化电气安全意识，提升电气安全操作与异常状况处置能力。全面提升电气系统本质安全，预防事故再次发生。如图 7-8 反映了事故分析与整改关系。

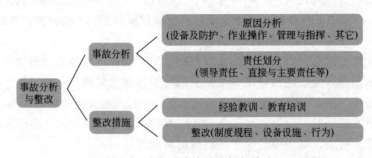

图 7-8　电气安全事故分析与整改

8. 电气安全资料建档

电气安全工作资料是做好安全工作的重要依据。国家安全生产法律法规是实施电气安全组织管理的法律依据，电气安全技术标准规范是电气安全防护措施的技术依据；电气系统相关技术资料、设备资料，以及试验、检查、测试数据是评估电气安全风险、事故隐患的重要数据资料；操作规程与作业管理是保障电气安全的关键措施，电气作业人员教育培训、技术资格是实施电气作业管理并保障电气安全的重要手段；隐患排查与整改措施是落实电气安全工作的具体表现。电气安全资料档案管理如图 7-9 所示。

国家安全生产法律法规　　● 安全生产法、国务院、地方政府法规等
　　　　　　　　　　　　　　● 安全管理部门相关命令、法规等

电气安全技术标准规范　　● 用电安全导则、电气作业组织等
　　　　　　　　　　　　　　● 电气防火防爆、防雷防静电、接地标准等

电气设备安全设施资料　　● 接地系统、防雷系统、消防供配电等
　　　　　　　　　　　　　　● 防爆设备、变配电设备、电气系统等

电气作业检修试验资料　　● 电气工作计划、检修记录等
　　　　　　　　　　　　　　● 电气设施检查、试验、鉴定记录等

电气安全规章制度　　　　● 电气作业规范、操作规程、检查规程等
　　　……　　　　　　　　● 电气安全培训制度及记录、事故分析等

图 7-9　电气安全资料档案管理

做好电气安全资料建档与管理是电气安全的重要保障。

第二节　电气作业组织管理

电气作业属于特殊作业，在作业过程中，既要有熟练的操作技能，也要严格遵守作业规程、规范。作业活动应严格执行工作票制度，通过工作许可、监护等管理，完善安全防护措施、及时杜绝违章违规，保障作业安全。

一、电气作业人员条件

① 电气作业人员应年满 18 周岁，身体健康，无妨碍其正常工作的生理缺陷及疾病。

② 具备必要的电气知识和业务技能，且熟悉相应工作岗位操作规程，并经考试合格。

③ 具备与其作业活动相适应的电气安全、触电急救等专业技术知识与安全操作技能，具有相应岗位操作资格。

注：原国家安全生产监督管理总局（现为应急管理部）令（第 30 号），从事电气作业的人员为特种作业人员，必须经过专门安全技术培训和全国统一考核，经考试合格核发全国统一的"特种作业操作证"才能独立作业。电工作业操作证分为高压电工作业、低压电工作业、防爆电工作业。

"特种作业操作证"由当地应急救援管理部门会同人力资源部门管理。特种作业操作证定期三年（新版）复审一次，如图 7-10 所示。

④ 禁止非电工人员从事任何电工作业。

⑤ 当非电气作业人员有需要从事接近带电用电产品的辅助性工作时，应先主动了解或由电气作业人员介绍现场相关电气安全知识、注意事项或要求，且在有资格的人员带领或指导下参与工作，并对其安全负责。

图 7-10　特种作业操作证

二、电气作业一般规定

具备与其作业活动相适应的电气安全、触电急救等专业技术知识与安全操作技能，具有相应岗位操作资格。

作业人员应明确工作任务、工作范围、技术要求、作业环境及带电部位等安全注意事项，并根据作业类型和性质、现场实际情况采取相应的安全防护措施。

工作前应检查确认工具、测量仪器和绝缘工具是否灵敏可靠，安全防护工具、绝缘用具必须确保完好，并在检校周期内使用。必须按规定穿戴好工作服、绝缘鞋（靴）及个人防护用品。

作业前应清除现场妨碍作业的障碍物及可燃物，以利于检修人员的现场操作和进出活动，避免形成机械伤害、触电、火灾危险场所，并有防止外来物侵害措施。

作业人员工作中衣着必须穿戴整齐，作业过程中，应集中精力，不得做与作业无关的事，不准擅离职守；遵守作业安全操作规程、检维修制度，严禁违章操作。

停电检修电气设备或线路时，应先将电源切断（拉断刀闸，取下熔断器），把配电箱锁好，挂上"有人工作，禁止合闸"的警告牌或派专人看管。停电警告牌应严格执行"谁挂谁取"的原则。

线路及设备在未经过验电确认无电前，一律视为"有电"，按"有电"操作，不可用手触摸。每班工作前或工作临时中断后，应重新检查安全措施，验明无电后方可继续工作。

电气设备不得在运行中拆卸修理，必须在停机后切断电源，取下熔断器，并验明无电后方可进行拆修。不应带负荷进行拉闸操作。

工作中所有拆除的电线要处理好。不用的电气设备、线路要彻底拆除，需要保留的带电线头用电工材料按规范包好，以防发生碰线、接地及触电。

使用手持式电动工具时，必须按 GB/T 3883.1—2014《手持式、可移式电动工具和园林工具的安全　第 1 部分：通用要求》及 GB/T 3787—2017《手持式电动工具的管理、使用、检查和维修安全技术规程》操作，严禁将外壳接地线和工作零线拧在一起插入插座。

在有监护要求的场所进行作业时，电气作业人员应不少于两人，应指定专人进行监护，工作人员要听从监护人的指挥。特别是高压检修工作的安全，必须坚持工作票、工作监护等工作制度。

所用导线及熔丝的容量大小必须合乎规定标准，禁止用其他金属丝代替熔丝（片）。

施工照明及电气设备用线要使用护套缆线，严禁使用花线、塑胶软线等不合格及外皮破损的电线。不允许将导线绑在金属杆或金属脚手架上。

每次工作结束后，必须清点、收拾工具。全部作业完毕后，必须拆除临时地线，拆除警告牌，所有材料、工具、仪表等随之撤离，原有防护装置恢复安装。清理现场，符合要求后，联系有关人员核实后方可送电。

三、电气检修作业规范

电气系统检修作业分为全部停电作业、部分停电作业、带电作业。低压电气系统一般采用全部停电或部分停电作业。

1. 停电作业规范

（1）作业前的安全措施　在全部或部分电气线路、设备上进行检修作业时，均必须首先采取一定的安全技术措施，如停电、验电、装设接地线、悬挂标志牌等。

① 停电。电气线路和设备停电时，必须做到明确停电线路和设备、变压器运行方式和设备操作顺序等，由具有相应操作资格的人员按规范程序进行停电操作，否则不得实施停电作业。

② 验电。选用电压等级合适的验电器，在已知电压等级相当，且在带电线路上进行试验，确认验电器良好后，严格遵守相应电压等级的验电操作要求，在检修设备进出线两侧分别进行验电，确认停电线路及设备为无电状态。

③ 装设接地线。当验明待修线路或设备已断电后，应随即将待修线路或设备的供电出入口全部短路接地。装设接地线时需要注意防止"四个伤害"，即：防止感生电压的伤害；防止断电电气设备残余电荷的伤害；防止旁路电源的伤害；防止回送电源的伤害等。装设接地线必须做到"四个不可"，即：顺序不可颠倒；措施不可省略；线规不可减小；地点不可变更等。

④ 悬挂标志牌和装设遮栏。标志牌要做到"四个必挂"，即在一经合闸即可得电的待修线路设备的电源开关和刀闸的操作把手上，必须悬挂"禁止合闸，线路有人工作！"的标志牌；在室外构架上工作，必须在工作邻近带电部分的合适位置上悬挂"止步，高压危险！"的标志牌；在工作人员上下用的铁架或梯子上，必须悬挂"从此上下"的标志牌；在邻近其他可能误登危及人身安全的构架上，必须悬挂"禁止攀登，高压危险！"的标志牌等。

标志牌要谁挂谁摘，或由指定人员摘除，不能挂而不摘或乱挂乱摘。其他人员不得变更或摘除标志牌，否则可能酿成严重后果。

凡是带电裸导体与人体可能直接或间接触及到，且触及两点之间的距离小于线路或设备不停电安全距离的，均必须设置遮栏。不论遮栏是长期设置还是临时设置，是固定设置还是移动设置，均必须在遮栏上悬挂"止步，高压危险！"的标志牌。非遮栏设置人员未经许可，不得擅自拆除遮栏。

（2）作业中的安全保证　在电气线路或电气设备检修作业过程中，必须做到以下几点。

① 清理作业现场。线路或者设备检修时，首先应对检修现场中妨碍作业的障碍物进行清理，以利于检修人员的现场操作和进出活动。

② 保证安全距离。在10kV及其以下电气线路检修时，操作人员及其所携带的工具等与带电体之间的距离不应小于1m。保持规范的安全检修间距。

③ 防止外来侵害。检修现场情况十分复杂，在检修作业前，应巡视周围是否可能出现外来侵害，如带电线路的有效安全距离，现场建筑物拆旧施工防护等。如果存在外来侵害，应在检修前做好安全防护。

④ 集中精力。检修作业中不做与检修作业无关的事，不谈论与检修作业无关的话题，特别是进行紧急抢修作业时更是如此。

⑤ 谨慎登高。如果在高处作业，使用的脚手架要牢固可靠，并且人员要站稳。在 2m 以上的脚手架上检修作业，要使用安全带及其他保护措施。

⑥ 有防火措施。检修过程中需要用火时，要先检查动火现场有无禁火标志，有无可燃气体或燃油类。当确认没有火灾隐患时，方能动火。如果动火时间长、温度高、范围大，还应预先准备好灭火器具，以防不测。

⑦ 防止群体作业互相伤害。若需要多人共同作业，要预先分析可能发生危险的位置和方向，并采取相应的对策后再进行作业。多人作业时，相互之间要保持一定的距离，以防相互碰伤。多人协调、相互配合与监督，保护自己与保护他人。

⑧ 及时请示汇报。如果供电线路检修内容多或偶尔遇到难题超出常规预料，不能在规定的时间内恢复供电，应提前与有关方面通报，以便采取相应的措施。

（3）作业完成后的检查与恢复

① 重点部位的检查。重点部位检查的内容包括直接被拆、装、调、换的线路或设备的元器件及接线端子等。检查它们有否缺项、漏装、错装等。

② 相关部位的检查。检查内容包括：与被检修对象直接联系或控制的部分；与被检修对象相邻的部分；与被检修对象在同一范围内且结构相同的部分。检查它们有无松动、受侵害或误修误装等。

③ 电气绝缘检查。检查内容包括：被检修供电线路或设备用线路部分，相关或相邻的线路部分。用绝缘测试仪检查它们的绝缘是否符合要求。

④ 零配件的检查。检查内容包括：直接被拆、装、调、换的线路，元器件，接线端子的零配件等。检查它们是否丢失、残缺、遗漏等。备用零配件带来多少，用掉多少，剩余多少，数目应一一对应，不得多出，也不得少出，即使一个垫片、一只螺钉也不要轻易放过。

⑤ 检修工具的检查。检查内容包括：对检修工具逐一清点，任何工具不得遗留在检修现场。如果发现丢失，应及时查找，不得存有半点侥幸心理。

⑥ 拆除并恢复供电。经过以上 5 项内容的检查，即可进入恢复供电准备。首先拆除接地线，其顺序是：先拆线路导体端，后拆接地端。设多少拆多少，并且按编号进行。

拆除所有的警示牌和临时遮栏，并将原有的安全门锁好。从高压到低压，从电源到负载，从检修的起点到检修的终点，由两人依次呼唤应答检查一遍，双方确认无误后，即可等待送电。送电操作结束后，观察电源相间电压是否正常，确认系统运行正常并经用户验收合格后，检修人员再撤离作业现场。

以上三个环节，是一个完整的电气线路与设备检修的安全作业过程。三个环节紧密相连，构成一条安全链，其中任何一个环节失控，都可能出现事故。因此，对每个环节每一个步骤都要认真对待，以确保电气线路和设备检修万无一失。

2. 带电作业要求

在工业企业，不停电检修工作主要是在带电设备附近或外壳上进行的工作；而在电业部门，还有直接在不停电的带电体上进行的工作，如用绝缘杆工作、等电位工作、带电水冲洗等。

带电作业要求如下。

① 不停电检修工作必须严格执行电气作业工作监护制度，应设专人监护。检修人员应

经过严格训练，能熟练掌握不停电检修的技术，严格遵守安全操作规程。

② 检修使用的工具应经过检查和试验；工作时站在干燥的绝缘物，戴绝缘手套和安全帽，穿长袖衣；严禁使用锉刀、金属尺和带有金属的毛刷、毛掸等工具。

③ 必须保证足够的安全距离，而且带电部分只能位于检修人员的一侧；在带电的低压配电装置上工作时，应采取防止相间短路和单相接地的隔离措施。

④ 上杆作业应分清相线、零线，选好工作位置。断开导线时，应先断开相线，后断开零线；搭接导线时，顺序应与此相反。一般不应带负荷接线或断线。

⑤ 若高低压线同杆架设，在低压带电线路上工作时，应先检查与高压线的距离，采取防止误碰带电高压部分的措施。

⑥ 不停电检修工作时间不宜太长，以免检修人员注意力分散而发生事故。

⑦ 作业人员不得同时接触两根导线。

四、电气作业组织制度

电气作业安全组织是指在进行电气作业时，将与检修、试验、运行有关的部门组织起来，加强联系、密切配合，在统一指挥下，共同保证电气作业安全的规定或制度。电气作业组织制度主要为工作票制度、工作许可制度、工作监护制度以及工作间断、转移和终结制度。

1. 工作票制度

在电气设备上进行任何电气作业，都必须填写工作票，并依据工作票布置安全措施和办理开工、终结手续的制度，称为工作票制度。

（1）工作票的定义及作用

① 工作票的定义。将需要检修或试验的设备、工作内容、工作人员、安全措施等填写在具有固定格式的书面上，作为工作的书面联系。这种印有电气工作固定格式的书页称为工作票。

② 工作票的作用。工作票是准许在电气设备或线路上工作的书面命令，也是明确安全职责，向工作人员进行安全交底，履行工作许可手续和工作间断、转移、终结手续，实施安全技术措施的书面依据。

（2）工作票的填写与签发

工作票由签发人填写，也可以由工作负责人填写。工作票签发人不得兼任所签发工作票的工作负责人。工作许可人不得签发工作票。

（3）工作票的种类 根据停电、部分停电和不停电情况分别有第一种工作票、第二种工作票，如图7-11、图7-12所示。

（4）工作票的使用范围 第一种工作票的使用范围（停电作业）如下：

① 在高压电气设备（包括线路）上工作时，需要全部停电或部分停电。

② 在高压室内的二次接线和照明回路上工作时，需要将高压设备停电或采取安全措施。

第二种工作票的使用范围（带电作业）如下：

① 带电作业和在带电设备外壳（包括线路）上工作。

② 在控制盘、低压配电盘、低压配电箱、低压电源干线（包括运行中的配电变压器台上或配电变压器室内）上工作。

1．工作负责人（监护人）：
2．工作班人员：　　　　　　　　　　　　　　　　　　　　　　　共　　人
3．工作内容： 　　工作地点：
4．计划工作时间：　年　月　日　至　年　月　日

5．安全措施：（应做）	已执行
工作票签发人签名： 收到工作票时间：＿＿＿＿＿＿＿＿ 值班负责人签名：	工作许可人签名： 值班负责人签名：

6．许可开始工作时间：年　月　日　时　分 　　工作负责人签名：　　　　　工作许可人签名：
7．工作负责人变动： 　　原工作负责人＿＿＿＿＿＿变更为＿＿＿＿＿为工作负责人； 　　变动时间：　年　月　日　时　分 　　工作票签发人签名：
8．工作票延期，有效期延长到：　年　月　日　时　分 　　工作负责人签名：　　　　值班负责人签名：
9．工作结束：值班工作人员已全部撤离，现场已经清理完毕。 　　全部工作于　年　月　日　时　分结束。 　　工作负责人签名：　　　　工作许可人签名： 　　接地线共　　组已拆除。　　值班负责人签名：
10．备注：

注：1．此工作票一式二份，一份由工作负责人收执，另一份由值班员收执。
　　2．工作票要用钢笔或圆珠笔填写，禁止涂改，保存期限一年。

图 7-11　第一种工作票

1．工作负责人（监护人）： 　　工作班人员：
2．工作内容：
3．计划工作时间：自　年　月　日　时 　　　　　　　　　至　年　月　日　时
4．工作条件（停电或不停电）：
5．注意事项（安全措施）：
6．许可开始工作时间：　年　月　日　时 　　工作许可人签名：　　　　工作负责人签名：
7．工作结束时间：年　月　日　时 　　工作负责人签名：　　　　工作许可人签名：
8．备注：

注：1．此工作票一式二份，一份由工作负责人收执，另一份由值班员收执。
　　2．工作票要用钢笔或圆珠笔填写，禁止涂改，保存期限一年。

图 7-12　第二种工作票

③ 在二次接线回路上工作，无需将高压设备停电。

④ 在转动中的发电机、同期调相机的励磁回路或高压电动机转子电阻回路上工作。

⑤ 非当班、值班人员用绝缘棒和电压互感器定相或用钳形电流表测量高压回路的电流。

（5）工作票的各责任人职责　工作票明确了工作票签发人、工作负责人（监护人）、工作许可人、工作班成员，约束各责任人员必须各自完全按规定操作。

① 工作票签发人职责：评估工作必要性；评估工作是否安全；检查工作票上所填安全措施是否正确完备；评估所派工作负责人和工作班成员是否适当和足够，精神状态是否良好。

② 工作负责人（监护人）职责：根据工作任务，正确、安全地组织工作；结合实际进行安全思想教育；督促、监护工作人员遵守安全规程；负责检查工作票所列安全措施是否正确完备和值班员所采取的安全措施是否符合现场实际条件；工作前对工作人员交代安全事项；工作班人员变动是否合适。

③ 工作许可人职责：负责审查工作票所列安全措施是否正确完备，是否符合现场条件；工作现场布置的安全措施是否完善；负责检查停电设备有无突然来电的危险；对工作票中所列内容即使发生很小疑问，也必须向工作票签发人询问清楚，必要时应要求作详细补充。

④ 值班班长职责：负责审核工作的必要性和检修工期是否与批准期限相符，工作票所列的安全措施是否正确完备。

⑤ 工作班成员职责：实施工作票所列工作内容，认真执行电气作业规程和现场安全措施，互相关心施工安全，并监督作业规程和现场安全措施的实施。

2．工作许可制度

（1）工作许可制度　凡在电气设备上进行停电或不停电的工作，事先都必须得到工作许可人的许可，并履行许可手续后方可工作的制度，称为工作许可制度。未经工作许可人许可，一律不准擅自进行工作。

（2）工作许可人应完成的工作

① 审查工作票。必要时应要求作详细补充或重新填写。

② 布置安全措施。现场逐一布置安全措施。

③ 检查安全措施。会同工作负责人现场检查以及提出注意事项。

④ 签发许可工作。会同工作负责人分别在工作票上签名。

注意1：工作许可手续是逐级许可的，即工作负责人从工作许可人那里得到工作许可后，工作班成员只有得到工作负责人许可工作的命令后方可开始工作。

注意2：工作负责人、工作许可人任何一方不得擅自变更安全措施；工作中如有特殊情况需要变更，应事先取得对方的同意。

3．工作监护制度

（1）工作监护制度　工作人员在工作过程中，工作负责人（监护人）必须始终在工作现场，对工作人员的安全认真监护，及时纠正违反安全的行为和动作的制度，称为工作监护制度。

工作监护制度目的是：使工作人员在工作过程中有人监护、指导，以便及时纠正一切不安全的动作和错误做法，特别是在靠近带电部位及工作转移时更为重要。工作监护制度是保证人身安全及操作正确的主要措施。

（2）监护工作的内容

① 部分停电时，监护所有工作人员的活动范围，使其与带电部分之间保持不小于规定的安全距离。

② 带电作业时，监护所有工作人员的活动范围，使其与接地部分保持安全距离。

③ 监护所有工作人员是否正确使用工具，工作位置是否安全，操作方法是否得当。

（3）监护工作要点

① 工作负责人应熟悉现场的情况，应有电气工作的实际经验，其安全技术等级应高于操作人员。

② 工作负责人应有高度的责任感，并履行监护职责。从工作一开始，工作监护人就要对全体工作人员的安全认真监护，发现危及安全的动作立即提出警告和制止，必要时可暂停工作。

③ 工作负责人必须始终在工作现场，对工作人员的安全认真监护。工作负责人因事离开现场，必须指定临时监护人。在工作地点分散，有若干个工作小组同时进行工作，工作负责人必须指定工作小组监护人。

④ 对有触电危险、施工复杂、容易发生事故的工作，工作票签发人或工作负责人（监护人），应根据现场的安全条件、施工范围、工作需要等具体情况，增设专人监护并批准被监护的人数。专人监护只对专一的地点、专一的工作和专门的人员进行特殊监护，因此，专责监护人员不得兼做其他工作。监护人数可以是 1~6 人，视工作性质与危害性而定。

4. 工作间断、转移和终结制度

工作间断、工作转移和工作全部完成后应遵守的制度称为工作间断转移和终结制度。

（1）工作间断制度　电气工作在当日内工作间断时，工作班人员应从工作现场撤出，所有安全措施保持不动，工作票仍由工作负责人保存；间断后继续工作，无须通过工作许可人许可。隔日工作间断时，当日收工，应清扫工作现场，开放已封闭的通路，并将工作票交回值班员处；次日复工时，应得到值班员许可，取回工作票，工作负责人必须事前重新认真检查安全措施，合乎要求后方可工作。

若无工作负责人或监护人带领，工作人员不得进入工作地点。

（2）工作转移制度　在同一电气连接部分用同一工作票依次在几个工作地点转移工作时，工作负责人应向工作人员交代带电范围、安全措施和注意事项，尤其应该提醒新的工作条件的特殊注意事项。

（3）工作终结制度　全部工作完毕后，工作班应清扫、整理现场。工作负责人应先周密检查，待全体工作人员撤离工作地点后，再向值班人员讲清所修项目、发现的问题、试验结果和存在问题等，并与值班人员共同检查设备状况、有无遗留物件、是否清洁等，然后在工作票上填写工作终结时间，经双方签名后，工作票方告终结。

工作负责人（包括小组负责人）命令拆除接地线（线路上工作地点的接地线由工作班组装拆）后，应即认为线路带电，不准任何人进行任何工作。

第三节　安全用电管理

人类离不开电，但电又存在危险性。人们制定各类电气安全标准规范、采取安全防护技术措施、实施有效的组织管理，使电在输送、分配、转换、释放过程中，始终处于可控状态，避免电能失控引发电气事故，保障用电安全。

一、安全用电的基本要素

1. 电气绝缘

保持电气线路和设备的绝缘性能良好，是保证人身安全和电气线路及设备正常运行的最基本要素。维护电气线路及设备自身的绝缘结构完整，同时避免环境高温、潮湿、酸碱等因素加速绝缘老化、损害，防止受外力机械损伤。

绝缘安全用具是保障电气作业安全的重要防护工具，应按要求定期检测、维护安全用具，确保安全完整性及绝缘性能，作业过程中必须规范、正确使用绝缘安全用具。

电气绝缘的性能是否良好，可通过测量其绝缘电阻、耐压强度、泄漏电流和介质损耗等参数来衡量。

2. 安全间距

在电气线路及设备的安装敷设中，应符合带电体与带电体、带电体与地之间、带电体与环境设施及建筑间的安全间距；电气设备内部连接时，应注意接线端子连接规范，保持绝缘体表面清洁，避免造成电气间隙、爬电距离不足，导致绝缘击穿、漏电危害。

在检维修作业、设备操作中，严格遵守作业间距，并按要求设置屏护（障），保证安全间距，避免意外接触导电体、间隙击穿放电、绝缘阻抗不足漏电、机械装置碰触以及电流热效应等对人体造成伤害的危险性。

3. 安全载流量

导体的安全载流量，是基于电气线路及设备绝缘材料允许承受的电流热效应，同时与导线敷设方式、环境温度等有关。通过导体电流过大，热效应增加，导致温度超过绝缘材料安全值，加速绝缘老化及降低绝缘性能，甚至导致绝缘材料热击穿损坏。因此，不应随意增加线路负荷、随意过载运行电气设备；不得减小规定的导体截面积，降低导体质量；同时，设置线路及设备电流监测、过电流保护，避免危险热效应导致电气事故。

具体参数可按 GB/T 16895.6—2014（IEC 60364-5-52）、GB/T 12706.1—2020、GB 50056—1993及相关专业标准执行。

4. 安全标志

人的不安全行为是各类事故发生的主要原因。规范设置安全标志、使用安全色，能及时警示、指引人员的行为，可有效地避免电气施工、检修作业以及设备操作中的违章、大意、误操作行为。

设置屏障配合，能获得安全作业条件与环境，有效避免第三方干扰及伤害第三方。

二、安全用电技术路线

1. 准确划分环境

不同环境对电气线路及系统、电气作业安全防护有不同的要求。在电气线路及系统选型、配置、安装、使用维护中，具有对环境的选择性。只有确认环境恰当，准确配置电气设备、线路及安全防护，才能获得人、机、环境的协调，保障用电安全。

用电环境，一般可分为以下几种类型。

（1）触电危险性不大的环境　具备下述三个条件者，可视为触电危险性不大的环境。

① 干燥（相对湿度不超过75%），无导电性粉尘。

② 金属物品少（或金属占有系数＜20%）。

③ 地板由非导电性材料（如木材、沥青、瓷砖等）制成。

（2）触电危险性大的环境　凡具备下述条件之一者，即可视为触电危险性大的环境。

① 潮湿（相对湿度大于75%）。

② 有导电性粉尘。

③ 金属占有系数＞20%。

④ 地板由导电性材料（如泥、砖、钢筋混凝土等）制成。

（3）有高度触电危险的环境　凡具备下述条件之一者（或同时具备触电危险性大的环境条件中任意两条者），即可视为有高度触电危险的环境。

① 特别潮湿（相对湿度接近100%）。

② 有腐蚀性气体、蒸气或游离物存在。

（4）有火灾危险的环境

① 生产、使用、加工、储存或转运闪点高于场所环境温度的可燃液体的场所。

② 存在悬浮状、堆积状可燃粉尘、可燃纤维的场所。

③ 有固体状可燃性物质，虽未形成爆炸性混合物，但在可燃性物质数量和配置上，可能引起火灾的场所。

（5）有爆炸危险的环境　凡具备下述条件之一者，即可视为有爆炸危险的环境。

① 制造、处理和储存爆炸性物质。

② 能产生爆炸性混合气体或爆炸性粉尘。

2. 合理选配与安装电气系统

按照国家有关电气安全标准规范，如 GB 19517—2023《国家电气设备安全技术规范》、GB/T 4208—2017《外壳防护等级（IP 代码）》、GB/T 16895.1—2008《低压电气装置　第 1 部分：基本原则、一般特性评估和定义》、GB/T 17045—2020《电击防护　装置和设备的通用部分》、GB/T 3836《爆炸性环境》、GB 50058—2014《爆炸危险环境电力装置设计规范》，以及相关安装、施工规范等，选用、安装与环境相适应的电气设备，避免因电气系统质量、类型及施工不规范导致的安全隐患。例如：

① 触电危险性不大的环境，可选用开启式配电板和普通型电气设备；使用Ⅱ类电动工具或配有漏电保护装置的Ⅰ类电动工具。

② 触电危险性大的环境，必须选用封闭式动力、照明箱（柜），使用Ⅱ类电动工具。

③ 有高度触电危险的环境，必须选用封闭式动力、照明箱（柜），使用Ⅲ类电动工具或配有漏电保护装置的Ⅱ类电动工具。禁止使用Ⅰ类电动工具。

④ 在有水、粉尘、异物侵入危害及有触及危害的场合，应采用借助外壳防护（IP 标识设备）的电气设备。

⑤ 有火灾危险性环境，应保持电气线路及设备与环境的间距、规范配置阻燃线路与材料，特别谨慎选用大功率电气设备、加热设备、照明灯具等。

⑥ 有爆炸危险的环境，必须选用保护等级相当的防爆电气设备并按规范配置布线系统，严格实施防爆场所的相关安装规范，构建整体防爆系统。

⑦ 按场所危险性，依据电气安全标准分类配电。例如，医院急救等场所采取 IT 系统，爆炸危险场所采取 TN-S 系统，水下、潮湿环境采取安全电源等措施。

⑧ 施工现场等临时用电场所，严格执行 GB 50194—2014《建设工程施工现场供用电安全规范》、JGJ 46—2005《施工现场临时用电安全技术规范（附条文说明）》以及 GB/T 3787—2017《手持式电动工具的管理、使用、检查和维修安全技术规程》等标注。

3. 完善安全检测、保护装置

（1）漏电保护装置　按照《漏电保护器安全监察规定》规定，"凡触电、防火要求较高场所和新、改、扩建工程使用各类低压用电设备、插座，均应安装漏电保护器"。装设漏电保护装置的主要作用是：首先防止由于漏电引起人身触电，其次防止由于漏电引起的设备火灾以及监视、切除电源一相接地故障。

（2）电气安全联锁装置　凡以安全为目的，互为制约动作的电气装置，称为电气安全联锁装置。存在触电危险的装置、部位设置防触电事故联锁装置；存在因设备故障而引起电气事故的电气设备或线路中设置排除电路故障联锁装置；存在生产工艺程序化、预防事故程序要求的线路中设置电气闭锁装置（执行工作安全程序联锁装置）。

（3）信号检测、报警及联锁装置　对重要设备、装置应实时掌握其运行状态，对于重要场所、危险场所的重要参数、危险参数需掌握其动态变化，可利用热电、光电、气敏、超声等现代传感检测手段，构成先进的检测报警、联锁装置，消除危害因素，排除故障，避免事故发生。

4. 保持接地系统安全完整

依据 GB/T 16895.3—2017《低压电气装置　第 5-54 部分：电气设备的选择和安装　接地配置和保护导体》、GB 14050—2008《系统接地的型式及安全技术要求》、GB 50054—2011《低压配电设计规范》、GB 50057—2011《建筑物防雷设计规范》、GB 50194—2014《建设工程施工现场供用电安全规范》、GB 50058—2014《爆炸危险环境电力装置设计规范》以及静电防护、电磁屏蔽等标准规范，完善配置保护接地系统、实施等电位联结，定期进行接地系统检测、维护，保持系统的完好性、可靠性、有效性，是防止触电、电气火灾、爆炸事故的有效措施。

5. 维护电气系统安全运行

在电气系统使用与运行中，由于作业人员危害线路及设备的操作行为与方式（如违规操作、长期重载运行等）、各种环境因素的影响（如温度与潮湿导致绝缘性能降低，酸碱伤害绝缘材料，振动导致接触不良、导线损伤等）、电气系统自身的生命周期等，均会导致电气系统的功能性、安全性降低。

加强电气安全检查，及时发现安全隐患及时整改；遵守安全操作规程，防止误动作；定期巡查和维护电气系统，保持设备、线路结构与绝缘完好；定期检测电气系统电气连接性、绝缘性，及时采取措施恢复要求的技术指标；按规范检测、试验安全防护装置，保持动作有效、可靠；检查环境条件及保护措施，清除环境不利因素，保持线路及设备的清洁、安全；保持电气系统额定运行，避免过载过电流等。

三、临时用电组织管理

电源电压等级能导致触及者人身伤亡，属于短期使用而不宜按正规要求安装的动力、照明、试验等线路统视为临时线路。采用临时线路供电的称为"临时用电"。

根据不同的用电需求，有不同的用电时间限制。需要注意：超过6个月的用电，不能视为临时用电，必须按相关工程设计规范配置线路。

临时用电因线路、环境、设备及操作人员等众多因素，导致电气事故的风险很大。GB 50194—2014《建设工程施工现场供用电安全规范》、JGJ 46—2005《施工现场临时用电安全技术规范（附条文说明）》对临时用电组织管理及安全技术措施作出了明确要求。

1. 临时用电审批管理

施工现场临时用电设备在5台及以上或总量超过50kW的临时用电工程，需要编制临时用电施工组织设计和安全用电技术措施，必须经审核、批准，合格后方可投入使用。

编制项目包括配电系统设计、施工组织、安全措施、人员管理、安全技术档案等。

临时用电审批管理制度包括临时用电许可证审批、临时用电许可证取消、临时用电许可证变更、临时用电许可证期限和临时用电许可证分发。

2. 临时用电三原则

（1）采用三级配电系统　临时用电采用三级配电系统：总配电箱-分配电箱-开关箱，如图7-13所示。

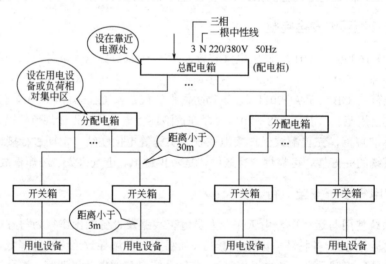

图7-13　临时用电三级配电系统

并遵守：分级分路规则，逐级向下分支，实现"一机一闸"，每个开关箱只对一台设备配电；分配电箱与开关箱间距不超过30m，开关箱与设备间距不超过3m；动力配电箱与照明配电箱分设，分配电箱可共用但必须分路配电，开关箱必须分设。

（2）采用TN-S保护系统　在临时用电场所，配电系统必须采用TN-S保护系统，N线与PE线分设，PE线应实施多点重复接地，电气设备实施保护接零并配置漏电保护装置作为自动电源开关，如图7-14所示。

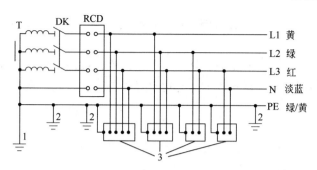

图 7-14　临时用电 TN-S 保护系统

（3）采用二级漏电保护措施　在总配电箱与开关箱的首末端分设漏电保护装置，合理设置动作电流参数，实行分级分段保护，如图 7-15 所示。

3. 线路及设备配置与防护

保持配电箱、开关箱环境安全，既不对环境产生危险又不对配电系统有危害。临时用电的配电盘（箱）应有安全警示标识，盘、箱、门应能牢靠关闭并能上锁。

临时用电现场可能对线路构成潜在危险，线缆选择与敷设应避免机械损伤和介质腐蚀。临时用电线路必须使用绝缘良好的橡皮线，线径必须与负荷相匹配。

线路敷设需要做好相应防护措施，采用埋地或架空敷设，严禁沿地面明设。接头包扎可靠、全线无裸露。

在临时用电现场，手持式或移动式电气设备多，环境差，应注意环境对设备的影响，电气设备防护类型、外壳防护 IP 等级满足现场环境要求；保持足够的安全间距以及设置屏障。

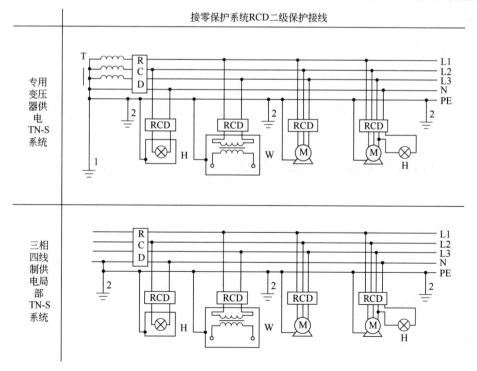

图 7-15　TN-S 系统 RCD 二级保护接线

火灾爆炸危险场所应使用相应防爆等级的电气线路及系统，并采取相应的防爆安全措施。

确保接地系统的规范性、安全完整性、电气连续性，接地电阻符合规范要求。保护零线应单独敷设，不作他用。施工现场内的所有电气设备的金属外壳必须与专用保护零线连接。

4. 安全照明

现场照明选用额定电压为 220V 及以下的照明灯具，禁止使用碘钨灯。室外灯具距地面不得低于 3m，室内灯具距地板不得低于 2.4m。

隧道、人防工程，有高温、导电灰尘或灯具离地面高度低于 2.4m 等场所的照明电源电压应不大于 36V；在潮湿和易触及带电体场所的照明电源电压不得大于 24V。在特别潮湿的场所，导电良好的地面或金属容器内工作的照明电源电压不得大于 12V。

照明灯具的金属外壳必须做保护接零。单相回路的照明开关箱（板）内必须装设漏电保护装置。

5. 规范用电检查维护

实施临时线路架设申请制度。临时线路的装设，应先办申请手续，经同意后由专业电工安装，不应私自安装或先装后审批。严禁私拉乱接电线，随意挪动电气设备。

外来施工单位需要使用临时用电线路的，由项目的责任单位（牵头单位）负责督促施工单位按规定办理审批手续，项目的责任单位（牵头单位）负责对临时线路的安全性进行检查。

临时用电线路安装必须满足安全要求，施工现场禁止使用插头插座连接电气设备。使用单位负责悬挂警示标志牌，有专人维护检查线路与设备状况，保持线路及设备的绝缘与接地系统结构完好性、电气连续性等要求。

维护电气系统的额定运行，避免过载过电流、避免电气火花。禁止随意增加负荷、更换熔断器等违规行为。

严格执行手持式电动工具、移动式电气工具的使用、操作、维护规范，保持安全完整性要求。

临时用电结束后，临时用电许可证自动失效。作业结束后应及时拆除临时线路及设备，使用单位应及时办理作业终结手续。不得未经许可延长临时用电时间。

四、手持式电动工具的使用管理

手持式电动工具应按照 GB/T 3787—2017《手持式电动工具的管理、使用、检查和维修安全技术规程》、GB/T 3883.1—2014《手持式、可移动电动工具和园林工具的安全 第 1 部分：通用要求》以及 GB/T 13869—2017《用电安全导则》等相关规定实施管理、使用与维护。

1. 管理

对手持式电动工具的管理，主要有以下几个内容。

① 检查工具是否具有国家强制认证标志、产品合格证和使用说明书。

② 监督、检查工具的使用和维修。

③ 对工具的使用、保管、维修人员实施安全技术教育和培训。

④ 使用单位应建立工具使用、检查和维修的技术档案。

⑤ 根据相关标准和工具产品使用说明书以及实际使用条件，制定相应的安全操作规程，操作规程的内容至少应包括：工具的允许使用范围；工具的正确使用方法和操作程序；有使用前着重检查的项目和部位，以及使用中可能出现的危险和相应的防护措施；操作人员的注意事项。

2. 使用

（1）一般规定

① 工具使用前，操作人员应熟悉工具的使用说明和安全操作规程，详细了解工具的性能，掌握正确使用方法。

② Ⅰ类工具电源线的绿/黄双色线在任何情况下只能用作 PE 线。

③ 工具电源不得任意接长或拆换，电源离工具操作点距离远而电源线不够长时，应采用耦合器进行连接。

④ 工具的危险运动零部件防护装置（防护罩、盖）不得任意拆装。

⑤ 使用前，操作人员应采用必要的防护，操作时须佩戴防护用品，根据使用情况，使用面罩、安全护目镜，或者戴上防尘面具、听力保护器、手套和穿上能阻挡小磨料或者工具碎片的工作裙。

（2）工具应用场合划分

① 一般作业场所，可使用Ⅱ类工具；在潮湿作业场所或金属构架上等导电性能良好的作业场所，应使用Ⅱ类或Ⅲ类工具。

② 在锅炉、金属容器、管道内等作业场所，应使用Ⅲ类工具或在电气线路中装设额定剩余动作电流不大于 30mA 的剩余电流动作保护器的Ⅱ类工具。

（3）使用条件

① 在一般场所使用Ⅰ类工具，还应在电气线路中采用剩余电流动作保护器、隔离变压器等保护措施，其中剩余电流动作保护器的额定剩余动作电流的要求见 GB 3883.1—2014 的规定。

② Ⅲ类工具的安全隔离变压器，Ⅱ类工具的剩余电流动作保护器及Ⅱ、Ⅲ类工具的电源控制箱和电源耦合器等应放在作业场所的外面，在狭长作业场所操作时，应有人在外监护。

③ 在温热、雨雪等作业场所，应使用具有相应防护等级的工具。

④ 当使用带水源的电动工具时，应装设剩余电流动作保护器，额定剩余动作电流和动作时间的要求见 GB 3883.1—2014 的规定。注意：剩余电流动作保护器应安装在不易拆除的地方。

（4）插头和插座

① 工具电源线上的插头不得任意拆除或调换。

② 工具的插头、插座应按规定正确接线，插头、插座中的保护接地在任何情况下只能单独连接 PE 线，严禁在插头、插座内用导线直接将 PE 线与 N 线连接起来。

3. 检查、维修

（1）日常检查 工具在出入库时，保管人员应进行一次日常检查。使用前，使用者应进行日常检查。工具的日常检查至少应包括以下项目。

① 是否有产品认证标志及定期检查合格标志。

② 外壳、手柄是否有裂缝或破损。

③ PE 线联结是否完好无损。

④ 电源线是否完好无损。

⑤ 电源插头是否完好无损。

⑥ 电源开关有无缺损、破裂，其动作是否正常、灵活。

⑦ 机械防护装置是否完好。

⑧ 工具转动部分是否转动灵活、轻快，有无阻滞现象。

⑨ 电气保护装置是否良好。

（2）定期检查　工具使用单位应有专职人员进行定期检查。

定期检查要求：每年至少检查一次；在温热和常有温度变化的地区或使用条件恶劣的地方还应相应缩短检查周期；在梅雨季节前应及时进行检查。

工具的定期检查项目，除定期检查记录表 7-1 所示项目以外，还应测量工具的绝缘电阻。绝缘电阻应不小于表 7-1 中规定。

表 7-1　定期检查记录表

单位名称			制造单位			
工具名称			制造日期		年　月　日	
型号规格		出厂编号		工具编号		
管理部门		工具类别	类	检查周期	月	
检查记录						
序号	检查项目名称	检查要求	□定期	□定期	□定期	□定期
1	标志检查	认证标志，产品合格证或检查合格标志				
2	外壳、手柄检查	完好无损				
3	电源线、保护接地线检查	完好无损				
4	电源插头检查	完好无损，连接正确				
5	电源开关检查	动作正常、灵活、轻快、无缺损破裂				
6	机械防护装置检查	完好				
7	工具转动部分	转动灵活、轻快、无阻滞现象				
8	电气保护装置	良好				
9	绝缘电阻测量	≥MΩ（见表 7-2 中限值要求）				
检查结论						
检查责任人（签字）						
检查日期			月　日	月　日	月　日	月　日
下次检查日期			月　日	月　日	月　日	月　日

表 7-2　被试绝缘检查最低数值

被试绝缘	
带电部分与壳体之间	绝缘电阻/MΩ
基本绝缘	2
加强绝缘	7
带电部分与Ⅱ类工具中仅用基本绝缘与带电体隔离的金属零件间	2
Ⅱ类工具中仅用基本绝缘与带电部分隔离的金属零件与壳体之间	5

（3）检查后处置

① 经定期检查合格的工具，应在工具的适当部位粘贴检查合格标志，标志内容应包括工具编号、检查单位名称或标记、检查人员姓名或标记、有效日期。

② 长期搁置不用的工具，在使用前应测量其绝缘电阻。如果绝缘电阻小于表 7-2 中规定的数值，应进行干燥处理，经检查合格、粘贴上"合格"标志后，方可使用。

③ 工具如有绝缘损坏、电源线保护套破裂、PE 线脱落、插头插座开裂或有损于安全的机械损伤等故障时，应立即进行修理。在修复前不得继续使用。

④ 使用单位和维修部门不得任意改变工具的原设计参数，不得采用低于原材料性能的代用材料和与原有规格不符的零部件。

⑤ 在维修作业中，工具内的绝缘衬垫、套管等不得任意拆除或漏装，工具的电源线不得任意调换。

⑥ 对不能修复或修复后仍达不到应有的安全技术要求的工具，必须办理报废手续并采取隔离措施。

思考题

1. 电气安全管理的任务、目标、依据是什么？
2. 电气安全管理的主要工作内容是什么？
3. 电气安全检查的目的、主要内容是什么？
4. 电气安全检查一般要求是什么？
5. 电气安全事故分析的目的是什么？
6. 隐患整改的"四定"是什么？
7. 在停电检修电气作业前，应实施的安全规范是什么？
8. 电气作业组织管理制度主要有哪几个制度？分别起何作用？
9. 用电安全的基本要素有哪些？
10. 简述安全用电的技术路线。
11. 何为临时用电？需要实行何种管理？主要执行的国家标准是什么？
12. 简述临时用电三原则。
13. 手持式电动工具的管理使用应遵守的国家标准是什么？

附录A　防爆电气检查维护检查表

GB/T 3836.16—2017《爆炸性环境：第16部分　电气装置的检查与维护》检查表，见附表1～附表4。

附表1　Ex"d"、"e"、"n"装置检查一览表
（D—详细检查，C—一般检查，V—目视检查）

		检查项目		Ex "d"			Ex "e"			Ex "n"		
				检查等级								
				D	C	V	D	C	V	D	C	V
A 设备	1	设备适合于EPL/安装区域要求		×	×	×	×	×	×	×	×	×
	2	设备类别、温度组别正确		×	×		×	×		×	×	
	3	设备电路标识正确		×			×			×		
	4	设备电路标识清晰		×	×		×	×		×	×	
	5	外壳、透明件及透明件与金属密封垫和/或胶黏剂符合要求		×	×	×	×	×		×	×	
	6	不存在未经批准的修改		×			×			×		
	7	不存在可见的未经批准的修改			×	×		×	×		×	×
	8	螺栓、电缆引入装置（直接或间接引入）和封堵件的类型正确、完整并紧固	物理检查	×	×		×	×		×	×	
			目视检查			×			×			×
	9	法兰表面清洁、无损坏，衬垫（如有）良好		×								
	10	法兰间隙尺寸在允许的最大尺寸范围内		×	×							
	11	灯具光源额定值、型号和位置正确		×			×			×		
	12	电气连接件安装牢固					×			×		
	13	外壳衬垫状态良好					×			×		
	14	封闭式断路器装置和气密型装置无损坏、限制呼吸外壳良好								×		
	15	电动机风扇与外壳和/或外罩之间有足够的间距		×			×			×		
	16	呼吸和排液装置良好		×	×		×	×		×	×	
B 安装	1	电缆型号合适		×			×			×		
	2	电缆无明显损坏		×	×	×	×	×	×	×	×	×

续表

检查项目			Ex "d"			Ex "e"			Ex "n"		
			检查等级								
			D	C	V	D	C	V	D	C	V
B 安装	3	线槽、管道、管线和/或导管密封良好	×	×	×	×	×	×	×	×	×
	4	填料盒和电缆盒正确地填充	×								
	5	保持导管系统及其与混合系统的连接完整	×			×			×		
	6	接地连接件，包括附加的等电位接地连接件满足要求（例如：连接牢固、导线截面足够） 物理检查	×			×			×		
		目视检查		×	×		×	×		×	×
	7	故障回路电阻（TN 系统）或接地电阻（IT 系统）满足要求	×			×			×		
	8	绝缘电阻满足要求				×			×		
	9	电气自动保护装置在允许范围内动作				×			×		
	10	电气自动保护装置整定正确（不能自动复位）				×			×		
	11	符合特定使用条件（如果适用）	×			×			×		
	12	不用的电缆正确端接	×			×			×		
	13	接近隔爆法兰接合面的障碍物符合 IEC 60079-14 规定	×	×	×				×		
	14	各种电压和频率符合文件要求	×	×		×			×	×	
C 环境	1	设备适应防腐、气候防护、防止振动和其他不利条件	×	×	×	×	×	×	×	×	×
	2	无粉尘和污物的过度堆积	×	×	×	×	×	×	×	×	×
	3	电气绝缘清洁干燥				×			×		

注 1：通用：对于利用两种防爆形式 "e" 和 "d" 电气设备的检查为两栏目的组合。

　　2：项 B7 和项 B8：当使用电气检查设备时要考虑设备附近可能出现爆炸性环境的可能性。

附表 2：Ex "i"、"iD"、"nL" 装置检查一览表

（D—详细检查，C—一般检查，V—目视检查）

检查项目			检查等级		
			D	C	V
A 设备	1	电路和或设备的文件符合 EPL/安装区域要求	×	×	×
	2	安装的设备是文件所规定的设备——仅指固定式设备	×	×	
	3	电路和/或电气设备类别和组别正确	×	×	
	4	设备温度组别正确	×	×	
	5	装置标牌清楚	×	×	
	6	外壳、透明件及透明件与金属密封垫和/或胶黏剂符合要求	×		
	7	不存在未经批准的修改	×		
	8	不存在可见的未经批准的修改		×	×
	9	安全栅、继电器和其他限能装置为批准的类型，按证书的要求安装，需要的地方安全接地	×	×	×
	10	电气连接件安装牢固	×		
	11	印制电路板清洁无损坏	×		

检查项目			检查等级		
			D	C	V
B安装	1	电缆按文件要求安装	×		
	2	电缆屏幕按文件要求接地	×		
	3	电缆无明显损坏	×	×	×
	4	线槽、管道、管线和/或导管密封良好	×	×	×
	5	点与点的连接均正确	×		
	6	非电流隔离电路接地连续性良好（例如连接牢固、导线截面足够）	×		
	7	接地连接件保持防爆形式的完整性	×	×	×
	8	本安电路接地和绝缘电阻满足要求	×		
	9	在公用配电箱或继电器盒内本安电路和非本安电路之间保持隔离	×		
	10	如果适用，电源短路保护符合文件要求	×		
	11	符合特别规定使用条件（如适合）	×		
	12	不用的电缆正确端接	×		
C环境	1	设备适应防腐、气候防护、防止振动和其他不利条件	×	×	×
	2	外部无粉尘和污物的过度堆积	×	×	×

附表3：Ex"p"、"pD"装置检查一览表
（D—详细检查，C——一般检查，V—目视检查）

检查项目				检查等级		
				D	C	V
A设备	1	设备适合于EPL/安装区域要求		×	×	×
	2	设备类别正确		×	×	
	3	设备温度组别或表面温度正确		×	×	
	4	设备电路标识正确		×		
	5	设备电路标识清晰		×	×	×
	6	外壳、透明件及透明件与金属密封垫和/或胶黏剂符合要求		×	×	×
	7	不存在未经批准的修改		×		
	8	不存在可见的未经批准的修改			×	×
	9	灯具光源的额定值、型号和位置正确		×		
B安装	1	电缆型号正确		×		
	2	电缆无明显损坏		×		
	3	接地连接件、附加的等电位接地连接件良好（例如：连接牢固、导线截面足够）	物理检查	×		
			目视检查		×	×
	4	故障回路电阻（TN系统）或接地电阻（IT系统）满足要求		×		
	5	电气自动保护装置在允许范围内动作		×		
	6	电气自动保护装置整定正确		×		

续表

检查项目			检查等级		
			D	C	V
B 安 装	7	保护气体进气口温度低于规定的最高值	×		
	8	管道、管线和外壳状态良好	×	×	×
	9	保护气体基本未受污染	×	×	×
	10	保护气体压力和/或流量合适	×	×	×
	11	压力和/或流量指示仪、报警器和联锁装置功能正常	×		
	12	危险场所排气管道中火花和火花颗粒挡板状态良好	×		
	13	符合特定使用条件（如果适用）	×		
C 环 境	1	电气设备适应防腐、气候防护、防止振动和其他不利条件	×	×	×
	2	外部无粉尘和污物的过度堆积	×	×	×

附表 4：Ex"tD"装置检查一览表

（D—详细检查，C——一般检查，V—目视检查）

检查项目				检查等级		
				D	C	V
A 设 备	1	设备适合于 EPL/安装区域要求		×	×	×
	2	设备的 IP 防护等级适合于粉尘情况		×	×	×
	3	设备最高表面温度正确		×	×	
	4	设备电路标识清晰		×	×	×
	5	设备电路标识正确		×		
	6	外壳、透明件及透明件与金属密封垫和/或胶黏剂符合要求		×	×	×
	7	不存在未经批准的修改		×		
	8	不存在可见的未经批准的修改			×	×
	9	螺栓、电缆引入装置和封堵件的类型正确、完整并紧固	物理检查	×	×	
			目视检查			×
	10	灯具光源的额定值、型号和位置正确		×		
	11	电气连接牢固		×		
	12	外壳衬垫状态良好		×		
	13	电动机风扇与外壳和/或外罩之间有足够的间距		×		
B 安 装	1	安装使粉尘积聚风险最小		×	×	×
	2	电缆型号合适		×		
	3	电缆无明显损坏		×	×	×
	4	线槽、管道、管线和/或导管密封良好		×	×	×
	5	接地连接件，包括附加的等电位接地连接件满足要求（例如：连接牢固、导线截面足够）	物理检查	×		
			目视检查		×	×
	6	故障回路电阻（TN 系统）或接地电阻（IT 系统）满足要求		×		

续表

	检查项目		检查等级		
			D	C	V
B 安 装	7	绝缘电阻满足要求	×		
	8	电气自动保护装置在允许范围内动作	×		
	9	符合特定使用条件（如果适用）	×		
	10	不用的电缆正确端接	×	×	
C 环 境	1	电气设备适应防腐、气候防护、防止振动和其他不利条件	×	×	×
	2	外部无粉尘和污物的过度堆积	×	×	×

附录B 电气火灾综合治理自查要点（节选）

国务院安委会办公室关于印发电气火灾综合治理自查检查要点及检查表的通知安委办函〔2017〕22号附件1：电气火灾综合治理自查检查要点

1. 建设工程施工过程

（1）产品选用和进场

① 选用的电缆、绝缘导线的材质、标称截面积、绝缘性能、电阻值应符合规范以及设计要求。

② 线缆 应按《建筑电气工程施工质量验收规范》（GB 50303）、《建筑节能工程施工质量验收规范》（GB 50411）规定抽检并合格。

③ 实行生产许可证或CCC的产品，应有生产许可证编号或CCC标志，重点检查低压配电柜、配电箱、控制箱（柜）、线缆、母线、开关、插座、照明灯具等产品的CCC标志。

④ 所有电气设备、器具和材料应有出厂合格证，重点检查槽盒、配电箱（柜）、线缆、母线、开关、插座、照明灯具的产品出厂合格证。

⑤ 电线导管进场应按规定抽查并合格。

（2）施工过程

① 每个设备或器具的端子接线不多于2根导线或2个导线端子。导线连接应在接线盒内，多股线线头连接应牢固可靠，铜铝过渡应使用专用铜铝过渡接头或搪锡。

② 电缆出入配电柜应采取保护措施。

③ 电缆出入梯架、托盘、槽盒应固定牢靠。

④ 塑料护套线应明敷，不应直接敷设在顶棚内、保温层内或可燃装饰面内，配线回路的绝缘电阻测试应符合要求。

⑤ 敷设在电气竖井内穿楼板处和穿越不同防火分区的梯架、托盘和槽盒（含槽盒内）应有防火封堵措施。

⑥ 灯具表面及其附件的高温部位靠近可燃物时应采取隔热、散热等防火保护措施。

⑦ 功率在 100W 及以上非敞开式灯具的引入线应采用瓷管、矿棉等不燃材料作隔热保护。

⑧ 安装在软包、木质材料上的暗装插座盒或开关盒应与饰面平齐，安装应牢固，绝缘导线不应裸露在装饰层内。

⑨ 安装在燃烧性能等级为 B1 级以下装修材料内的开关、插座等，必须采用防火封堵密封件或燃烧性能等级为 A 级的材料（例如石棉垫）隔绝。

⑩ 断路器保护开关额定容量应与配电线路载流量相匹配。

⑪ 固定安装的中央空调、电加热设备等大功率用电器具实际功率应与设计相符。

（3）施工管理

① 施工单位安装电工、焊工、电力系统调试人员应持证上岗，并按照作业规程组织施工，做好记录。

② 监理单位应有建筑电气工程专项监理方案，重点节点监理过程应有监理工作记录，并与工程进度相符合。

2. 工业企业生产场所

（1）电气线路和电气设备

① 电气线路、电气设备应选用具有生产许可证或 CCC 证书的电器产品，并与生产场所的火灾危险性相适应。

② 生产场所的电气线路、配电箱（柜）、生产设备的电气箱应保持完整、干净和状态良好。

③ 配电箱（柜）的选型、设置、安装应与使用场所的环境条件相适应，采用不燃材料制作。

④ 配电箱（柜）内电源开关、断路器等应采取防止火花飞溅的防护措施并保持完好，箱内各接线端子导线压接应规范、牢固，出线端接线数量及连接方式应符合要求。

⑤ 电气线路的敷设方式应规范、保护措施完好，导线绝缘层无破损、腐蚀、老化现象。

⑥ 敷设在可燃物上方或有可燃物的闷顶、吊顶内的电气线路，应采取穿金属管、密封槽盒等防火保护措施。

⑦ 电气线路不能与可燃液体、气体管道和热力管道敷设在同一管沟内。

⑧ 电气线路不能穿越通风管道，并避开高温潮湿部位。穿越楼板、墙体时应进行防火封堵。

⑨ 灯具的选型应与使用场所的环境条件相适应。

⑩ 开关、插座和照明灯具靠近可燃物时应采取隔热、散热等防火措施。

⑪ 电炉、电动机等用电设备应与周围可燃物保持安全距离。

⑫ 防雷、防静电设施应定期检查，接地电阻检测结果应符合规定。

⑬ 更换或新增电气设备时，应根据实际负荷重新校核、布置电气线路并设置保护措施。

（2）电气安全管理

① 电气线路敷设、电气设备安装和维修人员应具备相应职业资格证书。

② 企业应定期维护保养、检测电气线路和电器产品，并记录存档。

③ 企业应建立电气安全操作规程并组织员工培训，应制定电气火灾应急处置预案并组织定期演练。

3．物流仓储场所

（1）电气线路和电气设备

① 电气线路、电气设备应选用具有生产许可证或 CCC 证书的电器产品，并与物流仓储场所的火灾危险性相适应。

② 库区的每个库房应当在库房外单独安装电气开关箱，工作人员离开库房应拉闸断电。

③ 电表箱、配电箱（柜）应采用不燃材料制作，设置的短路、漏电等保护装置应完好有效，定期测试保护功能。

④ 配电箱内各接线端子导线压接应规范、牢固，接线端子接入导线数量不应超过 2 根。导线端部无变色、老化现象，金属裸露部分保护措施完好有效，箱内不应堆放杂物。

⑤ 电气线路的敷设方式应规范、保护措施完好，不应在导线上悬挂其他物品，导线绝缘层无破损、老化现象。

⑥ 开关、插座和照明灯具靠近可燃物时应采取隔热、散热等防火措施。

⑦ 库房内不应设置移动式照明灯具，灯具下方不应堆放物品，其垂直下方与储存物品的水平间距不应小于 0.5m。

⑧ 电动升降、卷扬设备及其操作开关、供电线路保护措施应完好。

⑨ 锂电池产品应储存在独立的防火分区库房内。

⑩ 防雷、防静电设施应定期检查，接地电阻检测结果应符合规定。

（2）电气安全管理

① 库房内不应使用电炉、电烙铁、电熨斗、电加热器等电热器具和电视机、电冰箱等家用电器。

② 库房内不应为以蓄电池为动力的作业设备、电动车、手机、充电宝等移动用电设备充电。

③ 库房内不应擅自拉接临时电线，不应停放电动车。

④ 电气线路敷设、电气设备安装和维修人员应具备相应职业资格证书。

⑤ 应定期维护保养、检测电气线路和电器产品，并记录存档。

⑥ 应制定电气安全操作规程并组织员工培训，应制定电气火灾应急处置预案并组织定期演练。

4．人员密集场所

（1）电气线路和电气设备

① 电气线路、电气设备应选用具有生产许可证或 CCC 证书的电器产品，并与人员密集场所的环境相适应。

② 电表箱、配电箱（柜）设置的短路、过负荷、漏电等保护装置应保持完好有效，应定期测试保护功能。

③ 配电箱内各接线端子导线压接应规范、牢固，接线端子接入导线数量不应超过 2 根。导线端部无变色、老化现象，金属裸露部分保护措施完好有效，箱内不应堆放杂物。

④ 电气线路敷设方式应规范、保护措施完好，不应在导线上悬挂其他物品，导线绝缘层无破损、老化现象。多股铜芯线头应拧紧、搪锡，铜铝过渡应使用专用铜铝过渡接头或搪锡。

⑤ 敷设在可燃物上方或有可燃物的闷顶、吊顶内的电气线路，应采取穿金属管、密封槽盒等防火保护措施。

⑥ 开关、插座和照明灯具靠近可燃物时应采取隔热、散热等防火措施。

⑦ 电热器具（设备）及大功率电器应与可燃物品保持安全距离，不应被可燃物覆盖。

⑧ 电缆井连通其他区域的孔洞防火封堵应完好，电缆井防火门应锁闭并保持完好。

⑨ 更换或新增电气设备时，应根据实际负荷重新校核、布置电气线路并设置保护措施。

⑩ 使用移动插座取电时，用电负荷应与既有电气线路安全负荷相匹配，不应违规使用大功率电气设备，不应擅自拉接临时电线。

（2）电气安全管理

① 营业结束时，应切断非必要电源。

② 场所内严禁超负荷用电，不应擅自拉接临时电线。

③ 不应在场所内为电动车充电，不应停放电动车。

④ 电气线路敷设、电气设备安装和维修人员应具备相应职业资格证书。

⑤ 应定期维护保养、检测电气线路和电器产品，并记录存档。

⑥ 应制定各类电气设备操作规程并组织员工培训，应制定电气火灾应急处置预案，并组织员工定期演练。

参考文献

[1] 乔新国编著，电气安全技术 [M]. 3 版. 北京：中国电力出版社，2015.

[2] 崔政斌，石跃武编. 现代生产安全技术丛书——用电安全技术 [M]. 2 版. 北京：化学工业出版社，2016.

[3] 李悦，杨海宽编. 石油化工安全培训系列教材——电气安全工程 [M]. 北京：化学工业出版社，2007.

[4] 杨岳主编. 电气安全 [M]. 3 版. 北京：机械工业出版社，2017.

[5] GB/T 17045—2020 电击防护 装置和设备的通用部分 [S].

[6] GB/T 13870 电流对人和家畜的效应系列标准 [S].

[7] GB/T 16895.21—2020 低压电气装置 第 4-41 部分：安全防护 电击防护 [S].

[8] GB/T 13869—2017 用电安全导则 [S].

[9] GB 19517—2023 国家电气设备安全技术规范 [S].

[10] GB/T 3805—2008 特低电压（ELV）限值 [S].

[11] GB/T 4208—2017 外壳防护等级（IP 代码）[S].

[12] GB/T 16895.3—2017 低压电气装置 第 5-54 部分：电气设备的选择和安装 接地配置和保护导体 [S].

[13] GB 50054—2011 低压配电设计规范 [S].

[14] GB 14050—2008 系统接地的型式及安全技术要求 [S].

[15] GB/T 50065—2011 交流电气装置的接地设计规范 [S].

[16] GB 50169—2016 电气装置安装工程 接地装置施工及验收规范 [S].

[17] GB/T 3836 爆炸性环境用防爆电气设备系列标准 [S].

[18] GB 50257—2014 电气装置工程 爆炸和火灾危险环境电气装置施工及验收规范 [S].

[19] GB 50058—2014 爆炸危险环境电力装置设计规范 [S].

[20] AQ 3009—2007 危险场所电气防爆安全规范 [S].

[21] GB/T 3883.1—2014 手持式、可移式电动工具和园林工具的安全 第 1 部分：通用部分 [S].

[22] GB 50150—2016 电气装置安装工程 电气设备交接试验标准 [S].

[23] GB 50060—2008 3～110kV 高压配电装置设计规范 [S].

[24] GB/T 16895.1—2008 低压电气装置 第 1 部分：基本原则、一般特性评估和定义 [S].

[25] JGJ 46—2005 施工现场临时用电安全技术规范（附条文说明）[S].

[26] GB/T 16895.5—2012 低压电气装置 第 4-43 部分：安全防护过流保护 [S].

[27] GB/T 6829—2017 剩余电流动作保护器（RCD）的一般要求 [S].

[28] GB/T 13955—2017 剩余电流动作保护装置安装和运行 [S].

[29] GB/T 16895.33—2021 低压电气装置 第 5-56 部分：电气设备的选择和安装 安全设施 [S].

[30] GB 12158—2006 防止静电事故通用导则 [S].

[31] GB 13348—2009 液体石油产品静电安全规程 [S].

[32] GB 50813—2012 石油化工粉体料仓防静电燃爆设计规范 [S].

[33] GB 15577—2018 粉尘防爆安全规程 [S].

[34] SH 3097—2017 石油化工静电接地设计规范 [S].

[35] GB/T 21714 雷电防护系列标准 [S].

[36] GB 50057—2010 建筑物防雷设计规范 [S].

[37] GB 50343—2012 建筑物电子信息系统防雷技术规范 [S].

[38] GB 8702—2014 电磁环境控制限值 [S].

［39］GB 50168—2018 电气装置安装工程　电缆线路施工及验收标准［S］.

［40］GB 50034—2013 建筑照明设计标准［S］.

［41］GB/T 3787—2017 手持式电动工具的管理、使用、检查和维修安全技术规程［S］.

［42］GB 50116—2013 火灾自动报警系统设计规范［S］.

［43］GB/T 16895.2—2017 低压电气装置　第 4-42 部分：安全防护　热效应保护［S］.

［44］GB/T 16895.6—2014 低压电气装置　第 5-52 部分：电气设备的选择和安装　布线系统［S］.

［45］GB 14287 电气火灾监控系统系列标准［S］.

［46］GB 50194—2014 建设工程施工现场供用电安全规范［S］.

［47］GB/T 4968—2008 火灾分类［S］.

［48］GB 50016—2014 建筑设计防火规范（2018 年版）［S］.

［49］GB 50160—2008 石油化工企业设计防火规范（2018 年版）［S］.

［50］GB/T 18379—2001 建筑物电气装置的电压区段［S］.

［51］GB/T 156—2017 标准电压［S］.